中华鹤文化通览

王秀杰 著

春风文艺出版社

·沈阳·

图书在版编目（CIP）数据

中华鹤文化通览 / 王秀杰著．— 沈阳：春风文艺出版社，2024.6
ISBN 978 - 7 - 5313 - 6673 - 7

Ⅰ．①中… Ⅱ．①王… Ⅲ．①鹤形目 — 文化 — 文集
Ⅳ．①Q959.7-53

中国国家版本馆CIP数据核字（2024）第059794号

春风文艺出版社出版发行
沈阳市和平区十一纬路25号 邮编：110003
辽宁新华印务有限公司印刷

责任编辑：姚宏越 平青立	责任校对：赵丹彤
封面设计：选题策划工作室	幅面尺寸：170mm × 240mm
字 数：274千字	印 张：14.25
版 次：2024年6月第1版	印 次：2024年6月第1次
书 号：ISBN 978-7-5313-6673-7	定 价：80.00元

谨以此书献给我的父母和所有我敬我爱的人！

目　录

汉代 画像石 五鹤 河南省南阳市卧龙区出土

导　语

鹤类是地球上的古老生物，在新生代第三纪，原始鹤类就已经在地球上出现，比人类早6000万年。距今约200万年前，地球进入第四纪世界性冰川气候时期，原始鹤类大部分遭到了灭绝，余下的鹤种为了生存得到进化，其骨骼羽毛等生理结构都变得强大而适合远翔，鹤类从而成为一个庞大的迁飞族群。世界现存15种鹤，分别为丹顶鹤、白鹤、灰鹤、黑颈鹤、白头鹤、沙丘鹤、白枕鹤、赤颈鹤、蓑羽鹤、美洲鹤、澳洲鹤、肉垂鹤、蓝鹤、灰冠鹤、黑冠鹤，分布在各大陆。中国是世界上鹤类最多的国家，以上前9种鹤类在中国境内都有繁殖或居留，其中黑颈鹤为中国特产种。

独树一帜的中华鹤文化源远流长且博大精深，中华民族对鹤的认识见于记载很早，源头不可溯。但从春秋战国至唐代所提及鹤之古籍来看，当时的人们已经能够认识4种鹤，分别是丹顶鹤、白鹤、灰鹤、白枕鹤。这些形态健美、性情淡雅及善鸣、好舞、能翔的鹤类的生态特征十分契合中国传统文化中的吉祥观念，因而备受喜爱与推崇。且中华民族很早便形成了比德思维，以自然物的某些属性来比拟人的品行，以鹤比人，将鹤人格化，并与移情、象征、寓兴等手法相互渗透；人们赋予鹤之文化内涵日益丰富，几乎囊括了历代文人志士的理想追求、精神品质及审美情操。其中多以鹤喻高洁，寄托君子志高、好洁、隐逸之情；以鹤喻祥瑞，寄托国家太平、民间祥和之情；以鹤喻神仙，寄托长寿、永生之情；以鹤喻忠义，抒发感恩、怀念之情；以鹤喻美逸，抒发高贵、典雅之情，等等。这种以鹤意象所展开的对真善美的执着追求，在从古至今的中国文学与艺术的各种形式中被广泛而深刻地表现，从而使对鹤形象的描述更为鲜明，所表达意蕴更为丰富，构成了有别于其他文化形态的中华鹤文化之基本内涵，成为中国传统文化中一种独具特征的文化现象。

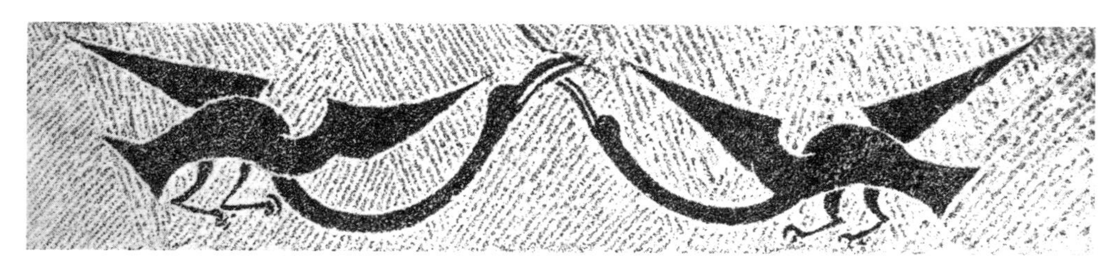

战国 漆器 双鹤

近代 砖雕 松鹤延年纹 安徽省亳州市花戏楼大门额枋

第一章　高洁之鹤

第一节　鹤　鸣

鸣声高亢是鹤最为直白而显著的特征。鹤的鸣声在鸟类中可谓最响亮，可传至三五公里；往往未见鹤之形，却已先闻鹤之声。鹤之所以鸣声响亮，是因其有一米多长的超长颈项；长长的气管如同一柄弯曲的圆号自颈部下行，先入龙骨突起空腔的腹侧，然后作三轮复杂盘曲，并为骨松质所固定，最后向上突入胸腔之中。对此，古人早有认识。敦煌变文唐代抄本《孔子项橐相问书》载："鸿鹤能鸣者缘咽项长。"鹤喜欢以鸣叫来完成情感的传递，鸣叫的音调和频率会因年龄、行为、性别等不同而有差异。繁殖期求偶时，双鹤会以对鸣彼此应和表达爱恋之情：雄鹤头部朝天，双翅高举振动，发出高昂悠长的"哦"之单音；雌鹤头部也随之抬向天空，但不振翅，发出"嘎嘎"短促尖细之复音。繁殖期的二重唱，能促使其性行为的同步，保证繁衍的成功。另外，丹顶鹤的鸣叫，还能起到警告入侵者、夜宿报警、迁徙时集结、飞行时相互保持联络等诸多作用。

对于鹤鸣唳之响亮，魏晋葛洪《抱朴子》云"峻概独立，而众禽之响振也"，魏晋吕静《韵集》云"鹤，善鸣鸟也"。南北朝孙诜纂《临海记》所载"雷门鹤"亦是由鹤鸣高亢而来。"古老相传云，此山昔有晨飞鹤入会稽雷门鼓中，于是雷门鼓鸣，洛阳闻之。孙恩时斫此鼓，见白鹤飞出，高翔入云，此后鼓无复远声。"宋代高承《事物纪原》载："鹄（通鹤）取其声扬而远闻，……越王勾践大鼓于雷门以厌吴。"雷门即古代绍兴府城之五云门，悬有大鼓。曾有鹤飞入鼓中，鹤鸣令鼓鸣声传至千里之外的洛阳。待鹤从鼓中飞出，鼓亦无远声传出。虽为夸张手法，但足见古人对鹤鸣之认识。引用此典诗句有南北朝刘删《赋得独鹤凌云去》曰："寄语雷门鼓，无复一双飞。"南北朝阮卓《赋得黄鹄一远别》曰："独舞轻飞向吴市，孤鸣清唳出雷门。"唐代武三思《仙鹤篇》曰："琴中作曲从来易，鼓里传声有甚难。"唐代陆敬《游清都观寻沈道士得都字》曰："矫翰雷门鹤，飞来叶县凫。"唐代陈允初《征镜湖故事》曰："雷门惊鹤去，射的验年丰。"宋代吴淑《鹤赋》曰："辞吴市而喧阗，出雷门而轩翥。"清代陶元藻《鹤处鸡群赋》曰："既难登于雷鼓，复何望乎轮轩。"宋代马之纯《潜鹤鼓》诗却对雷门鹤典予以质疑："板木为腔冒以皮，其中宁有鹤来栖。如何音响闻西洛，未必源流自会稽。"

汉代 石刻 《建鼓》江苏省徐州市凤凰山汉墓小祠堂出土

中国鹤文化应是初始于鹤鸣，可见于约成书春秋时期的《诗经》与《易经》关于鹤意象的记载。于西周前期开始采集编撰的我国第一部诗歌总集《诗经》中有"鹤鸣于九皋，声闻于天"和"有鹙在梁，有鹤在林"的咏鹤诗句。鹤在低处鸣叫，声音也能上彻天空。一声嘹亮鹤鸣开启了鹤文化意象的起点，成为我国文学咏鹤之先声。若中国鹤文化由此萌发，那么，世代相袭，日益丰富，至今已绵延3000余年。

明代 绘画 文正《鸣鹤图》局部

诗易两部经典均采用观物取象的写法以鹤比兴全诗的开篇，发鹤喻君子之先声。汉代王充《论衡》曰："《诗》云：'鹤鸣九皋，声闻于天。'言鹤鸣九折之泽，声犹闻于天，以喻君子修德穷僻，名犹达朝廷也。"汉代王逸《楚辞章句》云："鹤，灵鸟也，以喻洁白之士，言已乃驾乘鸾凤明智之鸟，从鵕明群鹤洁白之士，过于瑶光之星，质已修行之要也。"南北朝郦道元《水经注》引汉碑辞云："峨峨南岳，烈烈离明，实敷俊乂，君子以生。惟此君子，作汉之英，德为龙光，声化鹤鸣。"均盛赞鹤鸣之应，胜过瑶光之星，宛如山巍峨、火炽热；只有君子的修行之德才能发出不同寻常的光辉，化为高远的鹤鸣之声。正如宋代陆佃《埤雅》所云："盖鹤体洁白，举则高至，鸣则远闻，性又善警，行必依洲屿，止必集林木，故诗易以为君子言行之象。"

对于鹤鸣，亦有用以咏高天旷皋自然景色的，其实是在抒发文人君子的高远豪迈之情。魏晋湛方生《吊鹤文》曰："濯冰霜之素质，飏九皋之奇声，喙荒庭之遗粒，漱绝涧之余清。"唐代元稹《琵琶歌》曰："猿鸣雪岫来三峡，鹤唳晴空闻九霄。"唐代殷尧藩《游王羽士山房》曰："山横万古色，鹤带九皋声。"宋代许尚《华亭百咏琅鹤湖》曰："月光涵露重，遥听九皋音。"唐代李绅《忆放鹤》曰："闲整素仪三岛近，回飘清唳九霄闻。"宋代章承道《设醮洞霄》曰："鹤鸣在野声闻天，灵坛夜醮朝群仙。"宋代郑清之《戏调和鸣鹤》曰："可堪三径寂，频作九皋鸣。"宋代赵瞻《鹤鸣古洞》曰："山势嵯峨接远峰，九皋鹤唳彻长空。"明代朱静庵《双鹤赋》曰："发清唳于永夜，彻遗响于九皋。"明代刘基《旅兴》曰："鹤鸣声闻天，猿鸣烟雨昏。"明代于谦《夜闻鹤唳有感》曰："清响彻云霄，万籁悉以屏。"咏鹤鸣亦用以表达文人间相祝之情，或早日被朝廷起用，或如愿以偿美名远播。如，魏晋曹摅《赠欧阳建》曰："谁言善蔽，在幽必闻。鹤鸣既和，好爵亦分。"唐代钱起《送虞说擢第东游》曰："岁暮云皋鹤，闻天更一鸣。"唐代唐彦谦《樊登见寄》曰："驰情望海波，一鹤鸣九皋。"宋代李鼐《送修书记游天台》曰："去去不可挽，独鹤鸣九皋。"宋代范仲淹《谢柳太博惠鹤》曰："独爱九皋嘹唳好，声声天地为之清。"宋代赵蕃《斯远生日》曰："潜鱼必求深，鸣鹤终闻天。"宋代晁公遡《寄洪雅令孙良臣》曰："志士居世间，要为鹤鸣皋。"明代朱之蕃《野鹤》曰："劲翮凌风掠远云，一声清唳九霄闻。"明代刘基《道士周玄初鹤林行》曰："土伯骏奔从号令，鹤鸣闻天空谷应。"清代朱绶《道光庚寅四月》曰："试听九皋鹤，其声达上苍。"

鸣鹤形象寓意正投合以君子自居，讲究修身养性，清高自许，雅淡不媚的文人雅士、隐者处士的人格品性与心理，他们便借声声鹤鸣，抒己情怀，誉美君子。只不过其具体内涵因每个人各所处朝代的时代背景不同和作者心境的不同而不同，或激励，或清远，或寂寥等。魏晋南北朝是封建割据大分裂时期，面对社会黑暗、世风衰败，士人在创作上多为批判现实的作品，多抒发内心不遇之慨。除吴均《咏鹤诗》中的"摧藏多好貌，清唳有奇音"等句外，咏鹤鸣鲜有昂扬清亮之音，多数情绪沉重而压抑。如，魏晋王粲《从军诗》曰："哀彼东山人，喟然感鹤鸣。"鲍照《拟阮公夜中不能寐诗》曰："鸣鹤时一闻。千里绝无俦。伫立为谁久。寂寞空自愁。"又《秋夜诗》曰："霁旦见云峰。风夜闻海鹤。……终古自多恨。幽悲共沦铄。"南北朝谢朓《游敬亭山诗》曰："独鹤方朝唳，饥鼯此夜

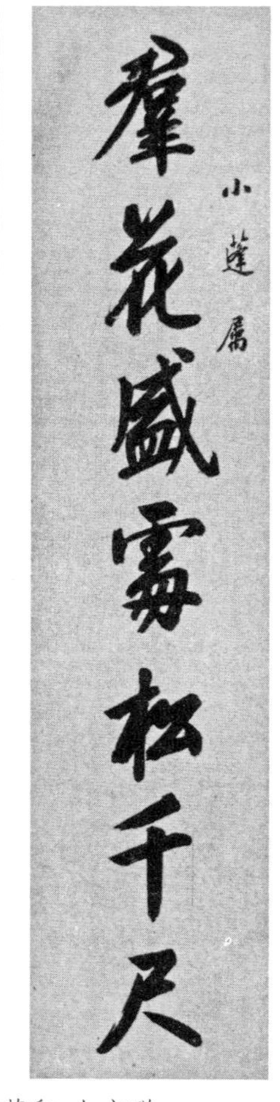

清代 书法 英和 七言联

啼。”沈约《夕行闻夜鹤》曰：“夜鹤叫南池，对此孤明月。”唐代国家一统，创立即盛，很快又恢复了科举取士制度，文人得以施展，咏鹤之鸣唳诗便天青日朗，高天响彻。如，柳宗元《与崔策登西山》曰：“鹤鸣楚山静，露白秋江晓。”又《和杨尚书》曰：“游鳞虫陷浦，唳鹤绕仙岭。”徐铉《题白鹤庙》曰：“白鹤唳空晴眇眇，丹沙流涧暮潺潺。”姚合《送刘禹锡郎中赴苏州》曰：“鹤声高下听无尽，潮色朝昏望不同。”元稹《和乐天感鹤》曰：“秋望一滴露，声洞林外天。”章孝标《闻云中唳鹤》曰：“久在青田唳，天高忽暂闻。”韦应物《游溪》曰：“野水烟鹤唳，楚天云雨空。”刘商《泛舒城南溪得沙……张侍御赴河南元博士赴扬州拜觐仆射》曰：“紫顶昂藏肯狎人，一声嘹亮冲天阙。”张说《奉和圣制赐诸州刺史应制以题坐右》曰：“寄情群飞鹤，千里一扬音。”许浑《李暝秀才西行》曰：“鹰势暮偏急，鹤声秋更高。”

宋代以降延续唐咏鹤鸣之风，鹤声嘹亮，情达高远。宋代梅询《过华亭道》曰：“晴云嗥鹤几千只，隔水野梅三四株。”宋代梅尧臣《次韵答黄仲夫》曰：“老鹤晴一唳，随风无近声。”又《和潘叔治题刘道士房画薛稷六鹤图》曰：“引吭向层霄，声闻期在耳。”宋代释智圆《鹤自矜》曰：“紫府青田任性游，一声清唳万山秋。”宋代喻良能《参议林郎中蓄乘轩君向来止有其一今日见之乃有嘉偶因得小诗》曰：“珍重鹤君新得配，故应清唳彻秋江。”宋代薛季宣《雨中鹤唳》曰：“何天唳鸣鹤，嘹哓乌云路。”元代钱惟善《和赵季文山斋早春》曰：“携取画图溪上去，鹤声应到梦魂间。”明代王问《洞虚道院访鹤山道士》曰：“万里云霄鹤一声，夜静归来月如练。”明代楚石梵琦《怀净土百韵诗》曰：“竟日莺调舌，冲霄鹤引吭。”明代吴彰德《登黄鹤楼步前韵》曰：“高飞有鸟横度楼，鹤声戛戛彻晴汉。”明代高启《毛公坛》曰：“月出太湖水，鹤鸣空涧松。”明代汤显祖《疗鹤赋》曰：“听远唳于层霄，耸素心于遥汉。”清

宋代 绘画 牧溪《观音猿鹤图·鹤图》　　清代 绘画 沈铨《松鹤图轴》摹本

代吴震《月夜游孤山》曰：“松顶一声鹤，露华满径流。”清代陈梦雷《泛小舟渡辽水过刘叟居处歌以壮之》曰：“疏星数点傍舟过，独鹤一声辽水碧。”近代王国维《人月圆》曰：“一声鹤唳，殷勤唤起，大地清华。”

鹤鸣，还能唤得高士仙人出。元代赵道一《历世真仙体道通鉴》载：“（张道陵）在鹤鸣山，服五云气，其间石鹤鸣，则有升天者，先是章和间，其鹤鸣焉。”明代陆应阳《广舆记》将此传说演绎为石鹤三鸣传说：“鹤鸣山中有石鹤，鸣则仙人出，昔广成子炼丹于此，石鹤鸣；汉张道陵登仙于兹，石鹤再鸣；明张三丰得道

唐代 敦煌壁画 白鹤展翅

于斯，石鹤又鸣。”言每当山中石鹤鸣叫，就预示着有人将得道成仙。道教神话人物广成子在鹤鸣山石室中修炼得道，石鹤第一次鸣叫；张道陵于山中苦节学道，石鹤第二次鸣叫；明代张三丰到此观修炼，石鹤第三次鸣叫。鹤鸣山位于四川省大邑县鹤鸣乡悦来镇，山麓有以山为名的道观，为汉代张道陵学道创教建观之所，现天师殿内供奉有张道陵像，两边墙壁上悬挂有张道陵从降生到修仙得道及驾鹤升仙图。其中文昌宫招鹤亭有一根石砌圆柱，上立一只天然生成势欲飞翔的玄色石鹤。从中可见鹤与道教起源及发展之关联。

第二节　鹤喻君子

一般说来，中国鹤文化中所言“鹤”多指丹顶鹤。在诸鹤种中，丹顶鹤以长颈、竦身、赤顶、白羽的天生丽质形态，给人以形神俊逸、清高雅致的感觉，被喻为品行高尚的禽鸟，赋予其君子隐士之风。以鹤象征君子、隐士之意出现频率最高，最为引人注目，其他寓意多由此引申与发展开来。“君子”一词最早见于先秦诸子所著流行于西周的《尚书》，汉代许慎《说文解字》释为：“君，尊也。”“君子”最初是对统治者的尊称，后泛指有德行有修养的人。君子人格与君子文化具有道德的隐喻性，为中华的精神之源，君子的人格品性与精神境界往往通过对鹤的识认与赞咏表现出来。宋代李昉《太平御览》所载两则典故便是以鹤之行为来渲染君子之道德操守的：一则为鹤不浴而白。“《庄子》曰：老子谓孔子曰：‘夫鹤不日浴而白，乌不日黔而黑。’”以鹤喻君子，以乌鸦比小人。老子以此说明天性良善的人不加修饰仍不失其善良的道理。唐代白居易《代鹤》与元代郑德辉《王粲登楼》引用此典，“貌是天与高，色非日浴白。”“你可晓得那鹤非染而自白，鸦非染而自黑。”一则为多言无益。《墨子》曰：“子禽问曰：‘多言有益乎?’对曰：‘虾蟆日夜鸣，口干而人不听之；鹤鸡时夜而鸣，天下振动。多言何益?’”以鹤喻君子，以蛤蟆比小人，墨子以此来说明多说无益的道理。可见，同为战国时期著名人物的庄子与墨子所倡导的都是正人君子品行应如鹤般温文尔雅，庄重娴静，言行得体，良善友人。

释义“鹤鸣九皋，声闻于天”诗句，以春秋时期“孔门十哲”之一的子夏在《诗·小雅·鹤鸣序》中的“诲宣王也”说法为主导，汉代郑玄进而笺曰：“教宣王求贤人之未仕者。”可见，《诗经》用比兴手法，以鹤喻比隐居之贤者，虽隐于野而高德仍为朝廷及世人知晓。而西周《周易》则以“鸣鹤之应”喻君子，“君子居其室，出其言善，则千里之外应之。”唐代孔颖达疏曰：“处于幽昧而行不失信，则声闻于外，为同类之所应焉。”由此奠定鹤象征君子意象的基础，后以“鸣鹤之应”喻诚笃之心相互应和，表达朋友间至诚感通之理。明代张居正在其《〈玉林清赏诗〉序》中亦生动描绘了鸣鹤之应：“乃今穴居名彦，大夫垂访，诸君感鸣鹤之应，邕邕焉，锵锵焉。夫亦行古之道也。”作为现身居陋室的君子才士，等待有地位的官宦拜访，诸位顿时有种与诚笃之心、响亮声音相互应和的感觉，这就是遵照古代礼节的实际方式。

“鸣鹤之应”已将鸣之响亮而处之隐逸的鹤，作为那些深居简出、敦厚儒雅、为仁行义、修身践言等美好德行的君子隐士之载体，后多以“鹤鸣”或“鸣鹤”隐喻君子，君子成了“鹤鸣之士”，被广为赞誉。《后汉书·杨赐传》载：“唯陛下慎经典之诫，图变复之道，斥远佞巧之臣，速征鹤鸣之士。”《后汉书·杨震传》载：“令野无《鹤鸣》之叹，朝无《小明》之悔。”而魏晋南北朝陆云《赠郑曼季诗四首·鸣鹤》诗序说得更为直白：“鸣鹤，美君子也。太平之世，君子犹有退而穷居者，乐天知命，无忧无欲，硕人之考槃，伤有德之遗世，故作是诗也。”序后一口气写下四首鸣鹤诗，每首诗均以“鸣鹤在阴”起句，间以“假乐君子”，终以“嗟我怀人”结句，表达了对鸣鹤般美君子的由衷赞誉。其中第四首云：“鸣鹤在阴，载好其声。渐陆仪羽，遵渚回泾。假乐君子，祚之笃生，德耀有穆，如瑶如琼。安得风帆，深濯翩来。景遗云雨，尔在北冥。嗟我怀人，

现代 绘画 溥儒《秋光照水净》

惟用伤情。”而陆云与其兄陆机均为具有“德耀有穆，如瑶如琼”美好品行的正人君子，时称“二陆”，陆云后因陆机遭陷遇害被夷三族而死。

明代何乔新《竹鹤轩记》中对鹤比君子更是一语破的：“鹤之为物，清远闲放，洁而不可污，介而不可狎，君子比德焉。”进而，诗人直接将鹤与君子并咏，尽显君子之风雅。如，唐代白居易《不出门》曰：“鹤笼开处见君子，书卷展时逢古人。”又《闲园独赏》曰：“仙禽狎君子，芳树依佳人。”唐代李商隐《西溪》曰：“野鹤随君子，寒松揖大夫。”唐代李峤《松》曰：“鹤栖君子树，风拂大夫枝。”宋代梅尧臣《史供奉群鹤》曰：“出珥银貂侍太清，回看双鹤舞中庭。翩翩曾是仙人骥，两两尚仪君子形。”又《赠狄梁公十二代孙国宾》曰：“鹤性本君子，嘹唳通太清。”宋代苏轼《竹鹤》曰：“谁识长身古君子，犹将缁布缘深衣。”宋代顿起《元符二年二月七日按部过邛州火井县三友堂小酌杨公天……》曰：“偃蹇大夫松，委蛇君子鹤。”宋代姚勉《莲竹鹤》曰：“莲为君子花，竹有君子操。深衣古君子，清以仙自号。……今晨三君子，一见慰怀抱。”现代画家溥儒在其画作《秋光照水净》中描绘出一幅秋阳下山清水净人鹤共处的恬淡画面，宛如一个文人君子的生活写照。

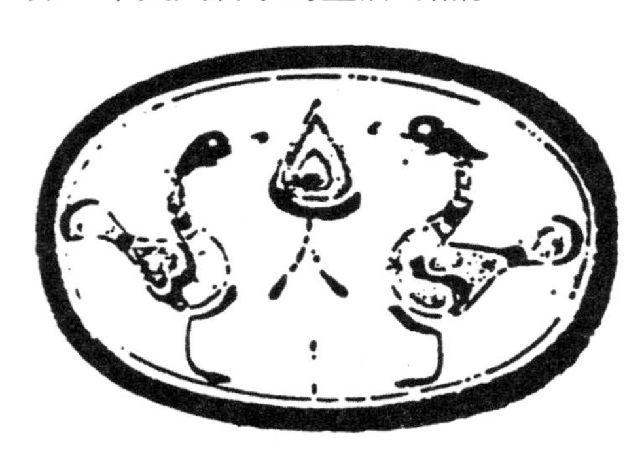
秦代 漆器 双鹤纹

魏晋葛洪《抱朴子》中则将君子直接幻化为猿鹤：“周穆王南征，一军皆化，君子化为猿鹤，小人化为虫沙。”传说周穆王南征，全军皆化为异物，君子化为猿、鹤，小人化为虫、沙。以“猿鹤沙虫”指代阵亡的将士或死于战乱的人民，或用以指人间众生。后诗赋中赞颂君子亦多引用猿鹤之典，如，南北朝庾信《哀江南赋》曰：“小人则将及水火，君子则方成猿鹤。”唐代李白《古风》曰：“君子变猿鹤，小人为沙虫。”宋代薛季宣《雨中鹤唳》曰：“定知君子化，不作乘轩污。”宋代王偁《感寓》曰：“方将猿鹤化，岂为沙虫谋。”宋代宋祁《闻杜宇》曰：“周军尝化鹤，齐后亦为蝉。”宋代张嵲《咏鹤五首》曰：“当年君子成猿鹤，物公谁能不怆神。”明代王跂《笋生》曰：“一垒鹤飞君子化，九渊蛇蛰哲人藏。”明代刘玉《世降》曰：“猿鹤皆君子，豺狼有故人。”明代于嘉《哭冯开之先生孤山殡宫》曰：“鹤传君子化，鹏告主人行。” 清代丘逢甲《秋怀次前韵》曰：“百戏鱼龙残局短，一军猿鹤故山遥。”清代龚自珍《咏史》曰：“猿鹤惊心悲皓月，鱼龙得意舞高秋。”清代陈康祺《郎潜纪闻》曰：“虫沙猿鹤，忠义如林。”清代沈曾植《和道希韵》

曰："猿鹤沙虫知底化，夔蛇风蚿偶知闻。"清代董文涣《纪事》曰："猿鹤一怛化，沙虫万出缩。"清代曾国藩《次韵何廉昉太守》曰："猿鹤沙虫道并消，谁分粪壤与芳椒。"清代程恩泽《粤东杂感》曰："抵得萑腾兵燹劫，半收猿鹤半沙虫。"清代黄仁《水龙吟·吊陈莲峰提督化成殁吴淞口》中"鼍梁乍驾，鹤轩何处？沙虫争避，大树思公"词句，是为悼念江南提督陈化成而作，陈在鸦片战争中率部防守长江口同英国侵略者决一死战壮烈牺牲，将陈将军喻比猿鹤君子，表达"毕竟将军不死"的深切追思。

由此，将猿鹤归类并提直喻为君子，人与猿鹤相知互近、呼朋唤友一时引为时尚。唐代朱存《金陵览古》曰："镇物高情济世才，欲随猿鹤老岩隈。"唐代施肩吾《山中喜静和子见访》曰："绝壁深溪无四邻，每逢猿鹤即相亲。"宋代周紫芝《水调歌头·生日词者》曰："此生但愿，长遣猿鹤共追随。"宋代陈著《念奴娇》曰："猿鹤相随，烟霞自在，与我交情熟。"宋代林景熙《寄四明陈郴阳》曰："不如息我躯，猿鹤与朝夕。"宋代孙仅《赠种徵君收》曰："家僮只有猿随从，坐客唯闻鹤往还。"宋代王义山《送升甫归九江》曰："猿鹤才闻归去来，便呼僮仆扫柴扉。"宋代汪莘《次韵里人纾愤》曰："唤家僮，访鹤寻猿。"宋代王之道《游白云山海会寺》曰："楼台锁烟霞，松杉聚猿鹤。"宋代朱翌《寄方允迪》曰："山阴兴尽晚船催，猿鹤欢迎入翠微。"宋代赵赴《题义门胡氏华林书院》曰："他年应许我，猿鹤一相亲。"宋代傅梦得《题吴寺》曰："山峦如旧识，猿鹤复相亲。"宋代释文珦《不出》曰："公卿谁识我，猿鹤最知予。"宋代胡仲弓《送沈炼师归武夷》曰："白云最深处，猿鹤情相谙。"宋代陆游《简何同叔》曰："格律冰霜敌，襟怀猿鹤知。"又《题庵壁》曰："身并猿鹤为三友，家托烟波作四邻。"宋代石孝友《水调歌头》曰："友猿鹤，宅丘壑，乐生涯。"宋代无名氏《喜迁莺》曰："有洞庭猿鹤，交朋知己。"宋代方岳《贺新凉》曰："想朋友、春猿秋鹤。"宋代李纲《水调歌头·似之、申伯、叔阳皆作，再次前韵》曰："寄语旧猿鹤，不用苦相猜。"宋代吴芾《再用示方山人韵》曰："此意有谁能会得，只应猿鹤是相知。"元代长筌子《小重山》曰："猿鹤为朋友，养成丹。"元代姬鹏翼《太常引》曰："猿鹤自为邻，绝尽软红尘。"元代任则明《普天乐》曰："呼猿领鹤，问柳寻梅。"元代张养浩《水仙子》曰："怎如俺醉时歌醒后吟，出门来猿鹤相寻。"明代朱元璋《钟山赓美沉韵》曰："白鹤日间朋，黄猿夜中仆。"明代屠隆《恭送昙阳大师》曰："童子笑迎猿鹤舞，洞门亲启白云封。"明代罗颀《游仙诗》曰："携琴就猿鹤，同种玉峰田。"清代方文《饮从兄搢公民部》曰："猿鹤岂无干禄意，江关只恐厌人稠。"清代方观永《次塞居》曰："霞思欲寻猿鹤语，秋心惟诉雁鸿知。"

咏猿鹤的诗词甚多，但在画图中被描绘的较少，宋代牧溪以一幅猿鹤图技压画坛，成为杰作传世，千古无人比肩。法常曾中过举人，后出家为僧，在西湖六通寺做过住持，终以禅僧画家负盛名。元代吴太素所著《松斋梅谱》介绍他："喜画龙虎、猿鹤、禽鸟、山水、树石、人物。"《观音猿鹤图》是三连轴，中轴白衣观音趺坐于深山崖谷间，面相丰腴，神态静穆；右轴母猿抱子栖踞于高松之上，树身枝干斜出，与传统样式不同；左轴一只白鹤在暗淡雾迷的竹林中边鸣边走，昂首高鸣，步履轻盈，神情孤傲。画家挥笔随意点墨，意思简古，形象颇为严谨，背景则较为纵逸；笔法清俊有致，墨色酣畅多变，充满动感，处处渗透着清幽简净之"禅机"，尤其鹤的头部描摹精细，颈、身略微简放，双足以劲笔绘出；诗、禅与水墨融为一体，清寒萧瑟景物中的猿鹤远离喧嚣尘世，在白云青山中隐逸为伴。

一则北山猿鹤典，将猿鹤形象由君子变成隐士及隐居环境的代名词，典源出自南北朝孔稚珪的《北山移文》。北山即今南京钟山，移文为官府间往来的文书。周颙曾在北山隐居，后出山做官，秩满入京时又经过此山。同一朝代的孔稚珪就以北山山灵的名义对周颙之行为进行讽刺，"至于还飙入幕，写雾出楹，蕙帐空兮夜鹤怨，山人去兮晓猿惊。"以至于迴风吹入帷幕，云雾从屋柱之间泻出，蕙帐空虚，夜间的飞鹤感到怨恨，山人离去，清晨的山猿也感到吃惊。因周颙不能安心隐居却追逐利禄出山为宦，引发山中猿鹤对他的怨怒。

此典多以对猿鹤的亲疏来抒发对真隐的追求程度，于朝于野影响甚大。

其一，赞扬真隐行为，批评假隐士热衷仕宦离隐出仕之行径。唐代罗隐《寄右省王谏议》曰："鱼惭张翰辞东府，鹤怨周颙负北山。"以"鹤怨"直接评定假隐行为。其他诗咏如，宋代辛弃疾《兰陵王·赋一丘一壑》曰："寻思前事错，恼杀晨猿夜鹤。"宋代吴潜《满江红·姑苏灵岩寺涵空阁》曰："三塞外，纷狐貉。三径里，悲猿鹤。"宋代徐钧《周颙》曰："何事轻招猿鹤怨，至今人讶北山移。"元代张翥《最高楼·为山村仇先生寿》曰："西湖鸥鹭长为侣，北山猿鹤莫移文。"明代周晖《春日移居》曰："周颙有猿鹤，尚在北山巅。"清代黄遵宪《己亥杂诗》曰："屡将游约诳猿鹤，迟恐山灵笑汝孱。"

其二，借以表达思念故土、渴望回乡之情，或表达身在官位不得隐居进退难决的矛盾心态。宋代李彭老《一萼红·寄弁阳翁》曰："流水孤航渐远，想家山猿鹤，喜见重归。"写为宦在外之人思家盼归的心情。其他诗咏如，宋代郭祥正《醉翁操》曰："遗风余思，犹有猿吟鹤怨。"宋代毛滂《浣溪沙》曰："松菊秋来好在无，寄声猿鹤莫情疏。"宋代陈与义《遥碧轩作呈使君少隐时欲赴召》曰："丈夫已忍猿鹤羞，欲去且复斯须留。"宋代刘筠《与客启明》曰："故山夜鹤空多怨，金屋人争诵子虚。”宋代苏辙《次韵子瞻广陵会三同舍各以其字为韵》曰：“南方固乡党，谪宦侣鹤猿。”宋代苏庠《谒金门·大叶庄怀张元儒作》曰：“寄语故时猿鹤侣，未见心相许。”宋代林逋《和王给事同诸官留题》：“他日北山传故事，愿将猿鹤比云来。”宋代魏了翁《念奴娇》曰：“亦欲乘风归去也，问讯故山猿鹤。”宋代冯去非《喜迁莺》曰：“间阔故山猿鹤，冷落同盟鸥鹭。”宋代吴潜《贺新郎》曰：“奈江南，猿啼鹤唳，怨怀如此。”明代唐时升《和受之宫詹悼鹤诗二首》曰：“蕙帐寂寥零夜露，松巢摇落冷朝烟。”清代丘逢甲《重游清凉洞，呈钟藕华》曰：“五年梦绕清凉洞，猿鹤青山待我来。”又《次韵》曰：“休被故山猿鹤笑，罗浮归访葛洪丹。”清代黄景仁《雨》曰：“回首荆南读书处，满山猿鹤吊斜曛。”清代陈祖范《寄沈归愚》曰：“鹤怨猿惊怀故地，马迟枚疾斗新篇。”近代宁调元《游白云归，感赋四律，并柬同游诸子》曰：“欲谢夷齐归隐去，又愁猿鹤北山哗。”近代弘一《春风》曰：“一颗头颅一杯酒，南山猿鹤北山莱。”

其三，表达有意归隐，对官场生涯厌倦之意。宋代魏了翁《贺新郎·生日谢寓公载酒》曰：“惟有君恩浑未报，又孤山猿鹤催归急。”以“猿鹤催归”表明归隐心志。其他诗咏如，宋代苏轼《夜直秘阁呈王敏甫》曰：“大隐本来无境界，北山猿鹤谩移文。”宋代辛弃疾《满江红·游南岩和范廓之韵》曰：“更小隐，寻幽约，且丁宁休负，北山猿鹤。”又《沁园春·带湖新居将成》曰：“三径初成，鹤怨猿惊，稼轩未来。”宋代张先《沁园春·寄都城赵阅道》曰：“湖山美，有啼猿唳鹤，相望东归。”宋代王炎《木兰花慢》曰：“想北山猿鹤，南溪鸥鹭，怪我归迟。”元代耶律楚材《寄景贤》曰：“空岩猿鹤招予住，满架琴书伴我还。”明代吴邦桢《虞美人》曰：“梅好应如旧，风霜愧我渐苍颜，长教老鹤怨空山。”清代龚自珍《己亥杂诗》曰：“又被北山猿鹤笑，五更浓挂一帆霜。”

其四，赞美隐士生活，猿鹤相伴，乐享隐居环境。宋代吴潜《水调歌头·和翁处静桃源洞韵》曰：“春际鹭翻蝶舞，秋际猿啼鹤唳，物我共悠悠。”又《水调歌头·且尽一杯酒》曰：“鸥鹭侣，猿鹤伴，为吾谋。”志在隐居四季皆景的山林，物我两忘，不再与尘世关涉。宋代李曾伯《满江红·八窗叔和，再用韵》曰：“愿此生、无愧北山猿，西湖鹤。”宋代曹冠《兰陵王涵碧》曰：“登临兴何极，上烟际危亭，彩笔题石，山中猿鹤应相识。”宋代释行海《元日》曰：“北山猿鹤久为邻，闲里生涯梦里人。”宋代石安民《西江月·叠彩山题壁》曰：“随意烟霞笑傲，多情猿鹤招邀。”明代高启《钟山雪霁图》曰：“草堂猿啸晚，蕙帐鹤惊寒。”明代雪江秀公《舟还》曰：“欲问出门高兴，山中猿鹤幽期。”明代刘基《追和音上人》曰：“夜永星河低半树，天清猿鹤响空山。”

清代 刺绣 米色纱帖绢桃花仙鹤图乌木雕花柄团扇 故宫博物院

对君子之内涵，春秋时期孔子即已言明，“志于道，据于德，依于仁，游于艺。”（《论语·述而》）其提出，成为仁人君子只有内在的品德还不够，还须有外在的文采，两者结合起来才能充分显示出君子之风范。所谓“游于艺”，即泛指包括乐、书在内的各种艺事。倘能如此全面而为，甚至可载入史册。如《宋史》载：“扬休喜闲放，平居养猿鹤，玩图书，吟咏自适。”悠闲随性的石扬休，平时在家中以养猿鹤、赏阅图书、咏诗自娱。文人“游于艺”，重要的一项就是读书吟诗，此为君子的重要表征。因为鹤的君子寓意，文人墨客多将其与诗书并咏，甚而将鹤与大雅之诗骚同品，将鹤之高雅地位推崇至极。唐代齐己《寄金陵幕中李郎中》曰：“精神一只秋空鹤，骚雅千寻夏井冰。”宋代艾性夫《次韵秋心》曰：“独鹤离骚怨，虚泉大雅音。”宋代吴泳《溪亭春日》曰：“乌绕屋檐呈卦兆，鹤窥庭户听离骚。”宋代方岳《次韵胡兄》曰：“猿惊鹤怨老江蓠，留得离骚到景差。”宋代赵汝鐩《读离骚》曰：“琅然醉读离骚经，一鹤闻之来中庭。”宋代李廌《咏斋诗》曰：“古昔诗客长风骚，云间野鹤鸣九皋。”宋代王柏《和前人小桃源韵》曰：“鸾鹤舞松声，萧骚快心耳。”

由此，出现了诸多吟咏鹤与诗书为伴的诗句，契合的是更多高人雅士的品位与心理追求。有鹤近傍相处，大大促发了诗人的创作灵感。与唐诗的浓敷重彩不同，宋诗清丽淡雅，以清修为时尚，并显示出议论化、散文化的特点，这在鹤与诗书并咏中尽显无遗。王安石《莫疑》曰：“露鹤声中江月白，一灯岑寂拥书眠。”范仲淹《谢柳太博惠鹤》曰：“新诗遗鹤指真经，对此仙标讵敢轻。”邢仙老《诗赠晚学李君》曰：“久掩山斋看古经……但矜猿鹤事高情。”徐照《陈待制五月十四日生朝》曰：“随行惟一鹤，

宋代 绘画 马远《高士携鹤图》

明代 绘画 尤求《松阴博古图》

堆案有群经。”陈著《瑞鹤仙·寿赵德修检讨必普》曰：“任高官惟有，鹤随诗瘦。”赵湘《赠水墨峦上人》曰：“静曾穷鹤趣，高亦近诗流。”苏泂《寿陆放翁》曰：“已觉貂蝉除世念，未妨龟鹤伴诗情。”范成大《次韵乐先生吴中见寄八首》曰：“金鹤飞来尺素通，新诗字字挟光风。”冯时行《郭信可索云溪诗懒未能作戏成此寄以自解》曰：“琴鹤今朝随小隐，诗篇明日寄烟霞。”王十朋《点绛唇》曰：“花笑何人，鹤相诗词好。”高斯得《次韵刘养源见寄》曰：“友鹤仙人当暮秋，诗来开卷风飕飕。”张镃《正月三日同诸亲从叔祖阁学登宁寿观东西山寻》曰：“诗兴骖黄鹤，仙情寄赤松。”顾逢《赠薛野鹤子继野》曰：“老鹤传遗韵，君诗尽可观。”陆游《起晚戏作》曰：“数声林下华亭鹤，一卷床头笠泽书。”薛嵎《郊外隐居》曰：“儿童知稼穑，猿鹤近诗书。”又《送友人之括苍》曰：“伴鹤立终日，就岩题几诗。”周文璞《赠虎丘僧道辉游天台》曰：“入定山猿见，吟诗海鹤闻。”姜夔《翠楼吟·淳熙丙午冬》曰：“此地，宜有词仙，拥素云黄鹤，与君游戏。”徐照《题信州赵昌甫林居》曰：“文集通僧借，渔舟载鹤还。”江左士大《句》曰：“扁舟载双鹤，万卷贮群书。”而戴复古《留守参政大资范公余同年进士往岁帅桂林题刻》中“诗文鸾鹤音，笔势龙蛇变”句，则将诗鹤与鸾、龙、蛇同列，足见二者品位之高。

参与各种艺事，不仅能显示君子士人特殊的文化素质修养，也能陶冶情操交流情感。鹤多与之相戏其中，吟咏者众。如饮酒尽兴。宋代陆游因主张抗金收复而屡遭贬谪，长期的乡间微官闲居中，常在酒醉诗中抒发愤懑之情，释放胸中怀抱。《双清堂醉卧》曰："末路敢贪请鹤料，微官久厌驾鸡栖。"《醉归》曰："绝食就官分鹤料，无车免客笑鸡栖。"《西岩翠屏阁》曰："把酒孤亭半日留，西岩独擅鹤山秋。"《醉中作》曰："却骑黄鹤横空去，今夕垂虹醉月明。"《丈亭遇老人长眉及肩欲就之语忽已张帆吹笛而》曰："遥知乘醉江湖去，黄鹤楼头又放颠。"鹤酒并咏历代有之。唐代李群玉《赠方处士兼以写别》曰："天与人鹤情，人间恣诗酒。"唐代钱起《送宋征君让官还山》曰："紫霞别开酒，黄鹤舞离弦。"宋代张镃《水边》曰："酒力半销来照影，晚风轻澹鹤梳翎。"又《木兰花慢·癸丑年生日》曰："醉来便随鹤舞，看清风，送月过松梢。"王炎《和黄先卿即事》曰："鹤骨缘诗瘦，鸡肤借酒温。"宋代程垓《暮山溪》曰："醉后百篇诗，尽从他，龙吟鹤和。"宋代石延年《韩希祖隐君武威》曰："醉狂玄鹤舞，闲卧白驴豪。"元代王冕《题墨梅图》曰："夜深湖上酒船归，长啸一声双鹤舞。"明代居节《秋日》曰："当时载酒人如鹤，昨夜吹箫月满楼。"清代赵执信《清明后大雪》曰："泠泠鹤语溯唐尧，卯酒微醺抵敝貂。"清代曾国藩《失题》曰："抽得闲身鹤不如，高秋酒熟鞠黄初。"如弹琴抒怀。南北朝庾信《游山》云："唱歌云欲聚，弹琴鹤欲舞。"唐代雍陶《访友人幽居》云："尽日弄琴谁共听，与君兼鹤是三人。"宋代徐积《寡欲仙》云："膝上横琴鹤在傍，白云衣共白云裳。"宋代范成大《虎丘》云："只好岸巾披鹤氅，风清月白坐弹琴。"元代鲜于必仁《折桂令》曰："拂瑶琴弹到鹤鸣，自谓防心，谁识高情。"近代何振岱《鹤涧小坐》曰："愔愔琴思生，冥冥鹤迹没。"如对弈遣兴。唐代雍陶《和刘补阙秋园寓兴》曰："野人来辨药，庭鹤往看棋。"唐代贾岛《送谭远上人》曰："垂枝松落子，侧顶鹤听棋。"唐代王建《赠王处士》曰："鼠来案上常偷水，鹤在床前亦看棋。"唐代李洞《对棋》曰："倚杖湘僧算，翘松野鹤窥。"宋代翁卷《寄从善上人》曰："棋进僧谁敌，琴余鹤共闲。"元代周砥《次韵介之梦山中》曰："松花金粉落春晴，白鹤看棋如客行。"明代高启《围棋》曰："声敲惊鹤梦，局里转桐阴。"明代李东阳《次韵寄题镜川先生》曰："海边钓石鸥盟远，松下棋声鹤梦回。"

明代 绘画 沈周《有竹庄中秋赏月图》局部

君子“游于艺”常常琴棋书画诸种并能，将君子内在仁德与外在风采尽情显露。唐代吕洞宾《七言》中“琴剑酒棋龙鹤虎，逍遥落托永无忧”诗句，七个名词排列连用，则把君子“游于艺”的诸般手段表现无遗，树立起一个丰满多艺的君子形象。明代朱之蕃《招鹤词·序》中之畅想充分展示了君子与鹤吟诗作赋、汲溪煮茶的一番惬意心境，“慨彼仙迹，惟鹤乃著，爰作招鹤词三章，异日得遂解组，与一二知己坐松阴白石上，汲溪泉煮茶古石鼎中。命小童击竹而歌以招之，鹤如有知当联翩来归，与吾侪徜徉，以永年使好。”于是诗中向鹤发出了“尔鹤兮归来每徒，使我怅望时兴怀”“鹤归兮勿迟，爰止爰止慰我思”的声声呼唤。宋徽宗赵佶亲绘了一幅《唐十八学士图》，描绘的是典型的文人君子间之酬应，赋诗、奏乐、宴饮、戏马、观鹤等各种艺事的同时展开。人物姿态生动，各显神通，画面雅致和谐，宏阔热闹，彰显了当时文人学士轻松愉悦的生活风情。

近代 木雕 云鹤纹 上海豫园点春堂大梁

追寻鹤的君子意象，其实是对自身与友朋高洁品行的认同；不仅写鹤、写景，而且以鹤自比、喻友，亦与友朋共喻。自喻者，直接喻己为鹤的化身，显示不流于世俗的崇高情趣。如，魏晋曹植《白鹤赋》曰：“嗟皓丽之素鸟兮，含奇气之淑祥。”以白鹤喻己，赞叹光洁美丽的白鹤，身怀超群气质而品性善良。“承邂逅之侥幸兮，得接翼于鸾凰。同毛衣之气类兮，信休息之同行。”忆白鹤曾与凤凰比翼同飞，极言鹤之地位与己之身份的高贵。历代诗人多以野鹤孤鹤之身寓寄闲逸独寂之心。唐代郑遨《偶题》曰：“似鹤如云一个身，不忧家国不忧贫。”唐代皇甫增《秋夕寄怀契上人》曰：“已见槿花朝委露，独悲孤鹤在人群。”唐代方干《题赠李校书》曰：“谁道高情偏似鹤，自云长啸不如蝉。”宋代司马光《和子华招潞公暑饮》曰：“闲来高韵浑如鹤，醉里朱颜却变童。”宋代刘宰《送胡伯量》曰：“我本山泽人，飘然如野鹤。”宋代姜特立《山园四咏》曰：“素发照晴昊，飘萧如野鹤。”宋代何梦桂《和何宁谷韵》曰：“回头城阙应非昔，还记千年老鹤么?”宋代张耒《寄中山鹤》曰：“寄语中山鹤，吾与汝知津。”明代胡安《山馆》曰：“自许闲心如野鹤，谁知余乐及池鱼。”明代王守仁在《沅水驿》曰：“却幸此身如野鹤，人间随地可淹留。”当代李仲元《不眠夜作二首》曰：“今我

清代 绘画 北京《颐和园长廊画·独鹤吟》摹本

怡然如老鹤，饮清啄粒慕阿谁！”唐代李咸用很有才气，却一生不得志，常以独鹤自喻，在《独鹤吟》中塑造了一个离群索居、孤寂高傲的形象，以此作为自己一生崇高追求的写照。其诗云：“碧玉喙长丹顶圆，亭亭危立风松间。啄萍吞鳞意已阑，举头咫尺轻重天。黑翎白本排云烟，离群脱侣孤如仙。披霜唳月惊婵娟，逍遥忘却还青田。鸢寒鸦晚空相喧，时时侧耳清泠泉。”诗人抒发的“离群脱侣孤如仙”，不屑“鸢寒鸦晚空相喧”的君子野鹤般情怀，令人感佩。颐和园700多米长的长廊枋梁上绘有数千幅彩画，其中一幅《独鹤吟》便取意于李咸用的此诗作。宋代释保暹《书杭州西湖涉公堂》中“孤舟孤鹤与孤云，湖上深居自不群”句，连用三个“孤”字，亦写出以鹤自喻的禅僧恬淡清幽的生活氛围，既传神又巧妙。

喻人者多为溢美之词，将友人喻比为鹤，表达敬慕与祝福之情。如，白居易《答四皓庙》曰：“先生如鸾鹤，去入冥冥飞。”唐代方干《题赠李校书》曰：“谁道高情偏似鹤，自云长啸不如蝉。”唐代李中《赠重安寂道者》曰：“寒松肌骨鹤心情，混俗陶陶隐姓名。”唐代贯休《赠信安郑道人》曰：“貌古似苍鹤，心清如鼎湖。”唐代钱起《送虞说擢第东游》曰：“岁暮云皋鹤，闻天更一鸣。”唐代高骈《步虚词·青溪道士人》曰：“青溪道士人不识，上天下天鹤一只。”唐代唐彦谦《樊登见寄》曰：“驰情望海波，一鹤鸣九皋。”宋代程必《沁园春·寿王运使》曰：“公有仙姿，苍松野鹤，落落昂昂。”宋代寇准《赠惠政上人》曰：“澄泉心地清无染，野鹤精神老更闲。”宋代刘宰《送李果州》曰：“萧然瘦鹤姿，不受世俗尘。”宋代魏了翁《送杨仲博归蜀》曰：“天高地迥着行客，昂昂野鹤相似清。”宋代方岳《次韵程务实见寄》曰：“有友猿鹤姿，与子鸿雁行。”宋代楼钥《醉翁操·七月上浣游裴园》曰：“隐君如在，鹤与翱翔。”宋代邓肃《哭陈兴宗先生》曰：“独步水云情似鹤，对人谈论气如虹。”宋代权德舆《送映师归本寺》

当代 绘画 喻继高《毛泽东同志诞辰一百周年纪念》

曰："引泉通绝涧，放鹤入孤云。"元代倪瓒《送张炼师游七闽》曰："高士不羁如野鹤，忽思闽海重经过。"元代刘敏中《满江红大德己亥冬，余再至京师，闻中书掾》曰："我识君才，青云明日，万里秋天鹤。"元代道士李俊民对鹤有特殊的感情，自号鹤鸣道人，写有《睡鹤记》，在《与奉仙馆道士元明道》诗中"野鹤飘飘性自高，徘徊尘世岂难抛；栖真旧隐无多地，何处仙山不可巢"句，以赞许的口吻，言友人如一只徘徊尘世高洁淡薄的鹤，飘然割断尘缘，归隐深山。不仅诗人，有些艺术家也愿以鹤喻人，表达心中的崇敬。以鹤喻君子名士的文化传统一脉相承，中华人民共和国开国领袖毛泽东同志以其超绝品格赢得生前身后崇高声望，在其诞辰一百周年之际，江苏画鹤大家喻继高特画鹤喻伟人以为纪念。

共喻者多为知心好友，是君子间的交流与共勉。如，唐代诗人张籍《赠王侍御》曰："心同野鹤与尘远，诗似冰壶见底清。"赞赏王侍御诗格清新，感情纯真，如冰壶那样一清见底，心志如野鹤般孤高自傲，不流于俗。"野鹤""冰壶"之喻用得自然得当，清丽真挚。因都具有高洁品格和卓越才华，以鹤喻二人心性分外贴切。貌似赞诗，实乃赞人；既赞同友人，亦在肯定自己。张籍为贞元进士，中唐著名诗人，一生蹭蹬仕途，在卑微职务上竟沉滞了十年之久，其身又始终不离贫病，但他以寡淡、耿介、狷直之宦情泰然处之，为人为诗均有君子之风，待友率真热情，"时朝野名士皆与游"（辛文房《唐才子传》），韩愈、白居易、孟郊等都是他的挚友。他还是新乐府运动的积极参与者，其诗通俗简朴又清淳峭炼，自成大家，开晚唐一派。他的咏鹤诗句颇多，另一首《和裴司空以诗请刑部白侍郎双鹤》诗中"皎皎仙家鹤，远留闲宅中。徘徊幽树月，嘹唳小亭风"，诗句的意境亦与众不同，别有寓意地将小亭、鹤唳与自身的徘徊形成对比，把一个长期滞留底层官位之人的不安、愤懑表现得淋漓尽致。

晚唐著名诗人、文学家皮日休（字袭美）与陆龟蒙（字鲁望）是一对好友，二人齐名，世称"皮陆"。他们互相期许，唱和多以鹤共喻，表达两相思念或慰藉之情。皮日休《鲁望读襄阳耆旧传见赠五百言过褒庸材靡有称是……次

唐代 陶瓷 翔鹤纹 陈之佛临摹

韵》曰："两鹤思竞闲，双松格争寿。"又《初夏即事寄鲁望》曰："片石共坐稳，病鹤同喜晴。"陆龟蒙《和袭美江南道中怀茅山广文南阳博士三首次韵》曰："春临柳谷莺先觉，曙醮芫香鹤共闻。"又《夏日闲居作四声诗寄袭美》曰："因为鸾章吟，忽忆鹤骨客。"宋代张舜民《和孙莘老题召伯斗野亭》曰："三年猿鹤友，万里秦梵行。"诗人将友与己共喻为猿鹤，三年相处，一朝作万里别，不禁涔然。此外，友人间以鹤与鹰、鸿、云、龙、马等互喻，直白生动却倾心。白居易《寄元九》曰："谁识相念心，韝鹰与笼鹤。"又《寄王质夫》曰："君作出山云，我为入笼鹤。"唐代刘禹锡《酬太原令狐相公见寄》曰："鹤唳华亭月，马嘶榆塞风。山川几千里，惟有两心同。"宋代李处权《池上书所见留别益谦》曰："晴云出岫似知我，野鹤鸣皋疑是君。"宋代梅尧臣《舣舟昭亭送都官暂归钱塘》曰："我为解羁马，君乃高飞鹤。"宋代赵蕃《次韵元衡送别》曰："老马千里志，老鹤万里心。"宋代魏了翁《次韵李参政上刘舍人阁学》曰："龙随凡介便俦伍，鹤耸孤云谁等双。"宋代楼钥《再送潘恭叔》曰："我似冥鸿弋犹慕，君如放鹤去归还。"清代魏源《花前劝酒吟》曰："楼船楼阁俱雄壮，黄鹤黄龙醉里看。"近代苏曼殊《耶婆提病中，未公见示新作，伏枕奉答，兼呈旷》曰："君为塞上鸿，我为华亭鹤。"而宋代魏野则将己与惠其鹤者双双直喻为鹤，以表达他对鹤的喜爱之情及对友人的敬重之意。"情性浑如我，精神酷似君。"（《谢冯亚惠鹤》）"毛比君情犹恐少，格如我性不争多。"（《谢刘小谏寄双鹤》）

第三节　君子品性

1. 隐逸不群

鹤喜欢栖息在远离人烟的海滨河口、芦荡沼泽、旷野洲渚等荒僻之地，除越冬期和春秋季迁徙期集群活动外，鹤一般以三四只为家族单位独处幽居，活动地域至少在一平方公里左右。野鹤任意遨游万里云空，飘乎遗世，高远不俗，离群索居之自然习性正符合古代君子雅士失意时郁闷孤寂，或渴望被赏识的隐逸心境，故常将云鹤并咏，以抒发情怀。南北朝萧衍《古今书人优劣评》赞赏魏钟繇

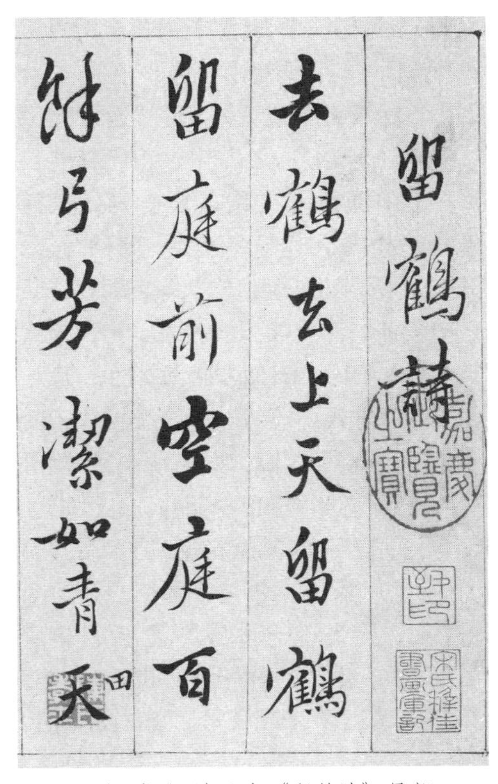

明代 书法 陈元素《留鹤诗》局部

书法："钟繇书如云鹤游天、群鸿戏海，行间茂密，实亦难过耶。"以云鹤群雁在浩瀚天空与大海中自由嬉戏来形容书法的轻重得宜、古雅茂密的超妙境界，后多被用来形容一种悠然、自在、孤高、超绝的精神状态，宋代张愈即为此等人也。"六召不应。喜弈棋，乐山水，遇有兴，虽数千里辄尽室往。遂浮湘、沅，观浙江，升罗浮，入九嶷，买石载鹤以归。"（《宋史·张愈传》）

诗人多以云鹤相随来抒发对君子隐士任意自由、不受尘事羁绊情态之向往与追求。唐代李端是此方面代表人物。他少居庐山，师事诗僧皎然，大历五年进士及第，曾任杭州司马，晚年辞官隐居湖南衡山，自号衡岳幽人。其《题崔端公园林》曰："上士爱清辉，开门向翠微。抱琴看鹤去，枕石待云归。野坐苔生席，高眠竹挂衣。旧山东望远，惆怅暮花飞。"幽深环境、洒脱状态，以至佳句频出，其中"抱琴看鹤去，枕石待云归"更以名句传世。清代著名书法家、学者包世臣以五言联书此句，成为行书珍品流传下来。吟咏云鹤之闲诗句颇多：南北朝庾信《咏画屏风诗》曰："行云数番过。白鹤一双来。"唐代寒山《诗三百三》曰："四顾晴空里，白云同鹤飞。"唐代刘商《归山留别子侄二首》曰："车马驱驰人在世，东西南北鹤随云。"宋代汪元量《寄李鹤田》曰："天阴雨湿龙归海，云淡风轻鹤在田。"宋代释行海《闲吟》曰："云踪鹤性长如此，未必青天管得吾。"元代舒頔《沁园春》曰："濠上观鱼，云间呼鹤，此乐人间未易知。"明代止庵法师《送北禅讲师》曰："秦淮一相见，云鹤两闲身。"清代钱牧《题绕屋梅花图》曰："一只鹤，一窝云，瘦煞扬州月二分。"清代苗君稷《窟山九峰圆觉寺》曰："野鹤栖云白，闲花落水红。"清代谭嗣同《道吾山》曰："古寺云依鹤，空潭月照龙。"

因而"闲云野鹤"成语，以飘浮的云、野生的鹤喻指隐士、道士，亦比喻无拘无束来去自由之人。唐代李群玉《奉和张舍人送秦炼师归岑公山》曰："闲云不系东西影，野鹤宁知去住心。"宋代黄彦平《宿香严寺》曰："山北山南时一

传世 纹样 鹤仙游云

过，闲云野鹤故人心。”宋代楼钥《次南真宫龚道士壁间韵》曰：“野鹤伴仙隐，闲云寄此心。”宋代李复《青布道人》曰：“逸意闲云野鹤孤，药苗山叶缀衣裾。”宋代祖无择《自咏》曰：“山中深僻无人到，自有闲云共鹤飞 。”宋代赵构《皇甫真人像赞》曰：“闲云在空，孤鹤行天。”宋代赵光义《缘识》曰：“性成孤僻爱清山，鹤唳云霄意自闲。”宋代孙仅《诗一首》曰：“闲如云鹤散如仙，逸士声名处处传。”宋代陈杰《感兴》曰：“云鹤性情闲去好，山林面目本来看。”宋代蔡准《游大涤山》曰：“朝夕樵风生，云鹤闲情惬。”宋代王炎《和麟老韵》曰：“清如野鹤有仙骨，闲似片云无俗情。”元代冯尊师《沁园春·鸣鹤余音卷三》曰：“月下风前，逍遥自在，闲云野鹤，岂管流年。”元代卢挚《蝶恋花·鄱江舟夜，有怀余干诸士，兼寄熊东》曰：“野鹤闲云知此兴，无人说与沙鸥省。”元代范康《竹叶舟》曰：“则合的蚤回头，和着那闲云野鹤常相守。”清代张问陶《梅花》曰：“野鹤闲云寄此生，暗香真到十分清。”清代曹雪芹《红楼梦》第112回曰：“独有妙玉如闲云野鹤，无拘无束。”

由“闲云野鹤”又引申出成语“孤云野鹤”，更显君子隐士如云鹤般野逸独处自在自行之情性。唐代徐铉《送汪处士还黟歙》曰：“孤云野鹤任天真，乘兴游梁又适秦。”唐代刘长卿的《送方外上人》曰：“孤云将野鹤，岂向人间住。”唐代权德舆《寄侍御从舅》曰：“野鹤无俗质，孤云多异姿。”唐代韦应物《赠丘员外》曰：“迹与孤云远，心将野鹤俱。”唐代贾嵩《夏日可畏赋》曰：“爱其孤鹤片云，休影逸人，恋此幽松古柏。”唐代韩琮《颍亭》曰：“远目静随孤鹤去，高情常共白云闲。”宋代仇远《和李致远秀才》曰：“一瓢陋巷誓不出，孤云野鹤心自由。”宋代释师观《偈颂》曰：“孤云野鹤，何天不飞。”宋代薛嵎《送潘道士》曰：“孤云野鹤生遥思，明月清风共一般。”宋代尤袤《全唐诗话》曰：“州亦难添，诗亦难改，然闲云孤鹤，何天而不可飞。”宋代释克文《云鹤》曰：“孤云能自在，只鹤更优游。”宋代赵光义《缘识》曰：“孤云野鹤镇常闲，随宜自在杳冥间。”宋代白玉蟾《酹江月》曰：“野鹤纵横，孤云自在，对落花芳草。”宋代钱闻诗《次韵云岫》曰：“超然物外一身行，野鹤孤云寄此生。”现代陈独秀《咏鹤》曰：“寒影背人瘦，孤云共往还。”而立朝不足百年的元代，众多文人在其诗词曲赋中引用此意者尤多，从中可见君子雅士在改朝换代后独善其身特立独

明代 织锦 云鹤纹妆花纱

行之常态。又《满庭芳·赠零口通明散人害风魏姑》曰："性似孤云野鹤，世尘缘、不惹些儿。"王吉昌《风入松》曰："野鹤孤云无碍，观自在，任飞行。"周砥《石湖》曰："烟中白鹤独飞还，相伴孤云尽日闲。"曾瑞《山坡羊·自叹》曰："孤云野鹤为伴等。鹤，飞过境；云，行过岭。"李俊明《摸鱼儿·送侄谦甫出山》曰："似野鹤孤云，江鸥远水，此兴有谁阻。"许有壬《忆秦娥》曰："孤云野鹤，杳无踪影。"长筌子《二郎神·叹平生》曰："彼岸风光真快乐，伴孤云野鹤飘荡。"王冕《偶成》曰："青山绿水从人爱，野鹤孤云与我同。"王结《蝶恋花·雨中客至》曰："野鹤孤云，笑我京尘底。"牧常晁《梧桐树》曰："喉手幸无名利索，万里孤云并野鹤。"

还有"云中白鹤"成语，亦省作云中鹤，喻人之高洁志远。此语多典：其一，魏晋陈寿《三国志·魏志·邴原传》裴注引《邴原别传》曰："邴君所谓云中白鹤，非鹑鷃之网所能罗矣。"南北朝刘义庆《世说新语·赏誉》亦载："公孙度目邴原：所谓云中白鹤，非燕雀之网所能罗也。"意为所谓云中白鹤，不是用捕燕雀的网所能捕捉得到的；公孙度说邴原是白鹤，自己无法挽留住此等人才。这既是对邴原人品给予的褒扬，也是对公孙度善于誉人的赞许。其二，唐代李大师、李延寿《南史·刘讦传》载：讦与族兄歊俱履高操。族祖刘孝标为书称之曰："讦超超越俗，如半天朱霞；歊矫矫出尘，如云中白鹤。"以"半天朱霞"和"云中白鹤"，赞美刘讦与刘歊兄弟越俗而出尘的高操姿行。明代李贽直用此典，其《初潭集兄弟上》云："讦超超越俗，如半天朱霞；歊矫矫出尘，如云中白鹤。"历代诗人多用云中鹤典。唐代李峤《鹏鸪》云："愿逢云中鹤，衔我向寥廓。"宋代张栻《和吴伯承》曰："端如云间鹤，不受尘埃侵。"宋代沈瀛《水调歌头·和李守》云："潇洒云中鹤，容与水边鸥。"宋代张炎《木兰花慢》云："看白鹤无声，苍云息影，物非行藏。"明代陈所闻

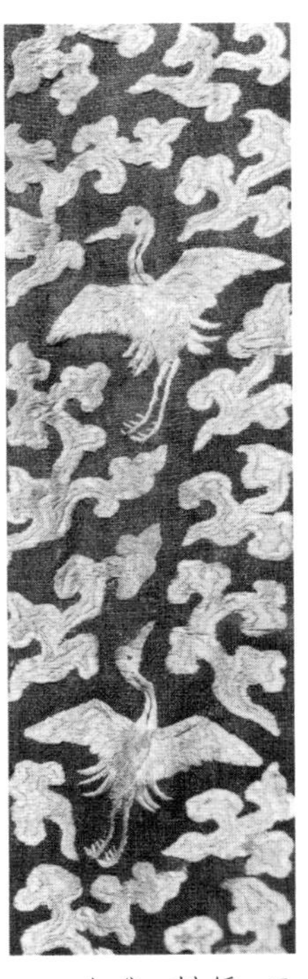

金代 刺绣 云鹤纹 山西大同金墓出土

《二犯傍妆台·寿孔鲁川》云："大年不让云中鹤，劲节真如涧底松。"明代张瀚《归鹤篇》云："皎皎云间鹤，不受氛尘侵。"清代纳兰性德《拟古诗》云："矫矫云中鹤，翱翔何所集。"

2. 梅妻鹤子林和靖

爱鹤驯鹤之风，发起于先秦，形成于汉代，至唐宋则成为时尚。唐代徐坚《初学记》中谈到驯鹤，"今吴人园中及士大夫家皆养之。"之前被神化的鹤开始从神坛走向人间，人们得以近距离接触到鹤，对其各种形态和习性得以深入了解。养鹤名士中以宋代隐士林逋影响最大。宋代沈括《梦溪笔谈》载："林逋隐居杭州孤山，常畜两鹤，纵之则飞入云霄盘旋，久之复入笼中。逋常泛小艇，游西湖诸寺。有客至逋所居，则一童子出应门，延客坐，为开笼纵鹤。良久，逋必棹小舡而归。盖尝以鹤飞为验也。"宋代梅尧臣《林和靖先生诗集序》里有"先生少时多病，不娶，无子"的记述。清代吕留良《〈和靖诗钞〉序》中亦载："逋不娶，无子，所居多植梅，畜鹤，泛舟湖中，客至则放鹤致之，因谓'梅妻鹤子'云。"林逋，字君复，北宋建立之初出生于钱塘一个儒学世家。少年时刻苦好学，通晓经史百家；及长，游历江淮间，领略山川之妙；不惑，建草庐于孤山之下。孤山是杭州西湖一个树木葱郁的小岛，四面岩峦连绵，成为古代高士隐居的好去处。林逋性孤高恬淡，不仕不娶，赋诗作画，以湖山为家园，缱绻岛上岁月；绕屋植梅300株，养鹤一两只，以梅鹤为亲人，自称"以梅为妻，以鹤为子"。林逋隐居孤山20余年，直至61岁卒，从未入城市，尽管与城市的距离只有10里之遥。鹤子平时随其左右，当他泛舟湖上时便成了他的信使。每逢客至，门童便将鹤放飞。林逋见鹤翔而来，便棹舟回归待客。鹤与林逋默契情深，传说，林逋去世鹤悲伤不已，在其墓前绝粒而殉。

"千载孤山竟不孤！"（清代弘历《项圣谟孤山放鹤图即用其韵》）林逋所拥有的"梅妻鹤子"的生命范式与清高自适的隐逸生活状态被奉为隐士之至上情态，为无人能够企及的"小隐隐于野"的典范，赢得了上自宫廷、下至民间久远的尊

现代 建筑 放鹤亭 杭州市西湖孤山 王秀杰摄影

崇。本来，因隐士多不求官名与朝廷向远，历代统治者对其均颇具微词，而林逋却得到了甚高的待遇，甚而引起了所历北宋两任皇帝的关注。宋真宗慕其名，欲召其入朝做官，被谢绝；既卒，宋仁宗有感于林逋的高洁操行，嗟叹悼之，并赐谥“和靖先生”名号，林逋由此成为中国历史上罕见的由皇帝赐封的隐士。待南宋朝廷以杭州为都后，在孤山上大修皇家寺庙，山上原有的住户、墓地、庙观全部迁出，却唯独留下了林逋的墓园景区，放鹤亭与林逋墓所呈“梅林归鹤”景观，还被列为西湖十八景之一。矗立在西湖孤山北里湖畔高台上的放鹤亭，由元代陈子安始建于林逋孤山隐居地“巢居阁”旧址，明代钱塘县令王代加以扩建，至近代“坟坛冷落将军岳，梅鹤凄凉处士林”（现代鲁迅《阻郁达夫移家杭州》）。现在的亭子是1915年重建的，近年又修葺一新。如今，由内外16根朱红色柱子高高撑起，翘角碧瓦双重飞檐的放鹤亭巍然矗立。亭柱上刻有从历代所撰放鹤亭楹联中精心遴选而出的4组楹联。正面外柱联为清代林则徐所撰：“世无遗草能真隐，山有名花转不孤。”内柱联为：“山孤自爱人高洁，梅老惟知鹤往还。”左侧柱联为：“华表千年遗蜕可闻玄鹤语，孤山一角暗香先返玉梅魂。”右侧柱联为：“梅花已老亭空鹤，处士长留山不孤。”每副联均语隽意赅，皆为赞赏梅妻鹤子林逋之隐士情怀的。“放鹤亭空孤与杳，愁听杜鹃啼苦。”（王启曾《忆梅》）“冲泥放鹤亭前，纵望湖山毕白。”（叶申芗《春初雪中探梅孤山》）是清代诗人对放鹤亭之吟咏。

在亭子西南23米的台地上，梅与竹簇拥的是林逋之墓。墓址是林逋生前选定的，“湖外青山对结庐，坟前修竹亦萧疏。”（林逋绝笔诗《自作寿堂因书一绝以志之》）墓园样貌依其意而建，后历经维护，清代修复的圆形墓冢和青石墓碑保留至今，汉白玉墓碑上书刻“林和靖处士之墓”。亭子左侧下方一小小洲渚之上建有鹤冢，一对从2007年第一届西湖博览会国际雕塑展上精心筛选而来的铜鹤，颔首敛翅默然肃立，取代了原先举足展翅造型的双鹤。如此不事张扬的形象，似乎更符合隐士风格。

林逋博学多才，书画俱佳，但最为擅长的是诗。中国士大夫一向赋予品行高洁的鹤与梅以君子之风，而林逋以自己不慕荣利的遗世高行进一步提高了梅鹤的声誉，鹤与梅成了林逋诗意人生的两大象征元素，在其传世的300多首诗中二者成为其吟咏的主要对象。咏梅诗作中最为著名的是《山园小梅》，其中“疏影横斜水清浅，暗香浮动月黄昏”句，对花中隐者神清骨秀幽雅超逸梅花之传神写照，成了脍炙人口的千古绝唱。林逋的咏鹤诗作亦独有静谧闲适的隐逸特色，如《鸣皋》中“一唳便惊寥沉破，亦无闲意到青云”，《小隐自题》中“鹤闲临水久，蜂懒采花疏”，《林间石》中“瘦鹤独随行药后，高僧相对试茶间”，《僧院夏日和酬朱仲方》中“鹤应输静立，蝉合伴清吟”，《和史宫赞》中“鹤迹秋偏静，松阴午欲亭”，《留题李颉林亭》中“兼琴枕鹤经，尽日卧林亭”等句。不入城市，但林逋与意气相投者常有交往。官场中人如丞相王随、名士范仲淹、杭州几任郡守，文化人从著名诗人梅尧臣到籍籍无名的白衣书生，西湖沿岸道观寺庙中的道者僧人等等，至少40人与他有过交往，多到孤山探望他，与之交流唱酬。他死时，当时的杭州郡守李咨素服守棺七日才葬之。范仲淹《寄赠林逋处士》中有“饵莲攀鹤顶，歌雪扣琴身”句，释智圆《赠林逋处士》中有“深居猿鸟共忘机，荀孟才华鹤氅衣”句。杭州郡守薛映有《对雪忆往岁西湖访林逋处士》诗，林逋与之唱和诗《寄薛学士》中有“江外敢知无别许，只携琴鹤听新除”句。林逋的其他唱酬诗句还有：“迢迢海寺浮杯兴，杳杳秋空放鹤心。”（《和陈湜赠希社师》）“知师一枕清秋梦，多为林间放鹤天。”（《送慈师北游》）

从林逋的诗作中，均可见他与世无争的恬淡心境，而这正契合了中华传统文化中那种孤清自妍、不求识赏的君子品格。后世文人无论出仕者还是退隐者，均崇慕林逋的隐士风范，将其视为人生楷模。林逋活着的时候就已有名气，既卒，时人保留了与他相关的旧址，并在旧址旁建墓，建祠堂，同代人桑世昌著有《林逋传》，《宋史》亦有其传，林槃《霜天晓角》则直呼“谁是我知音，孤山人姓林”。无数宋代文人对其表达追慕与忆念，或到孤山凭吊，或以文字、书画缅怀。如，苏轼《西湖寿星院明远堂》曰：“孤鹤似寻和靖宅，盘空飞去复飞还。”张炜《书和靖故居》曰：“童鹤饥癯古屋低，孤山犹忆数联诗。”叶茵《林和靖祠》曰：“鹤去山孤草亦荒，旋吟长句谒虚堂。”曹既明《过林和靖旧址》曰：“短棹不归双鹤去，一邱烟草寄山阴。”黄庚《和靖墓》曰：“吟魂仙去谁招得，独鹤一声幽恨长。”赵师秀《林逋墓下》曰：“犹有鹤归来，清时欲与论。”徐集孙《重拜和靖先生墓》曰：“高风留塑鹤，残雨暗荒碑。”刘克庄《题四贤像·林和靖》曰：“吟共僧同社，居分鹤伴间。”又《九叠》曰：“和靖终身欠孟光，只留一鹤伴山房。”宋自逊《答客问》曰：“岂是林逋放鹤迟，羽闲成懒静相宜。”陆文圭《入杭怀古呈史药房》曰：“林疏想弋逋仙鹤，壁坏应墁坡老诗。”何梦桂《招隐》曰：“好凭野鹤寻和靖，莫待山灵唤孔宾。”又《题吴梅庵和靖索句图》曰：“童寒鹤冷雪霏霏，正是先生得句时。”朱继芳《和秋房题半湖楼》曰：“曾谓家童欺贺老，当如沙鹤认林逋。”白珽《吊林处士墓》曰：“可怜辽鹤无消息，寂寞春风二百年。”董嗣杲《和靖先生墓》曰：“有鹤有童家事足，无妻无子世缘空。”吴锡畴《林和靖墓》曰：“遗稿曾无封禅文，鹤归何处但孤坟。”洪咨夔《咏梅》曰：“放了孤山鹤，向西湖，问讯水边，嫩寒篱落。”吴龙翰《拜林和靖墓》曰：“老鹤高飞入白云，空余残照管孤坟。”或因“梅妻鹤子”典义，抑或因其咏梅佳句，吟咏林逋之时，宋人还多愿将梅诗鹤意并举，以凸显林逋之高逸品格。姚勉《贤八咏·和靖探梅》曰："孤山养孤鹤，宜与梅为邻。"朱南杰《尹楼岩久留华亭》曰："和靖山头春到了，莫因寻鹤负梅花。"张炜《谒和靖祠》曰："鹤唤诗魂去，梅留姓字香。"陈杰《题和靖祠》曰："欲将心事梅边说，放鹤经年去不还。"释文珦《林和靖孤山旧隐》曰："童鹤亦清真，梅边伴幽独。"仇远《和刘君佐韵寄董静传高士》曰："行当归学林和靖，结屋梅根伴鹤眠。"周密《木兰花慢》曰："自放鹤人归，月香水影，诗冷孤山。"郑厚《林和靖墓》曰："月香水影诗空好，鹤怨猿惊客共哀。"后两句均以林逋咏梅句之"月香水影"指代梅。

历代追慕与怀想林逋的诗篇不胜其数，多以标示林逋人生底色的梅鹤入诗并咏。元代贡性之《题梅》曰："朔风扑面冻云垂，引鹤冲寒出郭迟。"元代张翥《多丽·西湖泛舟，夕归施成大席上，以晚山青》曰："自湖上爱梅仙远，鹤梦几时醒?"元代黄石翁《墨梅》曰："去年曾访林君复，烟水苍茫鹤未归。"元代周全《题梅》曰："西泠桥畔黄昏景，船头鹤梦风吹醒。"元代张翥《多丽》曰："自湖上、爱梅仙远，鹤梦几时醒?"元代张雨《赋梅山次仇山韵》曰："孤山路，伴老鹤，晚先寻宿。"元代徐再思《雪》曰："因风吹柳絮，和月点梅梢，想孤山鹤睡了。"明代杨九思《北村梅花》曰："香暗齐飞和靖鹤，枝高犹识子山诗。"明代钱宰《题林处士观梅图》曰："放鹤仙人不可招，断河残月夜闻箫。"明代袁宏道《代广陵姬用前韵》曰："梅花终作处士妻，海棠暂试诗人目。"又《香光林即事》曰："子鹤难为父，妻梅不用媒。"明代杨文琮《绝命词》曰："凭谁瘗我孤山上，魄是梅花鹤是魂。"清人咏林逋梅鹤诗句尤多：宗得福《孤山寒梅在劫不花》曰："一尊欲酹逋仙问，只夜来倦鹤，瘦影褵褷。"宋璜《探梅》曰："有客招来吟伴，记放鹤亭边，疏枝细数。"玄烨《孤山放鹤亭》曰："亭空不见鹤，磴古尚留梅。"王士禛《林逋梅鹤》曰："郭索钩辀句尚传，妻梅子鹤致萧然。"王夫之《丁亥元日续梦庵》曰："不遣蛛丝萦蝶梦，已拼鹤子付梅妻。"张怀泩《梅花》曰："桥边诗瘦人留迹，湖上人归鹤有声。"蒲松龄《家居》曰："久以梅鹤当妻子，直将家舍作邮亭。"赵庆熺《金缕曲·孤山探梅图》曰："打门仙鹤曾相认，剩枝头，夜来残月，半钩黄晕。"黄恩赐《和赏梅原韵》曰："寒透冰心林睡鹤，诗添酒兴月留人。"同时，画家亦纷纷表达对林逋的仰慕之情，其中宋代钱选《西湖吟趣图卷》及其题识尤为古朴生动。之后引起明代刘球、云岫等争相题咏。

3. 洁身自好

鹤是格外洁身自好的水禽，洗浴、理羽，保护羽毛光洁是其一主要习性。丹顶鹤特别爱清洁，一旦遇到水泊，便会争相涉入水中洗浴；如果啄采到的食物带有泥沙，便会将其衔至清水中洗净再食用。对鹤之洗浴场景诗人多有吟咏，诸如，唐代白居易《喜晴联句》中的“晒毛经浴鹤，曳尾出泥龟”，唐代薛逢《九日嘉州发军亭即事》中的“舞鹤洲中翻白浪，掬金滩上折黄花”，唐代朱长文《次韵练定公权垂访乐圃之什》中的“林晓猿抽臂，池秋鹤浴毛”，唐代储光羲《池边鹤》中的“舞鹤傍池边，水清毛羽鲜”，唐代褚载《鹤》中的“欲洗霜翎下涧边，却嫌菱刺污香泉”，唐代方干《赠华阴隐者》中的“花月旧应看鹤浴，松萝本自伴删书”，宋代苏辙《六月十三日病起》中的“野鹤弄池水，落拍翅羽修”，宋代陈起《哭丹池王隐君》中的“洞霄有猿号，丹池无鹤浴”，宋代刘克庄《贺新郎·二鹤》中的“旦旦池边三薰沐，夜夜山中警睡”等。清代英和《鹤浴》中的“来回屡照影，长喙时为伸。冲波浴浪意，作势殊纷纷”。还有因鹤浴之水而得名之地，宋代仇远《题石民瞻画鹤溪图》中的“鹤溪近与练湖连，一境秋水清无边”，明代朱之蕃《招鹤词》序云：“潘吾乡旧称沐鹤溪，世传浮丘伯养鹤，日浴于溪故名。”

当代 摄影 王秀杰《雏鹤欢浴》 摄于吉林省通榆县向海国家级自然保护区

丹顶鹤非常爱惜羽毛，十分注意羽毛的整理与保护，理羽的时间几乎占去休闲时间的一半；每次舞蹈或飞翔活动后，哪怕短暂的休憩时间里，也要反转脖颈用尖尖的长喙小心翼翼、不厌其烦地一遍遍梳刷、清理毛羽，以保持羽毛的洁净。实际上，丹顶鹤基部背面长有尾脂腺，梳羽时鹤还会用喙啄起分泌的油脂涂抹在羽毛的表面，使毛羽富有光泽不被淋湿。像瓦片一样排列有序松软洁净的羽毛不仅保护皮肤不受损伤，还起到隔热保温的作用，并有利于迁徙飞翔，羽翼丰满才能飞翔得更远更高，以保证一年一度往返迁徙任务的完成。古诗中吟咏鹤刷羽理毛的诗句甚多。鹤有条不紊地梳理羽毛，细腻静谧中呈现出一番别样风景，格外惹人喜爱。如，南北朝沈约《夕行闻夜鹤》曰：“昼飞影相乱。刷羽共浮沉。”南北朝江洪《和新浦侯咏鹤》曰：“宁望春皋下，刷羽玩花钿。”唐代虞世南《飞来双白鹤》曰：“鸣群倒景外，刷羽阆风前。”宋代梅尧臣《和永叔内翰思白兔答忆鹤杂言》曰："仍不如鹤有浅泉，自在引吭时刷羽。"再《依韵酬永叔再示》曰："九皋澄明鹤翅湿，欲暮刷羽声嘶嘶。"三《和潘叔治题刘道士房画薛稷六鹤图》曰："况兹刷羽者，奋迅如天质。"宋代蒋堂《和梅挚北池十咏》曰："骨峭翘霜月，翎疏刷野泉。"又《秋霁》曰："取琴理曲茶烟畔，看鹤梳翎竹影间。"宋代陆游《溪园》曰："静看猿哺果，闲爱鹤梳翎。"宋代魏野《出户》曰："静嫌莺斗舌，闲爱鹤梳翎。"宋代胡宿《咏鹤》曰："独立青田刷羽仪，朱研丹顶雪裁衣。"宋代吴龙翰《春雪》曰："鹤梳琼羽落，蝶舞粉衣翩。"宋代黄庚《王可交升仙台》曰："立尽斜阳影，闲看鹤刷翎。"宋代方回《二月十五日赵君实南山别墅俟主客俱不至》曰："篱落梅残野菜青，田间闲看鹤梳翎。"宋代释文珦《赠道士褚雪巘》曰："时来琪树下，闲看鹤梳翎。"宋代缪鉴《咏鹤》曰："酷爱绿窗风日美，鹤梳轻毳乱杨花。"宋代李祁《和咏鹤》曰："几年养就丹砂顶，竟日闲梳白雪翎。"元代元好问《二月十五日鹤》曰："不知浊世谁下临，只许霜毛见修整。"元代张可久《金字经·金华洞中》曰："竹暖鹤梳翅，树香鹿养茸。"明代朱静庵《双鹤赋》曰："临风振羽，向日梳翎。"明代刘凤《去鹤来归赋》曰："运天池之浩荡以刷羽兮，逍遥放乎六漠而焉止。"明代刘纲《鹤林诗》曰："皓鹤翎梳雪翳林，碧桃花落霞飘洞。"明代周伦《苦雨》曰："药阑徙倚鱼翻鬣，花径闲行鹤理裳。"清代纳兰性德《拟古诗》曰："玉潭照清影，独自刷毛衣。"

清代 绘画 郎世宁《花荫双鹤图》(局部)

鹤刚出生时，满身着淡褐色的绒羽，三个月后长成飞羽，之后几经换羽，两周岁方能长成白色羽毛。成年鹤除颈部和飞羽后端为黑色外，全身羽毛洁白；当站立收敛翅膀折叠两翼时，阔长而弯曲的三级飞羽呈弓状，羽端的黑色羽支像头发一样披离，覆盖在白色的尾羽上，因而人常误认鹤的尾部长着黑色羽毛。白色在中华传统文化中具有清洁、高雅、纯正等美好含义。鹤之白羽亦为文人墨客所钟爱，多以咏鹤羽之皓洁来映衬自己一尘不染君子般高洁品性；在诗人们的眼中，其他鸟类的羽色是无法与鹤羽之白相媲美的。对鹤之白羽的赞美从先秦即已开始，《孟子》云："麀鹿濯濯，白鸟鹤鹤。"宋代朱熹集注："鹤鹤，洁白貌。"宋代赵蕃《次韵在伯送行》以此典入诗："白石何凿凿，白鸟可鹤鹤。"有的将鹤羽比作晶莹剔透之白玉："何由振玉衣，一举栖瀛阆。"（唐代陆龟蒙《鹤屏》）"原夫托玉羽以潜游，历丹霄而暂憩。"（唐代宋言《鹤归华表赋》）"丹砂作顶耀朝日，白玉为羽明衣裳。"（明代解缙《白鹤颂》）"扶桑暮元圃，弄影瑶池玉。"（又《题松竹白鹤图》）有的将鹤羽比作飘逸之白云，唐人多做此比："鹤本如云白，君初似我闲。"（贯休《题友人山居》）"雪缕青山脉，云生白鹤毛。"（王建《隐者居》）"谁见干霄后，枝飘白鹤毛。（喻凫《广德官舍二松》）"黄鹤有逸翮，翘首白云倾。"（皎然《答道素上人别》）"单飞后片云，早晚及前侣。"（钱起《送陆贽擢第还苏州》）"暮云冥冥，双翅雪翎。"（卢纶《和马郎中画鹤赞》）

更多诗人用霜雪之色来形容鹤羽之莹洁，或将其并写，以相互映照。如，南北朝庾信《上益州上柱国赵王诗二》曰："鹤毛飘乱雪，车毂转飞蓬。"南北朝鲍照《舞鹤赋》曰："惊身蓬集，矫翅雪飞。"唐代元稹《和乐天感鹤》曰："我有所爱鹤，毛羽霜雪妍。"唐代郑谷《鹤》曰："羽翼光明欺积雪，风神洒落占高秋。"唐代杜牧《朱坡》曰："迥野翘霜鹤，澄潭舞锦鸡。"唐代齐己《水鹤》曰："比雪还胜雪，同群亦出群。"唐代虞世南《飞来双白鹤》曰："映海疑浮雪，拂涧泻飞泉。"唐代武三思《仙鹤篇》曰："月下分行似度云，风前飏影疑回雪。"唐代雍裕之《四色》曰："何意瑶池雪，欲夺鹤毛鲜。"唐代许浑《郑侍御玩鹤》曰："岩响数声风满树，岸移孤影雪凌波。"宋代魏野《和人见咏新鹤》曰："雪霜毛羽瘦形仪，养处人家觉道肥。"宋代戴复古《君玉同访岂潜饮间君度曼卿不约而至鹤方换翎》曰："鹤换一身雪，花开满树金。"宋代韩琦《谢丹阳李公素学士惠鹤》曰："只爱羽毛欺白雪，不知魂梦托青云。"宋代范仲淹《鹤联句》曰："腾汉雪千丈，点溪霜半寻。"宋代史弥逊《咏鹤》曰："编衣湖上月明天，雪影飘飘意欲仙。"宋代裘万顷《松斋秋咏吹黄存之韵》曰："西风黄叶扫空庭，舞鹤翩翩堕雪翎。"宋代李公昴《贺新郎·丙辰自寿、游景泰小隐作》曰："松柏苍苍俱寿相，更千年、雪鹤鸣相和。"宋代周必大《予年十四五侍子中兄读书赣州寿量寺久之寺为》曰："令威化鹤重来日，顶

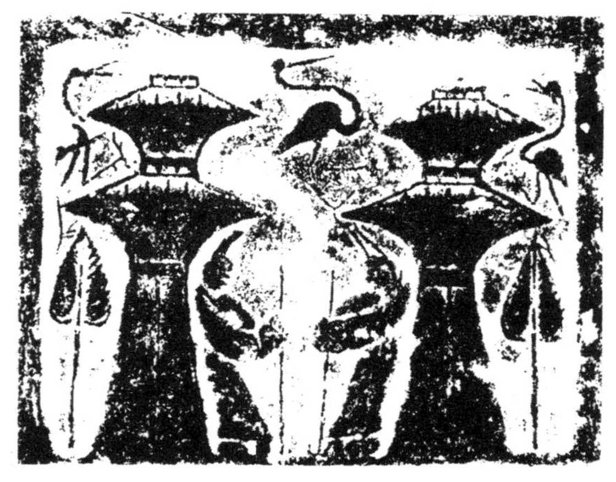
汉代 画像砖《鹤鸣双阙》河南郑州出土

似初颜雪被肩。”宋代白玉蟾《积翠楼》曰：“移时双鹤何处归，遥见前山两点雪。”宋代释文珦《洞霄宫》曰：“瀑溅鹤衣明似雪，气蒸龙穴暗成云。”宋代周端臣《咏鹤》曰：“放去几随云过海，归来一片雪翻天。”宋代程俱《得叔问书报柳元礼许寄鹤》曰：“海上胎禽雪翅翎，故人千里念岩扃。”宋代刘一止《雪夜一首呈傅舍人》曰：“怪来觅句如斫冰，门外雪花如舞鹤。”宋代赵以夫《角招》曰：“底处群仙，飞来霜鹤。”元代周巽《别鹤操》曰：“雪为衣兮朱为顶，清声唳兮闻九天。”明代刘基《戏为雪鹤篇赠詹同文》曰：“我为先生歌雪鹤，逸兴翩翩入寥廓。”明代阙名《晴皋鹤唳赋》曰：“疑磬发而佩摇，若霜标而雪丽。林鹇之皓色难比，云雁之清音罕继。”清代陈廷敬《六日祈谷前一日雪》曰：“扈帝仙官多鹤驾，骑来银阙羽毛鲜。”清代英和《龙沙秋日十二声诗·仙禽警露》曰：“临风抒远怀，澡雪见本色。”有的则将云霜冰雪白玉并用，更突出了鹤羽之白。如，唐代李白《宣州长史弟昭赠余琴溪中双舞鹤诗以言志》曰：“谓言天涯雪，忽向窗前落。白玉为毛衣，黄金不肯博。”唐代武三思《仙鹤篇》曰：“霜毛忽控三神下，玉羽俄看二客旋。”唐代钱起《画鹤篇》曰：“点素凝姿任画工，霜毛玉羽照帘栊。”宋代赵佶《白鹤词》曰：“霜雪羽毛冰玉性，瑶池深处啄灵苗。”清代张光藻《北戍草》曰：“玉羽霜毛出海滨，神仙丁令是前身。”

4．一琴一鹤赵清献

音乐与鹤结缘年代久远，河南博物院所藏距今8000多年的“贾湖骨笛”为目前出土年代最早的乐器实物，便是由鹤类尺骨制作而成的。这种骨笛早见表述，元代王举之有《鹤骨笛》篇，明代李时珍《本草纲目》云“鹤骨为笛，甚清越”。以乐声引鹤的传说均产生得很早，从侧面说明了鹤品位之高雅及其通乐之灵性。黄帝习乐典见于明代王圻《三才图会·元鹤》所载，“王者有音乐之节则至，昔黄帝习乐于昆仑山，有元鹤飞翔。”唐代元稹《和李校书新题乐府十二首·法曲》有“吾闻黄帝鼓清角，弭伏熊罴舞玄鹤”句。吹箫引凤典见于汉代刘向《列仙传》所载，“萧史者，秦穆公时人也，善吹箫，能致孔雀、白鹤于庭。”秦穆公的女儿弄玉好音律好吹笙，择婿要求选一个擅长吹箫的人。萧史被请来，吹奏出的箫声幽静典雅，竟能把孔雀、白鹤吸引到庭院来。穆公就把女儿嫁给了他，夫妻恩爱和睦，后双双飞升而去。师旷鼓琴引鹤典见之于战国《韩非子·十过》所载：“师旷不得已，援琴而鼓。一奏之，有玄鹤二八，道南方来，集于郎门之垝。再奏之，而列。三奏之，延颈而鸣，舒翼而舞，音中宫商之声，声闻于天。平公大说，坐者皆喜。”一次，在晋平公的强求之下，师旷不得已演奏了清商、清徵、清角等曲。没想到师旷琴技产生了奇妙效果：第一曲弹完，有黑色的鹤十六只，从南方飞来，站立在廊门的屋脊上；第二曲弹完，鹤整齐列队；第三曲结束，鹤引颈高鸣，张翅跳舞，鸣叫如音乐一般异常动听。晋平公与在座者都十分高兴。师旷是春秋时期晋国著名音乐家，虽然眼盲，但发愤苦练，精通音律，琴艺超凡，他以琴声描绘鹤的鸣叫飞翔以及舒翼而舞的优美姿态，竟将真鹤吸引而来，十分神奇。南北朝顾野王《玉符瑞图》亦载有师旷鼓琴故事："晋平公鼓琴，有元鹤二八而下衔明珠而舞于庭，一鹤失珠，觅得而走，师旷掩口而笑。"宋代欧阳修《夜坐弹琴有感》中的"师旷曾一鼓，群鹤舞空虚"，宋代文同《奉送少讷还青神》中的"我惭无琴类师旷，鹤误衔珠投二八"，皆引用此典，赞叹师旷琴艺之高超。当今尚存的四川雅安汉代高颐阙上有一幅石雕，刻的即是师旷弹琴的场景。画面上两人对坐，师旷凝神弹琴，晋平公闻琴声激动得掩面而泣，二人头上有两只飞鹤低头下翔，亦在延颈倾听，十分形象。

琴鹤并举，同气相吸，尽显君子之高雅风致。琴是中国一种古老而富有民族特色的乐器，为乐之统者。汉代应劭著《风俗通》云："琴者，乐之统也，君子所常御，不离于身，非若钟鼓陈于宗庙列于旗悬也。"西汉理学家戴圣《礼记·乐记》中亦言："君子听琴瑟之声，则思志义之臣。"言君子听到琴瑟之声，就会想起志向坚定的忠义之臣。可见，德与艺在君子一身之相辅相成。而琴鹤作为雅器洁禽均为清雅而华美之物，皆有君子之"德"。善弹抚弦，是君子学问与修养的外观显现，又是修身风化天下的手段，有着愉悦情思表达心志的功能。鹤题材古琴曲如见录于明代《文会堂琴谱》的《双鹤听泉》、明代《神奇秘谱》的《鹤鸣九皋》，皆表现高人雅士林泉间以鹤为友之超然出尘意境。后者在元代高文秀《双调·行香子》已有吟咏："醒来时，兴取瑶琴操。操的是，鹤鸣九皋。"

历代抱琴携鹤者颇多，或抒发雅逸清高之情，或表达清净闲适之感，尽显君子之儒雅风貌。魏晋曹植《白鹤赋》云："聆雅琴之清韵，记六翮之末流。"南北朝萧绎《飞来双白鹤》云："逐舞随疏节，闻琴应别声。"南北朝刘删《赋得独鹤凌云去》云："携琴就猿鹤，同种玉峰田。"唐代韦庄《题许仙师院》云："山色不离眼，鹤声长在琴。"又《访含弘山僧不遇留题精舍》云："池竹闭门教鹤守，琴书开箧任僧传。"唐代李昉《依韵奉和见贻之什且以答来章而歌盛美也》云："昂藏鹤貌无凡态，冷淡琴声有古风。"唐代李群玉《送处士自番禺东游便归苏台别业》云："高笼华亭鹤，静对幽兰琴。"唐代朱庆余《赠道者》云："风起松花散，琴鸣鹤翅回。"唐代牟融《送罗约》云："独鹤孤琴随远旆，红亭绿酒惜分岐。"唐代鲍溶《送僧文江》云："孤高知胜鹤，清雅似闻琴。"宋代陆游《即事》云："我爱湖山清绝地，抱琴携鹤住茆堂。"宋代黄庶《筇竹杖》云："琴鹤为友朋，出入常拂拭。"宋代林逋《夏日池上》云："横敧片石安琴荐，独倚新篁看鹤笼。"宋代胡仲弓《耕田》云："山林受用琴书鹤，天地交游风月吾。"宋代林尚仁《寄西湖友人》云："早晚携琴去，山中与鹤期。"宋代朱敦儒《鹊桥仙》云："携琴寄鹤，辞山别水，乘兴随云做客。"宋代谢逸《次董之南韵》云："仰看老鹤有清兴，静听幽琴无俗音。"宋代唐泾《怀黄小牧》云："梧桐卧雨鱼生釜，梅坞吟云鹤伴琴。"又《初夏幽居杂赋》云："水迹闲将鹤，林间独拥琴。"宋代曾协《送裘父侄还乡》云："尘外情怀得自由，便推琴鹤上归舟。"宋代赵琥《题冲真观》云："月白琴声朗，风清鹤唳频。"宋代魏野《寄赠长安宋澥逸人》云："野鹤听调瑟，沙鸥看濯缨。"宋代笑掷震雷《借翠蛟亭韵》云："野鹤听琴飞雪舞，湫龙喜客为澜翻。"明代岑万《谒忠简公祠饯长子用宾赴池郡》云："莫惮九华山路险，但携琴鹤晓凌风。"

有的将鹤拟人化，言其能听懂琴音，理解琴意。如，宋代林逋《寄薛学士曹州持服》云："江外敢知无别计，只携琴鹤听新除。"宋代赵汝镃《访友人溪居》云："鹤为听琴朱顶侧，鸭昏睡日绿头藏。"宋代何梦桂《和徐榷院唐佐见寄》曰："有时抚孤琴，猿鹤听无哗。"明代高启《过刘山人园》云："野鹤知琴意，山蜂给酒材。"有的琴鹤并咏酬和亲友，表达赞誉勉励之情。如，唐代郑谷《赠富平李宰》云："夫君清且贫，琴鹤最相亲。"唐代齐已《寄镜湖方干处士》云："闻君与琴鹤，终日在渔船。"又《送孙逸人归庐山》云："独自担琴鹤，还归瀑布东。"宋代阳枋《谒同年许使君德开》云："人物西清自华选，未应琴鹤久松岗。"宋代俞桂《赠云间陆琴士》云："声中知有辽天鹤，弹散华亭一片云。"元代王冕《琴鹤二诗送贾治安同知》云："翩翩玄鹤舞，幽幽孤凤鸣。"清代朱为弼《少穆前辈属题》云："想见琴鹤守清素，但以秋菊为糇粮。"

清代 绘画 喻兰 《仕女清娱图册之携琴观鹤》

人们甚而把对琴鹤的破坏斥为大煞风景的不齿行为。宋代胡仔《苕溪渔隐丛话前集·西昆体》载："《西清诗话》云：'《义山杂纂》，品目数十，盖以文滑稽者。其一曰煞风景，谓清泉濯足，花上晒裈，背山起楼，烧琴煮鹤，对花啜茶，松下喝道。'"唐代李商隐，字义山，所写《义山杂纂》列举了许多煞风景之事，其中之一为"烧琴煮鹤"。琴是用来弹奏的，鹤是用来观赏的，结果把琴当柴烧，抓鹤煮了吃。对美好事物如此糟蹋自然要受到正人君子的口诛笔伐，后

传世 纹样 一琴一鹤

此典所列行为被斥为有伤风雅之为。唐代韦鹏翼《戏题盱眙邵明府壁》云："自从煮鹤焚琴后，背却青山卧月明。"宋代洪适《满江红》云："吹竹弹丝谁不爱，焚琴煮鹤人何肯?"宋代邹浩《嘲仲益》云："剖琴如剖薪，烹鹤如烹鱼。"宋代陈德武《木兰花慢》云："从兹破琴煮鹤，猗阑不用对人弹。"元代萨都剌《焦桐》云："中官方煮鹤，终得舍夫君。"元代曾瑞《嘲俗子》云："扭死鹤，劈碎琴，不害碜。"明代冯梦龙《醒世恒言·卖油郎独占花魁》云："焚琴煮鹤从来有，惜玉怜香几个知！"明代程嘉燧《周敏仲同客过拂水庄阻风山厨萧寂戏作》云："老夫犹云幸免俗，且未烧琴思煮鹤。"清代李渔《凰求凤·酸报》云："也须把温语相商，又何用烧琴煮鹤，蹦玉蹂香。"清代黄景仁《恼花篇》云："不忧人讥杀风景，焚琴煮鹤宁从同。"清代郑燮《有所感》云："又没个怜香惜媚，落在煮鹤烧琴魔障。"而元代薛昂夫《朝天曲》中的"知音人既寡。尽他，爨下，煮了仙鹤罢。"则反用其意，既然知音已去，也就不会再有什么高雅的鼓琴之兴了，因此焚琴煮鹤也就无所谓了。另，明代冯梦龙《古今谭概》载有一则明代著名画家沈周画鹤讽太守逸事。一个新到任的苏州太守，附庸风雅，一次他把当地的知名画家召集去为他作画。沈周画了一幅《焚琴煮鹤图》讽刺其庸俗，太守根本没觉察出来，还夸画得好。

琴鹤并提，还用来表达高士与世无争的淡薄心态、隐士坦荡无尘的清逸情怀。五代时期出现了一则"一琴一鹤"典故。《旧五代史》载，郑遨生性耿介不群，累举进士不中。欲携妻儿隐于林壑。妻不从，遨乃辞诀而去，携一琴一鹤独往少室山为道士。后居于华阴，以山田自给，为时望所重。唐明宗召拜左拾遗、晋高祖召拜谏议大夫，皆不赴，因赐号"逍遥先生"。郑遨著有文集二十卷，作品多表现对国计民生的关注，及对世人追逐名利、贪求淫乐的嘲讽。郑遨之作为，赋予了琴鹤淡泊名利清贫自守之义，是琴鹤寓意的一种拓展。宋代夏元鼎《沁园春·敢隐默》中"亭台巧，一琴一鹤，泥絮心田"，宋代胡斗南《题汪水云诗卷》中"一琴一鹤一扁舟，南北东西更九州"，宋代仇远《卜居白龟池上》中"一琴一鹤小生涯，陋巷深居几岁华"等诗句，皆用此意。至宋代，"一琴一鹤"

又引申出清正廉政之内涵。宋代沈括《梦溪笔谈》载，宋代廉吏赵抃出任成都知府时，匹马入蜀，轻装简从，仅以一琴一鹤相随；赴任不讲排场，不要车马随从，可谓一清二白。两年多后，赵抃奉调回京，依旧行具简朴，仅携一琴一鹤两袖清风而返。此后，赵抃先后三次入蜀为官，每次到任后，都坚持廉洁勤政，经其治理川蜀大地风气大变，奢靡之风渐消，“蜀人安之，蜀郡晏然”长达百年。洁身自好，是赵抃君子操守形成的根本，也是其清清白白一生的真实写照；他常自勉如白色鹤羽不沾污，如红色鹤顶赤心为国。赵抃自律甚严，深信人在做，天在看。他每晚在黄纸上写下日之所为，行了什么善，犯了什么过，然后设上几案，上香焚纸，如实向上天禀告，以天天提醒自己断恶修善，此即著名的“焚香诰天”。

清代 绘画 任伯年《焚香诰天》

赵抃在蜀地留下了倡廉反奢的千古美谈，对朝廷纠正时弊起了重要作用。一次皇帝宋神宗问赵抃：“闻卿匹马入蜀，以一琴一鹤自随，为政简易，亦称是乎！”赵抃去世，神宗为其辍朝一日，追赠太子少师，封谥号“清献”，以“爱直”名其墓碑，又命大臣苏轼撰写赵献公神道碑文。宋代文人纷纷盛赞赵抃：“清献先生无一钱，故应琴鹤是家传。”（苏轼《题李伯时画赵景仁琴鹤图》）“随身琴鹤如清献，治蜀功名更武侯。”（杨万里《饯赵子直制置阁学侍郎出帅益州》）“清献出蜀日，琴鹤与之俱。”（王义山《五无歌送张参政》）“莼鲈不复归吴矣，琴鹤还如出蜀然。”（刘克庄《挽赵卿无垢》）“诗书意味江都相，琴鹤规模清献公。”（魏了翁《董侍郎生日》）“纷纷车马门前过，知有几人琴鹤归。”（陈文蔚《过赵清献墓居》）“乖崖今觉诙谐验，清献但容龟鹤随。”（强至《送张如莹》）赵抃之高洁自律行为被传为佳话，成为历代清官样板，官吏都仿效赵抃清廉政风；一琴一鹤亦屡屡被人效法，官员在任、出任新职或离任时，都会以与琴鹤相守作为一种约束与检验。如南宋末年被罢相的谢方叔面对重新被宋度宗起用时的举动很是与众不同，方叔罢左丞相致仕。“度宗即位，方叔以一琴、一鹤、金丹一粒来进。”（《宋史·谢方叔传》）后常用一琴一鹤典作为清官廉吏之评语或题赠祝语，为宦在野者亦争相享受着与琴鹤相伴的宁静。宋代寇准《巴东县斋秋书》云：“讼庭终日静，琴鹤亦长闲。”宋代阮阅《警句门》曰：“鹤伴鸣琴公事晚，乌惊调角戍城秋。”宋代陆游《早春》云：“逢僧竹院闲评药，携鹤山村醉拥琴。”宋代陈尧佐《寄洪州杨太博》云：“讼庭唯鹤立，吟树独僧期。”宋代赵必象《钱尹权宰》云：“明月扁舟琴鹤共，西风一剑斗牛光。”元代许有孚《太常引》云：“赵公琴鹤，谢家丝竹，漉酒又陶巾。”清代赵翼《奉命出定镇安》云：“剧郡剑牛觇吏绩，传家琴鹤本官箴。”清代林则徐《敬题悔木老夫子》云：“萧闲琴鹤原清吏，得失虫鸡付梦婆。”清代邓石如《陈寄鹤书》云：“慕古人琴鹤之风，以益励其清廉，而光照皖国。”王禹偁是宋初有名的直臣，敢于直谏遭贬谪，从他的咏琴鹤诗词中，可见其为宦期间怎样以琴鹤自许，清明自守。其一，《赠卫尉宋卿》云：“宿斋院冷琴横膝，朝退门闲鹤伴身。”其二，《武平寺留题》曰：“县斋东面是禅斋，公退何妨引鹤来。”其三，《和仲咸诗》云：“三年官满谁留得，领鹤携琴赋式微。”

只有清白自重之人与事才能被历史铭记，赵抃携“一琴一鹤”名垂青史。赵抃不仅得到了皇帝的赏识、官吏的认同，还得到了人民的爱戴与纪念。赵抃后人以他为荣，在故里浙江衢州有始建于宋咸淳四年的赵抃祠，堂号名为琴鹤堂，分布在浙江、湖南等省的赵姓后裔也沿用此堂号。2017年丁酉重阳，为纪念赵抃诞辰1009周年，在赵公故里信安街道孝悌里，赵氏后裔及各界人士拜于赵公像前，献辞有曰：“日复三省，为官清廉。琴鹤相伴，佳话传延。”四川崇州城罨画池公园里有“二贤祠”，是宋时崇州人为纪念赵抃与陆游这两位在蜀任职的清廉官员而建；赵陆公祠大门高悬“琴鹤梅花”匾额，“琴鹤”赞誉赵抃的清正廉洁，“梅花”颂扬陆游的高雅情操。祠附近有一座仿古石拱小桥，名琴鹤桥，也是纪念赵抃入蜀之清廉作为的。赵抃虽然在崇安任知县的时间不长，但在该地市中心横街旧时的文庙亦建有“二贤祠”，是祭祀造福一方的赵抃和当地理学大家胡安国的。史料记载，赵抃首次到成都任知府，经过湔江（成都北部一河）时，见江水滔滔，清清白白，有感而发，留下一句“吾志如此江清白，虽万类混淆其中，不少浊也”的铿锵誓言。以江的一清二白表明他一心为民，绝不同流合污的志向。为了纪念此事，蜀人把此段江更名为“清白江”，1960年此地设区时，也因清白江于境内而得名。

5. 志存高远

作为迁徙鸟类的一种生存需要，鹤类具备高飞远翔的本领。每年深秋初冬，当繁殖地天气转冷大地开始结冻时，丹顶鹤等鹤类便迁往越冬地，翌年早春再迁回。鹤自身具备得天独厚的飞行条件：翅膀宽展，翼大尾短，单侧翅膀长近70厘米，胸肌发达，纺锤形的躯干呈流线型，大大减少了飞行阻力；密集成列的飞羽起到机翼的作用，如舵之尾羽可用来控制飞行时的方向。鹤群在迁飞时，往往排成巧妙的楔形，体形最大的成鹤位于队列之首，后面的鹤便利用前面鹤翅膀阻挡气流减小风阻而做省力快速且持久的飞行。飞翔时，鹤细长的头颈与对称的双胫伸展成一条直线，与翅膀共同组成一个完美的“十”字，呈现出极为优美的姿态；飘逸随风，闲适自得，那种畅快淋漓给人美感催人奋进。

丹顶鹤迁飞路程到底有多远？扎龙保护区工作人员在1993年至1994年间借助直升机共捕捉到14只因换羽暂无飞行能力的成年丹顶鹤，为它们装上无线电发报机，将其释放，用卫星跟踪迁飞。这些鹤当年11月上、中旬羽毛丰满后开始大致沿东西两条线路迁飞。跟踪反馈的结果是：东线迁飞的7只鹤，飞完从兴凯湖到朝鲜金野至安边越冬地全程用时5至6天，迁飞距离870余公里。西线迁飞的2只鹤，飞完从兴凯湖到中国盐城沿海滩涂越冬地全程用时39天，迁飞距离2200余公里。除去在中间站歇息天数，鹤每天迁飞行程应在100公里至150公里区间。可见，鹤之迁飞是一次次耗时费力历经千难万险的航程。恰如隋代孔德绍《赋得华亭鹤诗》所言，“三山凌苦雾，千里激悲风。心危白露下，声断采弦中。”无论是东线较近的飞行，还是西线较远的飞行，面对关山沧海风阻雪碍，这些鹤都必须要采取飞飞、歇歇，再飞飞、再歇歇的方式进行；体力将要耗尽时，通过在中间站歇息与饮食补充才可得以恢复。

当代 油画 周卫《长空万里》

鹤特殊的飞翔能力，在中国古代神话中被大胆想象与夸张，其飞翔超越了俗世的限制，在广袤无垠的时空里来去自如，其高远到达世人可想而不可即的境地。古人早已肯定了鹤之飞翔能力。汉代韩婴《韩诗外传》载：“田饶事鲁哀公而不见察，谓哀公曰：‘夫鸡有五德，君犹瀹而食之者，以其所从来近也；未若黄鹤一举千里，止君园池，啄君稻粱，君犹贵之，以其所从来远也。故臣将去君，黄鹤举矣！’”鲁哀公是距今2500年前春秋时期的鲁国国君。魏晋王嘉《拾遗记·昆仑山》载：“昆仑山，有昆陵之地，其高出日月之上。山有九层，每层相去万里，有云色，从下望之，如城阙之象，四面有风，群仙常驾龙乘鹤，游戏其间。”九层九万里，在日月之上，鹤翔之高真是难以计数。《太平御览》载《淮南八公相鹤经》云鹤“飞则一举千里”。身手不凡的鹤翔壮举，正切合了诗人内心的向往与追求；大量咏鹤翔一举千里一飞冲天之诗文，把壮志凌云的心愿寄托于鹤，以此来象征君子、贤才、隐士的志存高远。汉代刘向《新序》云：“黄鹄白鹤，一举千里。”魏晋阮籍《咏怀》云：“一飞冲青天，旷世不再鸣。”魏晋桓元《元鹤赋》云：“纵眇飏于云裔，岂四海之难局。”南北朝汤惠休《杨花曲》云：“黄鹤西北去，衔我千里心。”唐代王维《奉和圣制》云：“庭养冲天鹤，溪流上汉查。”唐代孟浩然《岘山送萧员外之荆州》云：“再飞鹏激水，一举鹤冲天。”唐代韦庄《癸丑年下第献新先辈》云：“千炬火中莺出谷，一声钟后鹤冲天。”又《和薛先辈见寄初秋寓怀即事之作二十韵》云：“水深龙易失，天远鹤难寻。”唐代吕温《赋得失群鹤》云：“杳杳冲天鹤，风排势暂违。”唐代孟郊《晓鹤》云：“应吹天上律，不使尘中寻。”唐代宋言《鹤归华表赋》云：“闻天之逸响，驻凌云之远势。”唐代雍陶《卢岳闲居十韵》云：“鹤飞高缥缈，莺语巧绵蛮。”宋代罗愿《尔雅翼》云：“鹤一起千里，古谓之仙禽，以其于物为寿。”宋代司马光《王君贶宣徽垂示》云：“鹤飞笙远窅无迹，遗庙令人空沥酒。”宋代赵崇嶓《题弹枭》云：“鹤举即千里，渺在青云端。”宋代米芾《题薛稷二鹤》云：“从容雅步在庭除，浩荡闲心存万里。”宋代陈宓《和陈教》云：“又同冲霄鹤，举世避轩昂。”宋代释惠崇《句》云：“境闲僧渡水，云尽鹤盘空。”宋代辛弃疾《虞美人·赵文鼎生日》云：“试看中间白鹤、驾仙风。”宋代友鹤仙《友鹤吟》云：“四海明月五湖风，飞冲直上凌虚空。”元代马致远杂剧《邯郸道省悟黄粱梦》云：“三峰月下鸾声远，万里风头鹤背高。”元代范梈《卢师东谷怀城中诸友》云：“天遥一鹤上，山合百虫鸣。”明代刘凤《去鹤来归赋》云：“夫何灵禽之逸翰兮，超一举而千里。”明代谢缙《题松竹鹤图》云：“东游扶桑略西极，上下九天仅咫尺。”清代陈寿祺《旸谷先生封公大人》云：“鹤盘远势干青霄，风格恰似逋仙高。”清代梁章钜《旸谷老伯大人遗照》云：“鹤飞厷兮江上山，青冥浩渺不可攀。”现代陈独秀《本事诗》云：“黄鹤孤飞千里志，不须悲愤托秦筝。”

甚而，鹤翔之高远被夸张到可达万里之遥九天之高的无可穷处，颇为令人展怀畅情。唐代许浑《郑侍御厅玩鹤》云：“双翅一开千万里，只因栖隐恋乔柯。”唐代吕洞宾《七言》云：“杖摇楚甸三千里，鹤翥秦烟几万重。”唐代李峤《鹤》云：“翱翔一万里，来去几千年。”唐代元稹《松鹤》云：“俯瞰九江水，旁瞻万里壑。”唐代李涉《逢旧》云：“碧落高高云万重，当时孤鹤去无踪。”唐代杜牧《别鹤》云：“矫翼知何处，天涯不可穷。”唐代牟融《送羽衣之京》：“阆苑云深孤鹤迥，蓬莱天近一身遥。”宋代洪适《眼儿媚》曰：“黄堂风转碧幢开，笙鹤九

明代 陶瓷 青花飞鹤符纹盘

天来。”宋代邹登龙《游仙》云：“明发寂无睹，孤鹤翔九天。”宋代白玉蟾《题三清殿后壁》云：“八百年来觅只鹤，一举直上三万里。”宋代仇远《书与士瞻上人》云：“野鹤清高六翮轻，孤云万里去冥冥。”宋代朱熹《孤鹤思太清》云：“天矫千年质，飘摇万里情。”宋代文同《李生画鹤》云：“一身万里意，双目九霄顾。”宋代周麟之《见张运使郎中》云：“野鹤摩云万里心，一枝聊复寄高林。”宋代刘埙《塞翁吟》云：“飞飞，垂天翼，飘然万里。”宋代友鹤仙《友鹤吟》云：“苍波万里茫茫去，驾风鞭霆卷云路。”元代刘时中《山坡羊》云：“意悠扬，气轩昂，天风鹤背三千丈。”明代徐渭《画鹤赋》云：“忽一举而追九万之翼，亦孤栖而养千岁之元。”近代陈三立《卞薇阁索题先大父光河中丞夜灯图》云：“孤鹤培毛翮，腾作九天啸。”宋代陆游尤爱写鹤高飞远翔之景，以此寓寄他的抗金收复大志。其一《泛舟泽中夜归》云：“虹断已收千嶂雨，鹤归正驾九天风。”其二《寓驿舍》曰：“九万里中鲲自化，一千年外鹤仍归。”其三《寄邛州宋道人》云：“语终冉冉已云霄，万里秋风吹鹤驾。”其四《醉中作》云：“驾鹤孤飞万里风，偶然来憩大峨东。”

诗人多将飞翔的鹤与高远的云并咏，此处之云在中国传统文化中意多指祥云，即象征祥瑞的云气，亦为传说中神仙所驾的彩云，所以才能与高翔之鹤相匹配；云托鹤起，鹤带云归，以苍天之高远衬托鹤之高飞远翔，抒发志在云天的飘洒与逍遥。诸如，唐代寒山《诗三百三首》曰：“四顾晴空里，白云同鹤飞。”唐代李建勋《题魏坛》曰：“一寻遗迹到仙乡，云鹤沉沉思渺茫。”唐代欧阳詹《送闻上人游嵩山》曰：“二室峰峰昔愿游，从云从鹤思悠悠。”唐代钱起《田鹤》曰：“田鹤望碧霄，无风亦自举。”唐代虞世南《飞来双白鹤》曰：“飞来双白鹤，奋翼远凌烟。”唐代韦庄《含香》曰：“含香高步已难陪，鹤到青霄势未回。”唐代司空曙《送僧无言归山》曰：“人到白云树，鹤沉青草田。”宋代时定钦《句》曰：“白云黄鹤自来去，绿水青山无古今。”宋代黄庭坚《题老鹤万里心》曰：“仙人驾飞骑，朝会白云衢。”宋代刘埙《浣溪沙·道情》曰：“鸾梦渐随秋水远，鹤情甘伴野云深。”宋代翁卷《书隐者所居》曰：“蜂沾朝露出，鹤带晚云归。”元代袁士元《瑞鹤仙·寿倚云楼公》曰：“笑横空老鹤飞来，还入五云深处。”元代王冕《梅花屋》曰：“花落不随流水去，鹤归常带白云来。”元代倪瓒《为曾高士画湖山旧隐》曰：“波上鸥浮天远，林间鹤带云还。”明代王履《至家以山中所得松实万年松分遗友人翌日皆见》曰：“正御风将还白鹤，忽随云又上苍龙。”明代戈镐《来鹤诗赠周玄初》曰：“香案灵文一篆通，翩翩云鹤天下风。”明代吴承恩《西游记》第66回曰：“白鹤伴云栖老桧，青鸾丹凤向阳鸣。”现代毛泽东《登庐山》曰：“云横九派浮黄鹤，浪下三吴起白烟。”

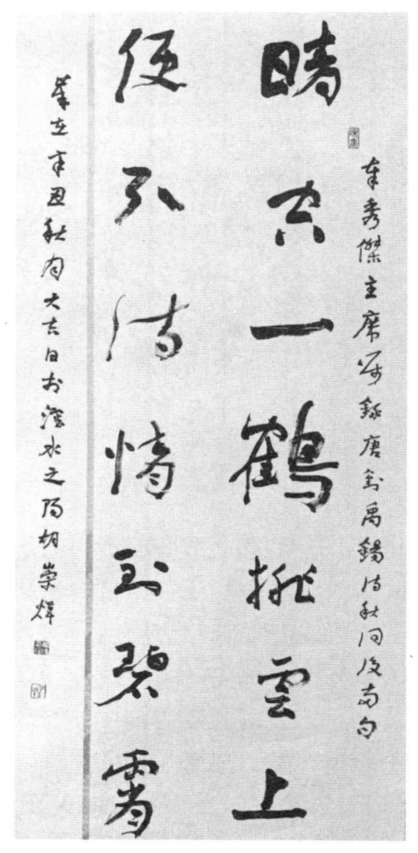

当代 书法 胡崇炜 刘禹锡《秋词》诗句

咏云鹤诗最为著名的诗篇是唐代刘禹锡的《秋词》，“自古逢秋悲寂寥，我言秋日胜春朝。晴空一鹤排云上，便引诗情到碧霄。”刘禹锡因参加“王叔文革新运动”而遭遇到23年的接连贬谪，但他始终是一个不屈奋斗的志士。他以“一鹤排云上”之气势，用振翅高翔的独鹤，在秋日晴空中冲破肃杀的矫健凌厉之姿，横扫失意文人万古悲秋之气象，赞美秋天比万物复苏的春天还要美好，寄寓了高洁情操、奋斗精神与远大志向，深化了人如果志向高远顽强奋斗，无论什么时节都不会感到寂寥的诗之主题。

第四节　君子如鹤

2000多年来，在历代社会生活中，君子品性一直是中国人追求的理想人格范式。

那些品德高尚如鹤之君子，总会在中华史册中流光溢彩，被永世铭记。

1. 横江孤鹤苏东坡

宋代名士苏轼对鹤推崇备至，表现了一个正人君子之高尚追求；在其作品中常常出现鹤之意象，并给鹤以极高地位，一再将鹤与龙凤鸾鸟等相提并论。如，

《竹阁》曰："白鹤不留归后语，苍龙犹是种时孙。"《独游富阳普照寺》曰："鹤老依乔木，龙归护赐书。"苏轼之爱鹤，不仅爱鹤独特而鲜明的形象，更钟情于鹤淡泊宁静、超脱豪放的高洁品性。比兴的手法，丰富的意蕴，在数十次的塑造中，形成了苏轼对于鹤的独特审美。苏轼羡慕鹤松的高洁长存，《赠岭上老人》曰："鹤骨霜髯心已灰，青松夹道手亲栽。"《醉题信夫方丈》曰："鹤作精神松作筋，阶庭兰玉一时春。"《和欧阳少师寄赵少师次韵》曰："白头相映松间鹤，清句更酬雪里鸿。"他喜欢以鹤喻友并自喻，《与胡祠部游法华山》曰："君犹鸾鹤偶飘堕，六翮如云岂长铩。"《送张职方吉甫赴闽漕六和寺中作》曰："羡君超然鸾鹤姿，江湖欲下还飞去。"他把自己的遭遇喻为"轩轩青田鹤，郁郁在樊笼"(《僧惠勤初罢僧职》)，但并不灰心气馁，期盼着终会有高鸣远翔的时候，"为君垂涕君知否，千古华亭鹤自飞"(《宿州次韵刘泾》)。

苏轼之所以选择鹤意象来抒发人生如梦的遗憾与壮志未酬的感慨，与其经历处境及宗教信仰有关。道、佛、儒三教对他都有影响。儒家固穷的坚毅精神，禅宗对待一切变故的平常心态，老庄轻视物质环境超越有限时空的追求，都体现在他努力塑造的一种新的坚定旷达的人生态度中，而道教的影响最大。估计苏轼在少年时接触道教的同时已然爱上了鹤，且1072年自请外任始，苏轼的为官之地杭州、密州、徐州、湖州均为鹤的著名产地，鹤伴随其大半个仕宦生涯。

当代邮票《李可染作品选·放鹤亭》

苏轼在其所作《放鹤亭记》中把爱鹤之情抒发得淋漓尽致。山人张天骥隐居于彭城西南云龙山，后迁于东山之麓并作亭其上，自驯二鹤，朝放而暮归。时任知府苏轼与之交谊甚厚，常带宾客、僚吏上山往见山人，屡次大醉而归。其记云"山人有二鹤，甚驯而善飞""独终日予涧谷之间兮，啄苍苔而履白石。"赞美鹤"清远闲放，超然于尘埃之外""故易诗人以比闲人君子、隐德之士"的高洁品性，用高飞入云的鹤比喻不屑于争权夺利的君子。记后附以精彩的放鹤与招鹤二歌，鹤翔翩翩，情韵婉转，为全文画龙点睛："鹤飞去兮，西山之缺，高翔而下览兮择所适。翻然敛翼，婉将集兮，忽何所见，矫然而复击。""鹤归来兮东山之阴。其下有人兮，黄冠草屦，葛衣而鼓琴。"放鹤歌摹写鹤的自在逍遥，展现一种隐士风采；招鹤歌借山人之口呼唤仙鹤归来，表达一种醉心山林的隐逸情思。以放鹤始，以招鹤结，在闲散飘逸如歌的行板中，点出主旨，写尽心境。寄情于鹤，将身比鹤，两首歌均融人与鹤为一体；鹤是人的精神寄托，人是鹤的知心伴侣。苏轼对徐州放鹤亭寄情甚深，后来还作过一首《放鹤亭送蜀人张师原赴殿试》，其诗曰："云龙山下试春衣，放鹤亭前送落晖。"《放鹤亭记》有明显的出世隐逸情思，南面为君不如隐居之乐；好鹤与纵酒的君主可以因之败乱亡国，隐士却可以因之怡情自得。因东坡故，历代诗人吟咏徐州放鹤、招鹤二亭者甚多。宋代贺铸《游云龙张氏山居》曰："东趋放鹤亭，磴道披茅菅。"宋代张炎《一萼红·弁阳翁新居，堂名志雅》曰："放鹤幽情，吟莺欢事，老去却愿春迟。"宋代王迈《沁园春·老先生独以身免》曰："招鹤亭前，居然高卧，许大乾坤谁主张。"宋代吴泳《沁园春·生日自述》曰："从今去，亭前放鹤，溪上垂纶。"宋代范成大《放鹤亭》曰："放鹤道人今不见，故应人与鹤俱飞。"元代陆仁《次韵》曰："飞龙开口日晖晖，放鹤亭前路不迷。"当今，云龙山上还有张山人故居、放鹤亭、招鹤亭、饮鹤泉、云龙书院等景物，游人亲临其境，可深刻感悟古人之爱鹤情致，也可作为祈福许愿的吉祥之地。

近代 绘画 袁培基《林亭放鹤》局部

心中有鹤，苏轼随时随处都可引鹤入诗。元丰三年（1080年）七月，43岁的湖州太守苏轼遭遇了"乌台诗案"。在被关押审理期间，听说好朋友刘恕被罢官出京，他作《和刘道原见寄》诗曰："独鹤不须惊夜旦，群乌未可辨雌雄。"以鹤与乌比拟贤人与小人，表明一个正人君子的不二主张；把与自己同道的刘喻为在午夜高声长鸣的鹤，而在朝者被喻为一群碌碌无为好坏难辨的乌鸦。经过几个月的审理，苏轼被贬为黄州团练副使。在黄州，生活艰苦，看不到任何政治希望，但他并未潦倒，很快适应了周边环境，尤其在与道士等宗教人士的接触中，世外高士的超脱之态对他影响很大，使他获得了迈向新生之路的勇气。他对那些驾鹤成仙、化鹤飘飞的道教典故十分熟稔，可见其道家风骨已然在身，如，《送蹇道士归庐山》曰："人间俯仰三千秋，骑鹤归来与子游。"《柏堂》曰："道人手种几生前，鹤骨龙姿尚宛然。"他的崇道之情在与友人的唱酬中多有表露："羡君清瘦真仙骨，更助飘飘鹤背躯。"（《次韵袁公济谢芎椒》）"试看披鹤氅，仍是谪仙人。"（《临江仙）"愿使君、还赋谪仙诗，追黄鹤。"（《满江红·寄朱寿昌》）"却后五百年，骑鹤还故乡。"（《戏作种松》）苏轼亦崇佛，他的《过永乐文长老已卒》诗记叙了他与诗僧文及的三次交往三次赋诗，"初惊鹤瘦不可识，旋觉云归无处寻。三过门间老病死。一弹指顷去来今。”他以鹤比僧，将僧死比作鹤飞云归。亲切的比拟，显现了他们相交甚笃，情感颇深。

黄州三年，苏轼心中的宗教之义、爱鹤之情、自然之爱陡增。他认定了黄州赤鼻矶为三国赤壁，在元丰五年（1082年）七至十月三个月的时间里，他两次泛游，写下了两篇以赤壁为题的赋，感慨古代英雄作为，引发出一番关于自然与人生的思考，文学创作也攀升到了巅峰。而《后赤壁赋》中的孤鹤形象尤为独到。月夜再游赤壁，在船上消遣至夜半。翌日苏轼便写下了著名的《后赤壁赋》。赋之前段写苏子登临绝顶所见，中段却笔调突转，着重笔墨描写那只横江孤鹤："适有孤鹤，横江东来，翅如车轮，玄裳皓衣，戛然长鸣，掠予舟而西也。”后段写回家睡中梦境，“一道士，羽衣蹁跹。”向苏轼发一问而后倏然不见。此赋最为成功的是孤鹤形象的塑造：它虽孤独寂寞，但不失高贵优雅，是那样超凡脱俗，自由自在。梦中的道士即孤鹤的化身，孤鹤也是苏子的寄托物，至此，苏子与孤鹤、道士三位合为了一体。

元丰五年十二月十九日，苏轼置备酒席于赤鼻矶下，与好友庆祝自己的生日。进士李委听说后，特作新曲《鹤南飞》前来祝贺。苏轼作《李委吹笛》酬谢之："山头孤鹤向南飞，载我南游到九嶷。”时隔不久，苏轼又作《失题》追忆李委为他演奏《鹤南飞》祝寿事："独鹤南飞送好音，山中桥梓共成阴。”由此可见，集诸多要义于一身的赤壁孤独之鹤，与苏轼心中的鹤意象是完全重合的，也是苏轼心中执着人生现实而又超然物外精神状态的一种体现。苏轼素喜以只鹤形象喻己心态，离黄州10多年后被贬定州时所写《鹤叹》云："园中有鹤驯可呼，我欲呼之立坐隅。鹤有难色侧睨予，岂欲臆对如鹏乎?”这只鹤虽被家养但不贪食；这与苏轼颇为相似，他对于朝廷给的高位不一定非要不可。“戛然长鸣乃下趋，难进易退我不如。”他自愧不如鹤之来去自如，在朝代更换新旧党争中，他想报效国家而不得。苏轼一生屡遭贬谪境遇坎坷，但自强不息，始终呈现出一个正人君子孤独与奋发杂糅的精神状态。正如宋代僧道潜《东坡先生挽词》所评价："精神炯炯风前鹤，操节棱棱雪后松。”

《后赤壁赋》所描绘赤壁意境亦被历代诗人所梦想与追寻。宋代黄庚《闻鹤》曰："玉笙缥缈缑山去，羽袂蹁跹赤壁游。”宋代方岳《以嗜酒爱风竹》曰："何如赤壁笛，一鹤横秋风。”宋代周端朝《三江口》曰："晓梦惊辞赤壁鹤，夜栖看打武昌鱼。”宋代董嗣杲《雨泊蕲州岸下》曰："天阴鹤忽鸣，何时离赤壁。”宋代释宝昙《为李方舟题东坡赤壁图》曰："当时跨鹤去不返，水仙王家真画存。”宋代姚勉《赠山月道士》曰："山高月小赤壁游，梦中道士鹤掠舟。”宋代朱翌《月夜》曰："夜深一鹤掠舟过，疑是坡仙赤壁来。”宋代文天祥《读赤壁赋前后》

曰："八龙写作诗中案，孤鹤来为梦里游。"宋代朱翌《西园月夜竹影满堂》曰："东坡元不死，鹤驾相追随。"元代虞集《苏武慢》曰："忆昔坡仙，夜游赤壁，孤鹤掠舟西过。"元代张翥《春从天上来》曰："问坡仙何处，沧江上、鹤梦无踪。"元代丁鹤年《樊口隐居》曰："谁能领取坡仙鹤，月下吹箫共往来。"明代王绂《月夜舟中酒后写》曰："骑鲸李白远莫攀，梦鹤坡翁久仙化。"

而横江孤鹤意象更是引起历代诗人广泛而长久的共鸣，纷纷将此形象融入自己坚定奋发之情，慷慨系之。宋代辛弃疾《满江红·送徐抚幹衡仲之官三山，时马叔会侍郎帅闽》曰："我梦横江孤鹤去，觉来却与君相别。"宋代刘将孙《沁园春·十月雪堂》曰："孤鹤横江，羽衣入梦，应悟飞鸣昔我过。"宋代无名氏《贺新郎》曰："有鹤东来西去也，梦道士、揖予而语。"宋代刘辰翁《乳燕飞·语参差述之赤壁之游乐》曰："矫首中洲公何许，共我横江孤鹤。"宋代罗与之《夜宿郁木福地》曰："树影忽来山月转，误惊鹤翅似轮飞。"宋代岳珂《黄鹤谣寄吴季谦侍郎》曰："翅如车轮夜横江，风声曾走淮淝羌。"明代蒲庵禅师《赤壁图为胡允中赋》曰："一声孤鹤横江来，明月在天天在水。"清代朱为弼《道光庚寅冬十月》曰："梦中忽见鹤飞来，掠舟翅似车轮大。"清代张问陶《过黄州》曰："我似横江西去鹤，月明如梦过黄州。"清代谭敬昭《粤秀峰晚望》曰："横空老鹤南飞去，带得钟声到海幢。"

历代画家在描绘《后赤壁赋》意境时，也多重点表现横江孤鹤。宋代乔仲常如此，明代仇英如此，现代傅抱石亦如此。如，乔仲常《后赤壁赋图卷》有566厘米之长，充分展现了《后赤壁赋》中苏轼夜游赤壁的情景，其中那只横江孤鹤双翼舒展，项颈笔直，逆风而行，横江而过。画卷的几处空白处，画家将《后赤壁赋》里的主要文字提纲挈领以小楷字体书出。明清以降，衍生出诸多《载鹤图》。

2. 支公放鹤

爱鹤是君子文人的共性，《世说新语》所载支公好鹤典故便是一则爱鹤美谈。"支公好鹤，住剡东峁山，有人遗其双鹤。少时翅长欲飞，支意惜之，乃铩其翮。鹤轩翥不复能飞，乃反顾翅，垂头视之，如有懊丧意。林曰：'既有凌霄之姿，何肯为人作耳目近玩！'养令翮成，置使飞去。"支公，即支遁，字道林，东晋人，既是高僧，又是名士，与谢安、王羲之等交往甚密。支公喜欢养鹤，有人送他一对。没过多久，鹤羽翼渐丰想飞走，支公舍不得就折断了鹤的翎羽。无法飞翔的鹤回看自己的翅膀，然后低下头来，如人般沮丧。支公看后醒悟了：鹤与自己一样有着翱翔天空的凌云之志，怎会甘心被人豢养玩耍，我又怎能把它们留在林苑只供自己观赏呢？待鹤的羽毛重新长成，支公便放飞了那对鹤。支公放鹤说

清代 绘画《放生》选自《点石斋画报》

明了一个道理，应该给所喜欢的事物一个自由的空间。如此真心爱鹤之行为，自然获人赞誉无数；诗人多引用此典追怀晋代高僧的思绪，赞赏其好鹤放鹤的情怀。唐代贯休《山居诗》曰：“支公放鹤情相似，范泰论交趣不同。”唐代齐己《题中上人院》曰：“欠鹤同支遁，多诗似惠休。”又《题主人绝句四首·放鹤》曰：“纵与乘轩终误主，不如还放却辽天。”唐代皎然《支公诗》曰：“支公养马复养鹤，率性无机多脱略。”唐代刘禹锡《赠日本僧智藏》曰：“深夜降龙潭水黑，新秋放鹤野田青。”唐代韩偓《永明禅师房》曰：“支公禅寂处，时有鹤来巢。”宋代释智圆《湖西杂感诗》曰：“看云静放支公鹤，临水闲观惠子鱼。”又《庭鹤》曰：“支盾放君真有意，卫公怜汝太无端。”宋代释法薰《四祖赞》曰：“未必右军鹅，便是支郎鹤。”宋代姚勉《白鹤》曰：“安得支道林，使之遂飘然。”宋代张炎《台城路，游北山寺》曰：“待学取当年，晋人曾约。童子何知，故山空放鹤。”宋代张伯寿《临江仙》曰：“支颐从鹤立，拱膝看鳌翻。”明代袁帙《招鹤》曰：“凌霄自有志，吾岂学支公。”明代程嘉燧《怀拂水故居》曰：“支公好事时调鹤，长者前生是救鱼。”明代完璞琦公《秋日归虎丘怀铦仲刚书记》曰：“长林放鹤闲支遁，一室编蒲老睦州。”

而后，效仿支公放鹤之举而成就鹤之高远志向的事例多起来。其一，唐代李绅《忆放鹤》序云：“周岁，羽毛既成，见其宛颈长鸣，有烟霄之志。开笼放之，一举冲天。”诗云：“好风顺举应摩日，逸翮将成莫恋群。”看到所驯养之鹤羽翼丰满引颈长鸣有冲天之志，李绅故而放之，任其翱翔而去。其二，《宋史·陈洪进传》载：“洪进在泉州，日方昼，有苍鹤翔集内斋前，引吭向洪进。

洪进视之，有鱼鲠其喉，即以手探取之，鱼犹活，鹤驯扰斋中数日而后去，人皆异之。”拔刺相救，不以恩居，反而放之。陈洪进是北宋初年的杰出人士，以如此美德善举赋予他，是一种赞美。其三，宋代释文珦有《放鹤操》亦赞高人放鹤之举，“相彼胎禽兮有志凌霄，翦翎铩翼兮羁縻于笼牢，为时人之近玩兮中心郁陶。有高人兮逆知其然，养成羽仪兮纵之于千仞之巅，使全其性兮逍遥乎九天。九天之高兮穹窿，鹤之乐兮融融，维高人之德兮与天无穷。”一鹤被剪翎羽，心情抑郁，待鹤羽翼长成，主人在高人指点下，将鹤放飞。有以放鹤为题立篇的。唐代雍陶《放鹤》曰：“从今一去不须低，见说辽东好去栖。努力莫辞仙路远，白云飞处免群鸡。”清代胤禛《放鹤》曰：“岩洞烟霞侣，蓬瀛供奉班。放教随意去，切莫恋尘寰。”有诗句赞放鹤的。宋代李石《扇子诗》曰：“莫留一物遮人眼，展出青天放鹤飞。”宋代韩元吉《过松江寄务观》曰：“放鹤迎人舞，飞鸥伴我闲。”

3. 鹤立鸡群

鹤最常被用来与其他生物作对比，从而衬托出其无与伦比的超凡脱俗与出类拔萃。“鹤立鸡群”典故出自晋代魏戴逵《竹林七贤论》所载，“入洛，或谓王戎曰：‘昨于稠人中始见嵇绍，昂昂然若野鹤之在鸡群。’”有人对王戎说，嵇绍在人群里就像鹤站在鸡群中那样突出。嵇绍为魏晋时期名臣文学家曹魏中散大夫嵇康之子，身材魁梧，仪表堂堂，又很有才学，无论在哪里都显得超群不俗。此典喻君子的美好德行无法被遮蔽，自我优越性会一览无余，后多以此典赞人之仪表或才德卓然出众。有的诗句直用典源，盛赞超绝人才形象如鹤之赫然。唐代皇甫湜《鹤处鸡群赋》曰：“群鸡兮喧卑，独鹤兮超特。”唐代李群玉《酬崔表仁》曰：“昨日朱门一见君，忽惊野鹤在鸡群。”唐代黄滔《出京别崔学士》曰：“不道鹤鸡殊羽翼，许依龙虎借风云。”宋代苏轼《圆通禅院先君旧游也四月二十四日晚至宿焉明》曰：“何人更识嵇中散，野鹤昂藏未是仙。”宋代苏辙《次韵子瞻感旧见寄》曰：“君才最高峙，鹤行鸡群中。”宋代辛弃疾《和前人观梅雪有怀见寄》曰：“满眼梅花深雪片，何人野鹤在鸡群。”宋代戴复古《求先人墨迹呈表兄黄季文》曰：“昂昂野鹤姿，愧无中散状。”宋代赵蕃《徐丈大雅有诗赠子畅尉曹用韵呈子畅兼柬徐丈》曰：“谢子姿野鹤，耸然常自昂。”宋代释智圆《鹤自矜》曰：“仙材况有千

清代 玻璃套料鼻烟壶

年寿，鹿犬凡鸡岂合俦。”明代朱之蕃《野鹤》曰：“注顶丹成迎日彩，昂身玉立出鸡群。”明代宋濂《游泾川水西寺莔叶八宣慰刘七都事章下二元师》曰：“别有白发师，野鹤鸡群异。”清代钱谦益《客涂有怀吴中故人周吏部景文》曰：“独鹤鸡群自寡俦，三闲老屋日西头。”

有的诗句暗用典义，意表对鹤之超群脱俗品象的欣赏，亦用以自比。唐代白居易《池鹤》曰：“高竹笼前无伴侣，乱鸡群里有风标。”唐代李咸用《宿隐者居》曰：“又须随计吏，鸡鹤迥然分。”唐代鲍防《杂感》曰：“远物皆重近皆轻，鸡虽有德不如鹤。”宋代梅尧臣《史供奉群鹤》曰：“莫将树上鸡相并，会待归飞向杳冥。”宋代赵佶《白鹤词》曰：“昂昂不与鸡为侣，时作冲天物外声。”宋代黄庭坚《次韵答尧民》曰：“鹤鸣九天上，不肯家鸡伴。”清代方丈《水崖哭明圃子留》曰：“里门裘马日纷纷，鸾鹤宁同鸡鹜群。”清代张光藻《咏鹤》曰：“海天空阔今飞去，肯恋鸡群首重回。”近代宁调元《柬钝剑松江》曰：“各有苍茫无限恨，岂徒鹤立在鸡群。”宋代王之道用此典最多，看来他是个友善之人，对人不吝夸赞。其一，《因纳上人寄题望江张氏春晖亭诗》曰：“张公雷江人，鸡群鹤昂昂。”其二，《和富公权宗丞十站》曰：“昂昂野鹤在鸡群，一见人分浊与清。”其三，《送尚老之江西》曰：“道人野鹤姿，昂昂在鸡群。”其四，《赠浮屠勤上人》曰：“轩昂冲天鹤，那容混鸡群。”

当代 漫画 鹤立鸡群

除了将鹤与鸡作对比，诗人还多将鹤与其他禽鸟作对比，将高远心志寄托给凡鸟不能望其项背的鹤之一身。诸如，魏晋阮籍《咏怀》中的“云间有玄鹤，抗志扬哀声。……岂与鹑鷃游，连翩戏中庭”，唐代张九龄《江城常目送此意有所羡遂赋以诗》中的“远集长江静，高翔众鸟稀”，唐代李绅《忆放鹤》中的“凌励坐看空碧外，更怜凫鹭老江渍”，唐代沈佺期《黄鹤》中的“黄鹤佐丹凤，不能群白鹇”，唐代褚载《鹤》中的“沙鸥浦雁应惊讶，一举扶摇直上天”，唐代钱起《晴皋鹤唳赋》中的“疑磬发而佩瑶，若霜标而雪丽。林鹇之皓色难比，云雁之清音罕继”，唐代王睿《松》中的“常将正节栖孤鹤，不遣高枝宿众禽”，唐代许浑《送卢先辈自衡岳赴复州嘉礼》中的“众花尽处松千尺，群鸟喧时鹤一声”，宋代陆游《泛舟湖山间有感》中的“归来华表千年鹤，灭没烟波万里鸥”，宋代曹彦约《晚晴》中的“浩歌鸣鹤后，柔橹泛鸥中”，宋代杨公远《黄山》中的“鸾翔弄影非无侣，鹤唳冲天岂类鹇”，宋代李廌《西丘》中的“独有松上鹤，不为鹦鹉粒”，宋代王炎《赠地理游晓山》中的“仙人白鹤渺烟霞，野日昏昏噪暮鸦”，元代蓝智《湘江舟中赋红叶寄友人》中的“鹤惊仙顶化，鸡讶斗冠空”，明代符锡《奉和曾宪长瑞鹤诗》中的“风标自合群仙使，胎孕难将百鸟同”，明代朱静庵《双鹤赋》中的“与鸾凤而为侣，矧燕雀之敢窥”，明代毕万《三报恩》中的“他道是鹤立鸡群，我道是鸦随鸾阵”，明代阙名《晴皋鹤唳赋》中的“林鹇之皓色难比，云雁之清音罕继”，明代刘琏《遣兴》中的“绿凫水中游，白鹤云间飞”，明代完璞琦公《次韵答见心和尚》中的“月明老鹤啼春涧，日落饥乌集古台”等诗句，不胜枚举。唐代白居易晚年曾作一组《池鹤八绝句》，将鹤与乌、鸢、鸡、鹅比照，并以鹤之口吻一一作答驳斥，显示出鹤的卓然独立，凡鸟之无法企及。如，《鹤答鸡》云：“尔争伉俪泥中斗，吾整羽仪松上栖。”《鹤答乌》云：“吾爱栖云上华表，汝多攫肉下田中。”《鹤答鸢》云：“无妨自是莫相非，清浊高低各有归。鸾鹤群中彩云里，几时曾见喘鸢飞？”这是诗人与鹤在心灵深处相互碰撞后形成的共识，也是诗人始终不肯向世俗之气妥协心态之宣言。

与鹤立鸡群相近的成语还有“独占鳌头”，赞拔得头筹之人的不同凡响。鳌是古代传说中海里的大龟或大鳖。语意原指科举时代考试中了头名状元，后泛指占得首位或第一名。唐宋时期，皇帝殿前陛阶上镌刻有巨大的鳌鱼，考取状元之后，要去殿前朝见皇帝，正好就站在这个鳌鱼的头上，所以称之为“上鳌头”。在相关的纹图中，站立在鳌头之上替代状元的形象往往是一只意气昂扬的鹤，以显示出类拔萃姿态。诗人往往将鳌鹤并咏，或咏景抒怀，或赞人之不同凡响。唐代僧鸾《赠李粲秀才》曰：“仙鹤闲从净碧飞，巨鳌头戴蓬莱出。”唐代李德裕《述梦诗》曰：“画壁看飞鹤，仙图见巨鳌。”唐代孟郊《石淙》曰：“飘飘鹤骨仙，飞动鳌背庭。”唐代齐己《怀轩辕先生》曰：“月华离鹤背，日影上鳌头。”宋代方回《次韵袁提学题皇甫真人清虚庵》曰：“三山恍惚惊鳌动，千岁凄凉望鹤归。”宋代无名氏《满江红》曰：“最好鳌头攀盛事，只今鹤发承金渥。”宋代古成之《怀石楼》曰：“好探鳌头信，时应有鹤还。”又《五仟观》曰：“槛簇鳌头景，门通鹤颈程。”明代袁昌祚《小金山》曰：“凭轩我欲乘仙鹤，飞上金鳌第一峰。”明代孙成名《钓鳌矶》曰：“此日钓鳌成五马，当年放鹤有孤洲。”明代阮大铖《闻王梅和开府二东寄怀》曰：“是处神鳌资鼎奠，居然皋鹤动升闻。”清代许南英《林健人游历东西洋归示诗，即和原韵》曰：“晓策六鳌诗可钓，秋高一鹤句长哦。”

传世 纹样 独占鳌头

赞人物形象出众的还有“王恭鹤氅”典故。典出南北朝刘义庆《世说新语·企羡》所载，“孟昶未达时，家在京口。尝见王恭乘高舆，披鹤氅裘。于时微雪，昶于篱间窥之，叹曰：‘此真神仙中人！’”鹤氅，原指鹤羽做的袍，后泛指外套。王恭，字孝伯，东晋大臣，美仪容，曾于雪中披鹤氅裘，被人赞赏。此典《晋书·王恭传》亦有载，后用以吟咏人的仪表、神采和服饰之美，或咏雪。其一，赞服饰典雅飘逸。南北朝庾信《谢赵王赉白罗袍裤启》云：“程据上表，空论雉头；王恭入雪，虚称鹤氅。”唐代李白《酬殷明佐见赠五云裘歌》云：“相如不足夸鹔鹴，王恭鹤氅安可方?”唐代李昭象《赴举出山》云：“肯羡鱼须美，长夸鹤氅轻。”宋代欧阳修撰《新五代史·唐臣传·卢程》云：“程戴华阳巾，衣鹤氅，据几决事。”宋代苏轼《梅圣俞之客欧阳晦夫》云：“倒披王恭氅，半掩袁安户。”又《次韵周长官》云：“更著纶巾披鹤氅，他年应作画图夸。”宋代陆游《八月九日晚赋》云：“南荡东陂弄夕霏，葛巾鹤氅试秋衣。”宋代蔡松年《水调歌头·曹侯浩然，人品高秀，玉立而冠》云：“翠竹江村月上，但要纶巾鹤氅，来往亦风流。”宋代李壁《再和雁湖》云：“着却纶巾披鹤氅，中郎元住曲阿湖。”元代乔梦符《折桂令》云：“华阳巾鹤氅翩跹。”其二，赞人物形象神气洒脱。唐代李白《江上答崔宣城》云：“貂裘非季子，鹤氅似王恭。”唐代陆龟蒙《早春雪中作吴体寄袭美》云：“君披鹤氅独自立，何人解道真神仙。”唐代权德舆《和兵部李尚书东亭诗》云：“风流披鹤氅，操割佩龙泉。”唐代杜荀鹤《赠溧水崔少府》云："洞口礼星披鹤氅，溪头吟月上渔船。"唐代孙元晏《晋·王恭》云："春风濯濯柳容仪，鹤氅神情举世推。"宋代姚勉《沁园春》云："玉尘精神，瑶林风韵，雪里神仙小氅衣。"宋代王洋《路居士山水歌》云："定是当年鹤氅翁，神气飘飘犯寒发。"宋代楼钥《寿安抚伯父》云："横岸纶巾披鹤氅，神情直出羲皇上。"宋代洪适《选冠子》云："鹤氅神仙，兔园宾客，高会坐移清漏。"宋代陈抟《答葛守中》云："鹤氅翩翩即散仙，蒲轮争忍利名牵。"元代李俊明《西江月·筹堂寿》云："落落琼林人物，飘飘鹤氅仙风。"明代罗贯中《三国演义》云："(孔明)头戴纶巾，身披鹤氅，飘飘然有神仙之概。"其三，吟鹤氅以赞雪。"唐白居易《雪夜喜李郎中见访，兼酬所赠》云："可怜今夜鹅毛雪，引得高情鹤氅人。"唐代王初《望雪》云："已似王恭披鹤氅，凭栏仍是玉栏干。"宋代王炎《陈推官幽居十咏·雪中访隐》云："寒气侵凌鹤氅，苍头急打柴门。"宋代王之道《对雪二首再用前韵》云："岂如王孝伯，鹤氅斗清媚。"宋代蔡戡《家父约端约饭端以疾辞乃作古风并送腊梅》云："雪中鹤氅如王恭，谁能低唱深帘栊。"宋代杨适《雪》云："莫说兔园延赋客，不须鹤氅作仙衣。" 明代唐寅《探梅图》曰："梅花烂熳小轩前，鹤氅来看雪齐天。"清代林则徐《和嶰筠立春前一日雪韵》曰："人闲多少销金帐，谁似行吟鹤氅仙。"清代纳兰常安《二月大雪》云："着却纶巾披鹤氅，中郎元住曲阿湖。"

传世 服装 天青色云鹤法衣

只要在与其他生物的对比中，上天赐予鹤之喙、胫、项"三长"总会让其与众不同。"鹤长凫短"，亦作"凫短鹤长"。典出《庄子·骈拇》载："长者不为有余，短者不为不足。是故凫胫虽短，续之则忧；鹤胫虽长，断之则悲。"鹤的胫很长，野鸭的胫很短，这都是事物本身所固有的。比喻人和物各有天性，不能违背和强求；所以人做事应顺其自然，各得其所。咏此典，有的叙述鹤胫与凫胫不同属自然现象，毋庸置疑。如，宋代王安石《每见王太丞邑事甚冗而剸剧之暇犹能过访山馆》云："松苗地合分高下，凫鹤天教有短长。"宋代陈著《次韵梅山弟醉吟》云："鱼眼死也依然张，鹤颈生来如此长。"宋代毛滂《蝶恋花》云："凫短鹤长真个定，勋业来迟，不用频看镜。"宋代刘黻《和康节三诗·安分》云："鷃莫攀鹏大，凫难比鹤长。"宋代周紫芝《浪淘沙·己未除夜》云："应笑人衰，鹤长凫短怨他谁。"宋代宋自逊《西江月》云："心无妄想梦魂安，万事鹤长凫短。"元代吕止庵《集贤宾·叹世》云："鹤长凫短不能齐，到头来不知谁是谁。"元代马熙《渔家傲》云："柳丝柔直荷钱小，凫短鹤长无用较。"明代陈第《咏怀》曰："鹤长非所断，凫短非所续。""鹤长凫短"又延伸出"断鹤续凫"，截断鹤的长腿去接续野鸭的短腿，比喻行事矫揉造作，违反自然规律。宋代于石《浪吟》云："断鹤续凫谁短长，世间万事俱亡羊。"宋代张嵲《次韵石用之春晴游西湖》云："逍遥各自从鹏鷃，断续宁湏较鹤凫。"清代蒲松龄《聊斋志异·陆判云》云："断鹤续凫，矫作者妄。"但诗人吟咏此典总免不了赞美鹤胫长之天然优势。宋代文天祥《赠刘矮跛相士》云："君看水中凫，不及鹤胫长。"宋代耿南仲《和邓慎思未试即事难书率用秋日同文馆为首句》云："大轴累千箱，凫中见鹤长。"宋代杨公远《再韵》云："朝三虽怒暮还四，凫短难添鹤自长。"

鹤被列为羽族之长，超然出众，但它如谦谦君子，美丽却不"骄傲"。一则伊索寓言《孔雀与仙鹤》进行了生动形象的对比描述。本来，仙鹤与孔雀都是漂亮的鸟：孔雀有着耀眼的一身羽毛，尤其雄孔雀的开屏十分好看；而鹤羽色素朴纯净，姿态优雅，无论行立飞舞都自带气质。一天，孔雀与仙鹤不期而遇。孔雀以为仙鹤的羽毛色泽单调，一边开屏展示自身的绚丽羽毛，一边讥笑鹤说："我披挂得五彩缤纷，而你的羽毛一片灰暗，十分难看。"鹤反驳道："我翱翔于天宇，而你却同公鸡等家禽一般只能在地上行走罢了。"这个故事给人以启示：外表简朴而内心高洁的人远胜于披金戴银却平庸凡俗的人。

实际上，雄孔雀的确喜欢通过炫耀自己的彩色长羽毛，来引起雌孔雀的青睐和人们的注意。明代李时珍《本草纲目》曰："其（孔雀）性妒，见采服者必啄之。"孔雀在察觉到危险时也可以飞，但飞行高度最多也就十几米且缓慢。仙鹤抓住了孔雀的最大弱点，对炫耀者予以还击；孔雀本想贬低仙鹤，反而凸显了仙鹤的秀外慧中。

此外，孔雀在中国传统文化中的地位也无法与仙鹤相提并论，敦煌变文唐代诗赋《百鸟名君臣仪仗》中载："白鹤身为宰相……孔雀王专知禁门。"从民间流传的“五客图”亦可看出二者地位之不同，明代陈继儒《珍珠船》载：“李昉慕白居易，园林畜五禽皆以客名，鹤曰仙客。”宋代李昉在做郡守时，曾于家园中养有五禽，他对白鹤、白鹇、白鹭、孔雀、鹦鹉皆以客名之：白鹤列第一为仙客，孔雀列第四为南客。李昉育禽以客尊称，以礼相待，可见主人对禽鸟的爱心。此举为后世感佩，遂有“五客图”传世。与李昉同时代的杨亿在《杨文公谈苑》中亦有“鹤曰仙客”之记述。在明清官服补子中，鹤为一品，孔雀为三品。

传世 纹样《五客图》

第二章　祥瑞之鹤

中国自古崇尚吉祥，很早便形成了祥瑞文化。汉代管辂《风角占》曰：“福先见曰祥。”所谓祥瑞，即“福瑞”之意，指吉祥的征兆。为寄托人们对祥瑞的向往与追求，一些奇禽异兽龙凤麒麟等被赋予祥瑞内涵，鹤也在其中。唐玄宗李隆基撰《唐六典》曰：“元鹤为上瑞。”鹤很早便被视为祥瑞之鸟，谓之“瑞鹤”。

第一节　诗咏鹤瑞

古代交通不便，能够看到野鹤的人极少，随着鹤被仙化，人们偶尔看到仙鹤到来便奉为祥瑞征兆；对瑞鹤来临，诗人更是歌之咏之以示欢欣。汉乐府《艳歌何尝行》云：“飞来双白鹤，乃从西北来，十十五五，罗列成行。”唐代张九龄《郡府中每晨兴辄见群鹤东飞……遂赋以诗》云：“欢呼良自适，罗列好相依。”元代吴全节《延祐元年五月重祀茅山瑞鹤诗二首》云：“图写丹青上九天，秋风百鹤驻山前。”皆咏鹤飞行时成队成列，缓缓而行，显得和谐而壮美，更多诗人则直呼鹤瑞之美。唐代白居易《和春深二十首》曰：“通犀排带胯，瑞鹤勘袍花。”唐代苏颋《龙池乐章》曰：“恩鱼不入昆明钓，瑞鹤长如太液仙。”唐代孔昌胤《遇旅鹤》曰：“时因戏祥风，偶尔来中州。”唐代薛能《答贾支使寄鹤》曰：“瑞羽奇姿踉跄形，称为仙驭过青冥。”唐代骆宾王《咏雪》曰：“龙云玉叶上，鹤雪瑞花新。”宋代赵佶《步虚词二首》曰：“瑞鹤仪空际，祥风拂署烦。”宋代夏竦《天书道场观鹤下临》曰：“紫皇斋祓感青冥，仙骥徊翔瑞气平。”又《有鹤一只翱翔久之西北去》曰：“瑞场燔碧币，仙骥驻霜仪。”《奉和御制读晋书》曰："殊祥双鹤至，吉梦八门开。"宋代《无上黄箓大斋立成仪·白鹤赞》曰："世人不认归华表，来瑞升平亿万年。"宋代王观《减字木兰花·今晨家宴》曰："鹤舞青霄，丹凤呈祥瑞气飘。"宋代吕胜己《沁园春》曰："长空瑞鹤，联翩来下，翔舞徘徊。"宋代孙锐《泊平望吊玄真子》曰："祥云瑞鹤欻然至，泛此凌空归太清。"宋代王仲修《宫词》曰："太平祥瑞符君德，鹤免芝禾月不虚。"元代王沂《题贾侍郎九十寿》曰："灵蓍丛五色，瑞鹤羽千年。"元代郑巘的《金缕曲》曰："至今瑞鹤犹能舞。几千年、同亭祠下，赛神箫鼓。"明代彻鉴堂《玉海诗》曰："地涌祥云红鹤舞，天开瑞雨白龙朝。"明代湛若水《周厚山中丞家鹤产双雏是称瑞鹤为赋此诗》曰："产鹤家奇瑞，亦惟人瑞之。"明代符锡《奉和曾宪长瑞鹤诗》曰："新诗价长连城璧，瑞应期还太古风。"明代胡庭兰《鹤岭书声》曰："瑞鹤丹崖倚碧空，古松芳蔼荫瑶穹。"明代解缙《题松竹白鹤图》曰："南崖灿烂沧海枯，万寿千年应瑞图。"清代王夫之《双鹤瑞舞赋》曰："维摄提之天开，滕八方之瑞气。"清代张应昌《孤山处士》曰："誓墓无期魂梦结，白鹤感瑞翔高阡。"清代何凌汉《年伯大人》曰："羽毛出而为世瑞兮，声无远而不施。"当代工笔重彩花鸟画大师喻继高，其鹤画用笔工细、情趣盎然。其《瑞鹤迎春》通过惟妙惟肖的鹤之形的描绘，洋溢出浓浓的典雅吉祥的鹤之神彩。

第二节　祥鹤瑞应

自古宫廷流行一种说法，帝王修德，时世清平，天就会降祥瑞以应之，此谓之瑞应。汉代刘歆在《西京杂记·樊哙问瑞应》中解释瑞应："瑞者，宝也，信也。天以宝为信，应人之德，故曰瑞应。"南北朝孙柔之《孙氏瑞应图》载："黄帝习《昆仑》以舞众神，玄鹤二八翔其右。"宋代王应麟《玉海·瑞应图》云："黄帝习乐，昆仑有元鹤集其右，尧时青鹤音中律吕。"元色即黑色、青色，元鹤指玄鹤。明代王象晋《群芳谱》云："圣人在位，则与凤凰翔于甸。"为此，国家一旦发生大事诸如朝代更迭、祭祀，或示天下清平之愿，都要寻找一些祥瑞之物、祥瑞之景来寓示为君王者乃天赐神授，而瑞鹤来仪，正可显示其政绩不同凡响，会被宫廷奉为瑞应之上，史家更会大书特书。成书于春秋战国的《竹书纪年·梁惠成王》载："有一鹤三翔于郢市。"汉代之初，鹤文化兴起，朝廷已开始崇尚鹤，如有瑞鹤来临，或帝以诗咏，或载之以史。《西京杂记》载："始元元年，黄鹤下太液池，上为歌曰：'黄鹤飞兮不建章，羽肃肃兮行跄跄；金为衣兮菊为裳，自顾薄德，愧尔嘉祥。"汉昭帝刘弗陵时，有黄鹤降临太液池，被认为

唐代 纹样 鹤串瑞草

是祥瑞之兆。《汉书》载："宣帝即位……尊孝武庙为世宗，行所巡狩郡国皆立庙，告祠世宗庙日。有白鹤集后庭。"汉宣帝刘询祭拜先祖汉武帝刘彻庙时，白鹤赶来观看。汉代班固、刘珍《东观汉记》载："章帝至岱宗，柴望毕，白鹄三十从西南来，经祠坛上。"汉章帝刘炟至泰山烧柴祭天后，有三十只白鹤从西南方向飞来，飞经祀坛之上。宋代孟元老《三辅黄图·陵墓》载："（汉）武帝茂陵在长安城西北八十里，周回三里，高一十四丈一百步，茂陵有鹤观。"可见，皇帝生前死后都要有瑞鹤护佑。

唐宋时期是鹤文化繁荣期，鹤被奉为祥瑞之物，受到社会广泛喜爱与美誉。唐代唐太宗李世民在《帝京篇十首》中满怀喜悦欢呼成列玄鹤的到来："彩凤肃来仪，玄鹤纷成列。去兹郑卫声，雅音方可悦。"唐玄宗李隆基是唐朝在位时间最长、创造了极盛时期的皇帝，频逢瑞鹤光临是十分自然的事。唐代柳宗元撰《龙城录》载："开元六年上皇与申天师八月望日游月中，见仙人道士乘云驾鹤，往来游戏，素娥十余人，皆乘白鹤笑舞于广陵大桂树之下。"唐肃宗李亨是玄宗之子，一生颇有波折，但安史之乱给他提供了施展的舞台，这位乱世天子在平叛的同时尝试解决各种朝政弊端，为身后的帝国打下了一定基础。可能因此，史书多有其与鹤交集之记载：宋代王钦若、杨亿著《册府元龟》载："唐肃宗以天宝十五载七月即位，于灵武改元至德。是年九月三日，帝降诞之辰，有庆云属天，白鹤飞舞于上，所居殿宇翱翔二十余匝而去，十一月辛未，长安云气如衣冠备具，太史奏天下和平之象。"《太平御览》载："至德中，肃宗降诞之辰，有庆云属天，白鹤飞舞于上所居殿宇，翱翔三十余匝而去。"《册府元龟》载唐代宗李豫朝有白鹤来翔："代宗宝应元年四月己巳即位初，帝至飞龙厩，座前有紫云见，

清代 木雕 鹤舞呈瑞

云中有三白鹤徊翔。”又载：“大历八年四月壬申潞州上言元宗十九，瑞阁有白鹤来翔。”宋代是甚为崇鹤的王朝，帝王极为推崇鹤瑞之象。在位25年，将大宋推向中国封建社会巅峰的宋真宗赵恒朝有两则瑞鹤来临记载：宋代魏泰《东轩笔录》载：“丁晋公为玉清昭应宫使，每遇醮祭即奏有仙鹤盘舞于殿庑之上，及记真宗东封事，亦言宿奉高宫之夕有仙鹤飞于宫上，及升中展事而仙鹤迎舞前导者，塞望不知其数，又天书每降，必奏有仙鹤前导。”宋代文莹《湘山野录》载：“大中祥符四年正月天书至郑州，有鹤一只西来，两只南来，盘旋久之不见。是日午时车驾至行宫，复有鹤三只飞于行宫之上。”宋仁宗赵祯在位42年，广施仁政，经济、科技和文化得到了很大发展，但改革旧弊未能成功，因此其更为追求天赐祥瑞，以慰己安人，该朝瑞鹤降临被一再记载。宋代《五行志》载：“至和三年九月，大飨明堂，有鹤回翔堂上，明日，又翔于上清宫。是时，所在言瑞鹤，宰臣等表贺不可胜纪。”《宋史》载仁宗时，“有鸟似鹤集端门，稍下及庭中”。《宋史》还有宋哲宗赵煦朝时“又以元符二年武夷君庙有仙鹤迎诏”之记载。

瑞鹤也常在皇家其他场所出现，以示吉兆。宫廷祭祀要歌咏瑞鹤的光临：“恩鱼不似昆明钓，瑞鹤长如太液仙。”（唐代苏颋《郊庙歌辞·享龙池乐章》）皇帝驾崩会有瑞鹤相奉迎：“湖鼎丹成日，中天瑞鹤迎。”（宋代黄伦《高宗皇帝挽词》）朝臣得到珍贵的灵芝也会向京城朝拜：“祥云平地拥笙鹤，便自西山朝玉京。”（宋代陆游《玉隆得丹芝》）而万鹤翔集更是一种无与伦比的大景象、山呼万岁的大祥瑞，诗人多有赞吟。唐代杜甫《晴》云：“竟日莺相和，摩霄鹤数群。”唐代杨巨源《酬崔博士》云：“青松树杪三千鹤，白玉壶中一片冰。”宋代吴潜《和史司直韵》云：“空中万鹤舞盘旋，飞向西天祇树园。”宋代陈宓《游南康栖贤寺》云：“却想冬深一奇观，万鹤飞舞漫苍穹。”宋代晁补之《次韵李秬酴醾》云：“云鹤嬉晴来万只，玉龙惊震上千条。”宋代张栻《长沙历冬无雪正月十日与客登卷云亭望西山始》云：“苍苍西山树，栖此万鹤群。”宋代陈与义《次韵张元方春雪》云：“幽人睡方觉，帘外舞万鹤。”元代杨载《记梦》云：“夜阑每做游仙梦，月满琼田万鹤飞。”

第三节　鹤意呈瑞

1．生辰现瑞

古人认为，人降生时，如有鹤光临，是现祥瑞之吉象，预示人物命运顺畅，能力超凡。在这一点上，没有身份高低贵贱之分。三国蜀汉著名后主刘禅如此，明代声名不显的张西铭亦如此；位居宰相的唐代张九龄如此，宋代富弼亦如此；道家吕洞宾、张三丰如此，佛家慧能大师亦如此。生辰见鹤事例颇多：其一，明代罗贯中《三国演义》第34回有蜀后主刘禅出生时白鹤飞来的描述，“建安十二年春，甘夫人生刘禅。是夜有白鹤一只，飞来县衙屋上，高鸣四十余声，望西飞去。临分娩时，异香满室。”刘禅虽能力不强，但在位42年，是三国中在位最长的君主，前10多年有诸葛亮辅佐，后30多年自主朝政，能保全家国稳定，从文学联想的角度来说，该是借鹤佑之力吧？其二，魏晋王嘉《拾遗记》载：“张承之母孙氏怀承之时……邻中相谓曰：昨见张家有一白鹤，耸翮入云，以告承母。母使筮之。筮者曰：此吉祥也。蛇鹤延年之物，从室入云，自下升高之象也。”其三，五代杜光庭《录异记》载：“湖南判官郑郎中荛庭今为连州刺史，顷于岳下，寄褐其兄鱼监纠诞一男，当生之时有鹤七只盘旋居处，至七日鹤又来，至百二十日二十七鹤俱来，天地晴朗，云物稍异，皆经日而去。所产之子，性颇淳厚，仪貌整肃。即以鹤为名。”此二人入仕后皆得以高升。其四，明代徐应秋《玉芝堂谈荟·仙释将相诞生梦徵》载：“张九龄母梦九鹤自天而下，飞集于庭，因生九龄。”张九龄后成为开元时期的贤相，亦是一位才华横溢的文学家，《旧唐书》评价他：“九龄文学政事，咸有所称，一时之选也。”其五，《宋史》载富弼之生也，其母韩氏“梦旌旗，鹤雁降其庭，云有天赦，已而生弼”。鹤果然为富弼带来了好运，其恭俭好修，好善嫉恶，为政清廉，历仕真、仁、英、神宗四朝，官居宰相，寿长八秩。北宋名臣叶清臣评价他：“今辅翊之臣，抱忠义之深者，莫如富弼。”其六，宋代何薳《春渚纪闻》载：“杨文公之生也，其胞荫始脱则见两鹤翅交，掩块物而蠕动，其母急令密弃诸溪流，始出户而祖母迎见，亟启视之则两翅欻开，中有玉婴转仄而啼，举家惊异非常器也。”宋代杨文公杨亿，“西昆体”诗歌主要诗人，尚气节，有德名，在政治上支持丞相寇准抵抗辽兵入侵。其七，明代谢肇淛《滇略》载：“张西铭，字希载，宁州人，母梦黄鹤入帐而生。”张西铭为明代进士，始授知县，治理有方，后以治行第一擢御史，巡按辽东，督学顺天，在朝士人对他都心悦诚服。

鹤亦在道佛界人物出生时现瑞象。关于八仙之一吕洞宾的降生不仅有文字记载，还有元代画图为证。《吕祖全书·真人本传》载："母就蓐时，异香满室，天乐浮空，一白鹤自天飞下，竟入帐中不见。生而金形木质，道骨仙风，鹤顶龟背。虎体龙腮，翠眉凤眼。"山西芮城元代所建永乐宫纯阳殿墙壁上有一部由52幅组画构成的吕洞宾连环画传，描绘了唐代道界神仙吕洞宾从降生到仕途得道、云游人间、度化世人等生平传说故事，其中表现其降生情景的图题为《瑞应永乐》。一只白鹤自天空飞降吕氏家园，怀有身孕的吕母从梦中惊醒，吕洞宾于是降生；家人忙着烧水煮饭，给婴儿洗沐；路人则驻足举目张望，欢呼雀跃。因此渊源表现八仙的纹图中每每有鹤与吕洞宾相随。关于明代张三丰之降生，见于清代汪锡龄《三丰先生本传》中之记述，"先生母林太夫人梦元鹤自海天飞来，……而诞先生，丰神奇异。"三丰快出生时，其母梦见有鹤从海天飞来，落在了自家的房顶上，不禁从梦中惊醒，他的父亲赶出屋外竟然看到了一只真鹤。关于唐代六祖慧能之降生，成书于唐末宋初的《六祖坛经》载记："大师名慧能，父卢氏，讳行瑫，唐武德三年九月，左官新州。母李氏，先梦庭前白华竞发，白鹤双飞，异香满室，觉而有娠。遂洁诚斋戒，怀妊六年师乃生焉，唐贞观十二年戊戌岁二月八日子时也。"其母怀孕六载方生出六祖大师。三岁丧父的慧能，生活贫困，以卖柴为生，最终却成为禅宗的开创者，被奉为"禅宗六祖"，与孔子、老子被尊称为"东方三圣"。其弟子将其经历和言论整理而成《六祖坛经》，成为中国佛教理论的顶峰之作。

2. 名画绘瑞

至唐宋，瑞鹤不仅成为诗词歌赋吟咏的对象，在绘画领域则作为自然生物直接出现。至唐代，绘画艺术达到空前高度，花鸟画亦趋于独立。有祥和与雅致之气的鹤，经画师精致描摹，一举成为中国花鸟画的主要表现对象。在晋唐一些描写宫廷生活的名家大作中，仙鹤都有资格与主人公和谐雅逸地同处共戏。从唐代周昉的《簪花仕女图》到宋代皇帝徽宗赵佶的《瑞鹤图》可以看出鹤在唐宋两代的地位之高。出身官僚家庭的周昉为中唐时期著名人物画家，好属文，善画，有"画仕女，为古今绝冠"之美誉。《簪花仕女图》传为周昉真笔，技艺之高超影响之巨大，令后人无法企及。画作以细腻笔触描写华丽奢艳的贵妇们在持扇侍女的相从下于庭院中闲适生活的场景，拈花、拍蝶、戏犬、赏鹤、徐行、懒坐、游玩，处处精彩。从周昉的画里，可看到唐人对鹤的喜爱程度，不仅画出了鹤脖颈高昂，玉翅半开，左足微抬，徐步轻走，举止有节，闲适自得，一副端庄、高雅的绅士之态，鹤纹还被画进了服饰之中。画家对走在贵妇队伍最前面的人物有所偏爱，在她的披肩轻纱上绘满了鹤。由此可见，鹤纹样进入生活视野与服饰领域的时间之早，也显示了唐代将鹤由神化转化为艺术化的社会风尚。至明代，唐寅描绘前蜀后主王衍后宫故事的《王蜀宫妓图》也将鹤纹样绘进了服饰中；四个侍女整妆待王召唤侍奉，左侧女子的披巾上，绣有多只仙鹤飞舞在舒卷的祥云中。鹤舞吉瑞，王宫气氛祥和。

对步履潇洒、平和淑祥的鹤行之姿，不仅画作中有精彩描绘，历代诗文中亦有生动的吟咏。如，唐代刘禹锡《昼居池上亭独吟》曰："骊龙睡后珠元在，仙鹤行时步又轻。"唐代喻凫《怀乡》曰："鼍鸣积雨窟，鹤步夕阳沙。"唐代钱起《晴皋鹤唳赋》曰："偶影思侣，矜容举步。"唐代杨夔《寄当阳袁皓明府》曰："松轩待月僧同坐，药圃寻花鹤伴行。"宋代梅尧臣《和潘叔治题刘道士房画薛稷六鹤图》曰："举足徒有势，行沙遂无踪。"宋代真山民《闲中》曰："引鹤徐行三逕晓，约梅同醉一壶春。"宋代吴芾《喜晴》云："静看游鱼波面跃，闲随野鹤竹间行。"宋代文天祥《晓起》曰："倦鹤行黄叶，痴猿坐白云。"元代周权《溪村即事》曰："鹤行松经雨，僧倚石阑云。"元代马祖常《都城南有道者》曰："延世饵方液，顾步炫高洁。"元代赵孟頫《偶成》曰："竹林深处小亭开，白鹤徐行啄紫苔。"明代成鹫《初入东湖谒契如和尚》曰："林间趺坐花香满，水际闲行鹤影癯。"明代苏伯衡《东斋夕书》曰："偶随孤鹤行，时见疏萤度。"明代文林《寺中行》曰："鸟掠池中得鱼去，鹤归云外傍僧行。"明代张掞《题荆南精舍》曰："萝穿牵石树，鹤步落花泥。"明代王稚登《林纯卿卜居西湖》曰："引鹤过桥看雪去，送僧归寺带云还。"明代周晖《春日移居》曰："莺啼催小饮，鹤步伴闲行。"明代汤显祖《疗鹤赋》曰："逞丹素以明姿，跐象虬而振步。"明代孙承恩《送王司马致政归》曰："访旧容僧款，寻幽带鹤行。"明代李梦阳《寿兄图歌》曰："鹤行昂藏疑欲啄，复缀山麋意逾宛。"清代赵希璜《松风亭》曰："落花黄满无人扫，瘦叶青垂有鹤行。"而对鹤行之描摹尤为形象逼真的是明代陈淏《花镜》中的"雌雄相随，如道士步斗"。

唐代 绘画 周昉《簪花仕女图》局部

3. 妙笔绘鹤宋徽宗

两宋绘画继承唐代传统，又有创新，出现了一个新的高度。在此时代氛围中，宋徽宗赵佶之《瑞鹤图》脱颖而出，以独创的艺术形式、《宣和画谱》及宫廷画院三个方面艺术成就最为人称道。绘画方面，赵佶是工笔画的创始人，他的花鸟画形象生动真实、笔墨纤巧工致。《瑞鹤图》是存世绝少的赵佶"御笔画"。在宽51厘米、长138厘米的幅面上，突出表现20只鹤，其中18只绕殿飞鸣，另两只伫立在殿脊鸱尾之端；鹤身粉画墨写，身躯和翅膀呈粉白色，羽毛纹理呈淡灰色，颈部与翅膀靠近尾部的部分呈黑色，头顶一点红，睛以生漆点染；构图上详略得当，飞鹤和蓝天占三分之二，几乎布满天空，宣德门建筑的一线屋檐和祥云只占三分之一；祥云拂郁，却只在局部现卷云状态，薄薄晕染而成，以衬托鹤之主体形象；意境宏大高远，整个画面生机盎然，空中仿佛回荡着仙鹤的齐鸣，烘托出仙鹤曼妙的动姿和气氛的祥和。

画后有一段徽宗以自创的“瘦金体”所书题记：“政和壬辰，上元之次夕。忽有祥云拂郁，低映端门，众皆仰而视之。倏有群鹤，飞鸣于空中，仍有二鹤对止于鸱尾之端，颇甚闲适。余皆翱翔，如应奏节，往来都民无不稽首瞻望，叹异久之。经时不散，迤逦归飞西北隅散。”当时徽宗亲睹此情此景，认为是祥云伴着仙禽来帝都告瑞，是国运兴盛的预兆，于是乎欣然命笔，将目睹情境绘于绢上，并赋诗“感兹祥瑞，故作诗以纪其实。清晓觚稜拂彩霓，仙禽告瑞忽来仪。飘飘元是三山侣，两两还呈千岁姿。似拟碧鸾栖宝阁，岂同赤雁集天池。徘徊嘹唳当丹阙，故使憧憧庶俗知。”最后是“御制御画并书，天下一人”签押及钤“御书”印。书法方面，“瘦金体”是赵佶之独创，其运笔飘忽快捷，笔迹挺拔苍劲，至瘦而不失其肉。所题诗凝练惬意，突出仙禽之祥瑞；一段御题之叙述为《瑞鹤图》之产生、所使用的政治文化背景提供了大量信息。而《瑞鹤图》画面既贴合徽宗的题记与御诗，又符合该画的和瑞氛围。字体衬托着画面，交相辉映，相得益彰；一幅《瑞鹤图》，清俊潇洒，形神兼备，兆示出天下太平的愿望，深化了平安祥和的主题，实为难得的诗书画俱为上乘的传世之作。而画作所弥漫的祥瑞之气为历代宫廷所重，其精深独特的画技对历代画家影响深远。

宋徽宗特别爱鹤，如有瑞鹤降临的光景，都会被大肆渲染。

其一，宋代蔡絛《铁围山丛谈》载，崇宁三年（1104年），徽宗仪作“九鼎”之时，室内出现异常红光，宫殿如同白昼，鼎便一铸而成，徽宗取九室安放九鼎。后有数万只鹤飞于九成宫之上，甚至遮蔽了天空而经久不散。翌日，徽宗巡幸此地又引数千仙鹤飞来，且伴有彩云的异象。宋代陈旸《宋书》载：“崇宁四年九月朔，以鼎乐成，帝御大庆殿受贺。是日，初用新乐，太尉率百僚奉觞称寿，有数鹤从东北来，飞度黄庭，回翔鸣唳。”

其二，《宋史》载：“政和二年延福宫宴辅臣，有群鹤自西北来，盘旋于睿谟殿上。及奏大晟乐而翔鹤屡至，诏制瑞鹤旗。”

其三，佚名《宋史全文》亦有所载：“御笔昨日有鹤三万余只盘旋云霄之上，尚书省言今月二十日，有鹤约数万只蔽空飞鸣，自东北由大内前往西南而去。诏许拜表称贺。”“四月，提举上清宝箓宫蔡牧奏今月二日皇帝诣宫，设千道民大会，有羽鹤来翔于始青、天祥两殿之间。”

其四，清代徐松辑录的《宋会要辑稿》亦有类似记载：“政和三年十月四日，大司成刘嗣明等奏：契勘今月初四日宰执赴学按试大学国子生所习大晟雅乐，至第二章曲未终，有仙鹤四只自南来，盘旋飞舞宫架之上，徘徊欲下。众人欢呼，遂由东而去。”可见，《瑞鹤图》所述之事，与以上所载是相互吻合的。

赵佶之所以能成为一个诗书画交融之大成者，与他深厚的艺术修养分不开。其幼年即对诗词、书画、音乐、戏曲等艺术形式有广泛的爱好，在宋代有诗词创作的12位皇帝中，宋徽宗的诗词创作数量近400首，仅次于最多的宋太宗，其中咏鹤诗词占有相当数量。在其《白鹤词十首》中对鹤之鸣叫、飞舞等姿态分别作了精彩描绘，对鹤所带来的祥瑞之气尤为欣赏：“来瑞升平亿万年”“来瑞清都下紫霄”“玉宇沉沉瑞雾开”“白鹤飞来通吉信”。另传，宋徽宗曾绘《六鹤图》，并题五绝六首。但真迹早佚，刻本可见于1935年日本出版的《南画大成》。可见，宋徽宗视鹤为仙禽，爱其祥瑞，绘其俊逸，咏其超凡。对鹤之推崇，还因北宋尊崇道教的社会背景，而宋徽宗则是北宋皇帝中最为沉迷其中的；道教服务于赵佶的统治，也波及了艺术文化领域。他在参加道教活动中，常吟咏仙鹤。如，《上清宝箓宫立冬日讲经之次有羽鹤数千飞翔空际》：“上清讲席郁萧台，俄有青田万侣来。蔽翳晴空疑雪舞，低回转影类云开。翻翰清泪遥相续，应瑞疑时尚不回。归美一章歌盛事，喜今重见谪仙才。”上万只产于鹤名产地青田的雪白仙鹤，翻飞鸣唳，流连不回，给大宋王朝带来无边的祥瑞。

在《瑞鹤图》中，鹤之姿态百变，各自生动，无有相同者，还应源于徽宗与鹤的亲密接触与悉心观察。宋代徐梦莘所撰《三朝北盟会编》载政和初，大启苑囿，建有“鹿砦、鹤庄、文禽、孔翠诸栅，多聚远方珍怪，蹄尾动数千实之。”《瑞鹤图》中盘旋飞鸣的群鹤形象便可能来自距宣德门不远的鹤庄。宋徽宗对皇家驯养之群鹤随意可见，并留意观察其各种姿态，才会有如此生动形象的描绘；也可根据需要放飞驯养之鹤群，使祥瑞之兆频频显现。如，“有群鹤自西北来”（《宋史・仪卫六》），“迤逦归飞西北隅散”（《瑞鹤图》题记）之景象便成为皇宫的日常景观，从而象征着宋徽宗当朝统治之凝聚力与持久性，也成为赵宋王朝祈祷平安祥瑞的一幅寓意画。

可贵的是，宋徽宗创作了第一幅有据可考的以鹤为主要表现对象的中国画，并一举成功，千年青史留痕。可悲的是，如此之多的祥瑞之兆并没能挽回大宋国运的衰颓，最终他反倒成了北宋的亡国皇帝。《瑞鹤图》问世之后第15年即公元1127年，金兵攻陷宋都城汴梁，徽钦二帝连同妃嫔、皇族、臣僚3000余人以及北宋160余年积藏的金银财宝、书画古玩等皆被掳掠而去。北宋宣告灭亡，史称

“靖康之难”。《瑞鹤图》与皇家所藏珍贵书画散落民间，不知去向。据说，在被押解北上途中，宋徽宗听此消息不禁心痛得流泪。最终，徽宗与儿子钦宗被囚死于地处黑龙江的金人五国城。至600年后的清代乾隆年间，《瑞鹤图》竟奇迹般现身。从画后所附收藏钤印看，之前《瑞鹤图》曾经元代胡行简、明代项元汴、吴彦良等人相继收藏。入藏清内府后，诸帝倍加珍爱，先后钤有“乾隆御览之宝”“嘉庆御览之宝”“宣统御览之宝”等玺印，并著录于清宫书画收藏精华的《石渠宝笈》之中。1945年8月，清代末帝溥仪随身携带书画、珠宝等欲逃往日本，在沈阳被人民解放军及苏军截获，《瑞鹤图》等重要文物随即被送到东北银行代管，1950年随一批清宫散佚书画入藏东北博物馆（今辽宁省博物馆）。可见，《瑞鹤图》自带祥瑞，虽遭千载百劫而不灭。

瑞鹤题材历来乐为画家表现。中华人民共和国成立后，国画大家积极投身于现实生活和绘画创作实践。现代著名工笔花鸟画家、海派主要代表人物陈之佛是其中一位杰出代表。其研习中国传统绘画创意，努力推陈出新，独创了一种清新俊逸、雍容典雅的绘画风格。《松龄鹤寿》图是他于1959年中华人民共和国成立10周年时满怀喜悦之情画下的。构图突破常规，把10只丹顶鹤“一”字排开，布满画面，和谐一体，富有装饰感；设色明丽幽雅，以白色为主调，绿草地及葱郁苍松衬托出丹顶鹤之美丽清秀；鹤长颈修足，有静有动，有呼有应，姿态纷繁，神完气足，典雅优美。整幅作品营造出一种朝气蓬勃、欣欣向荣的时代风采，其中焕发出的勃勃生机历久不衰，令人回味无穷，从而成为现代工笔花鸟画中一幅罕见的精品。此画还被制成双面苏绣，展示于人民大会堂江苏厅。看来，

当代 绘画 陈之佛《松龄鹤寿》

用唐代宋之问“粉壁图仙鹤，昂藏真气多”（《咏省壁画鹤》）和宋代曹仙家“松姿鹤步何萧散，风调飘飘惊俗眼”（《赠邹葆光道士》）诗句赞美此画风采分外贴切。

4. 帝王咏瑞

历代王公贵族爱鹤养鹤成风，使鹤文化呈现贵族化倾向；帝王们将鹤视为祈福纳祥之信使，国祚永固之瑞禽，通过吉祥长寿之鹤形象来寄托长生不老、万寿无疆及国运久长、江山永固的愿望，又尽显皇家之威仪与帝王气派。至清代，唐宋时期民间私家养鹤盛况已不在，鹤却成了皇家殿堂上的神物，皇室建筑内外随处可见鹤之艺术造型。尤其在位60多年的乾隆，崇鹤到了极致。北京故宫御花园东南侧绛雪轩前一片名为鹤圈的黄土地，曾是帝王用来养鹤的地方。太和殿、乾清宫、翊坤宫、慈宁宫、重华宫、长春宫、养心殿等宫殿均有铜鹤陈设。太和殿前丹墀之上安放的一只铜鹤雕塑格外令人瞩目，两米高的铜鹤羽翼丰满，稳健端庄，昂首啸天，极富灵气，如同宫殿和帝王之神圣护卫者。太和殿是皇帝理政的场所，是国家的象征，只有皇帝登基、册立皇后、颁布诏书等重要仪式时才启用。颐和园乐寿堂前陈设着一对青铜浮雕大铜瓶，几只姿态灵动的鹤立于密布瓶身的松枝松叶间，纹饰之雕刻极为精细，华美异常，据说还是乾隆时期所造。另外，位于故宫宁寿宫花园北端的倦勤斋中的墙面上有一幅170平方米的巨型通景画，在隔断墙中间的月亮门外绘有两只丹顶鹤，一只低头觅食，一只振展双翅，静谧的庭院中显示出一派祥和雅致气氛，推测此画也是乾隆时期所绘。那时，圆明园、香山静宜园、玉泉山静明园等御园中经常可见到鹤的身影，殿阁亭榭中多有与鹤相关的御书题额，如招鹤磴、双鹤斋、栖松鹤、鹤安斋、松鹤山房及鹤来轩等。

清代 雕塑 仙鹤 北京故宫博物院太和殿前

历代帝王多信道尚鹤，追崇自然平和、长寿祥瑞，多有咏鹤诗篇。南北朝梁武帝萧衍《孝思赋》曰：“想鸣鹤而魂断，听孤雏而心死。”南北朝齐高帝萧道成《群鹤咏》曰：“八风舞遥翮，九野弄清音。一摧云间志，为君苑中禽。”南北朝梁简文帝萧纲《赋得舞鹤诗》曰：“奇声传迥涧，动翅拂花林。”又《玄圃园讲颂》曰：“鹤禁还春，龙泉更晓。”《华阳陶先生墓志铭》曰：“三仙白鹤，何时复旋。”

南北朝梁元帝萧绎《飞来双白鹤》曰："时从洛浦渡，飞向辽东城。"又《鸳鸯赋》曰："青田之鹤，昼夜俱飞。"隋炀帝杨广《舍舟登陆示慧日道场玉清玄坛德众诗》曰："孤鹤近追群，啼莺远相唤。"唐中宗李显《享太庙乐章》曰："龙楼正启，鹤驾斯举。"唐玄宗李隆基《送玄同真人李抱朴谒灊山仙祠》曰："归期千载鹤，春至一来朝。"宋真宗赵恒《赐古藏用》曰："松韵寒烟绝世态，鹤翔高顶应鸣弦。"宋高宗赵构《皇甫真人像赞》曰："闲云在空，孤鹤行天。掀髯一笑，同乎自然。"宋孝宗赵昚《西太乙宫陈朝桧》曰："道人手种几生前，鹤骨龙姿尚宛然。"明宣宗朱瞻基《水亭偶成》曰："翠迷洞口松千个，白占林梢鹤一群。"

开创盛唐贞观之治的一代名君唐太宗李世民在其不多的诗篇里，多有咏鹤之句。如《喜雪》曰："怀珍愧隐德，表瑞伫丰年。蕊间飞禁苑，鹤处舞伊川。"《饯中书侍郎来济》曰："深悲黄鹤孤舟远，独叹青山别路长。聊将分袂沾巾泪，还用持添离席觞。"后一首为太宗帝为臣子中书侍郎饯行所作，以黄鹤作喻，帝王为臣属抛洒沾巾泪，表达惜别之情，实属罕见。明太祖朱元璋家贫，早年没受过什么教育，他的诗文与书法应是后期于戎马倥偬中所学，其咏鹤诗句颇多，诗意旷远闲逸。如，《纪梦》曰："自鸟中突一仙鹤者，徐翅东南。予回首以顾之，有鹤数对，略少将近，忽不知鹤之所在。"《跋夏珪长江万里图》曰："则有寒雁穿云，乔松立鹤。"《钟山》曰："白鹤来天翅，玄裳羽翼鲜。"《青山白云》曰："猿鹤自知岩谷迥，出尘野老本心知。"《春水满四泽》曰："江皋钓艇蓑翁乐，云

清代 青铜浮雕 北京颐和园乐寿堂大铜瓶

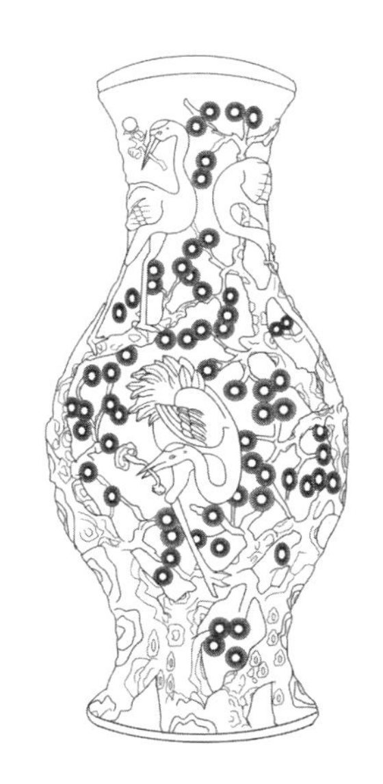

清代 青铜浮雕 北京颐和园乐寿堂大铜瓶摹本

谷山人鹤仗悠。”《题神乐道士》曰：“仙翁调鹤欲扶穹，万里风头浩气雄。”

宋太宗赵光义一生创作了大量诗作，还常与群臣名士唱和，与李昉、吕端、徐铉等的唱和诗均有留存，如，《试赵昌国》曰：“秋风雪月天，花竹鹤云烟。诗酒春池雨，山僧道柳泉。”《赐陈抟》曰：“餐霞成鹤骨，饵药驻童颜。静想神仙事，忙中道路闲。”在定法治国上，宋太宗将武治天下转向以德服人、以文化人；修建崇文院，设专人收录书籍，以学习珍藏；扩大科举进士，广泛选拔人才；命文臣李昉等人组织编写了三部大型书籍《太平广记》《文苑英华》和《太平总类》。

宋太宗以好学著称。《太平总类》编成后全书共1000卷，他为了阅完这部巨著，每天都要阅两三卷，有时因国事耽误还要补上。他常对臣下说，从书中常常能得到乐趣，只要打开书本多看些书，总会有益处的。勉励人们勤奋好学的“开卷有益”成语便由此出。因为皇帝亲自阅览过，《太平总类》遂更名为《太平御览》。崇道尚佛的太宗真心爱鹤，鹤之姿形在其诗作中得以充分展现。太宗留存的诗歌多为组诗形式，《白鹤赞》一组十首，每首诗选取白鹤一经典意象，一组诗相互补充，集中描绘出瑞气弥漫的仙境中白鹤超凡脱俗之形象。如，吟咏鹤之长寿诗句，“白鹤灵禽与寿年”“太一真人福寿年”；吟咏乘云驾鹤诗句，“法雨从行时，乘云与驾鹤”“驾鹤与乘龙，祥光起熠熠”；吟咏鹤之飞鸣诗句，“昆仑来去飞闲暇，五色云中万里程”“白鹤生来羽翼鲜，一声高唳玉皇前”；吟咏鹤之朱顶白羽诗句，“白鹤凝霜一顶红”“白鹤朱红一顶深”。在其吟咏道教情怀与审美追求的大型组诗《逍遥咏》与《缘识》中，亦随处可见精彩的咏鹤诗句。如，推崇鹤仙与龙凤同翔诗句，“曩劫缘中因种在，布衣鹤袖凤来衔”“莫道玄谈些子是，凤飞鹤宿九疑山”“松花炼鼎龙山侧，甲第群仙凤鹤栖”。向往修炼成仙、化鹤千年诗句，“乘云驾鹤自西东，修炼真人意气雄”“炼得气来身且健，日斜常望鹤栖杉”“三岛花明铺锦绣，千年鹤送下金扉”“可以放旷，千年之鹤”。

至明清，鹤的形象已被贵族化，这大抵与两朝都城建在北方鹤之迁徙路线上，见到野鹤的机会多，皇家又多有驯养有关，所以清王朝的几任皇帝都爱鹤咏鹤。如，顺治《圣母皇太后万寿诗》曰：“海鹤翔风金殿迥，天鸡鸣日玉楼高。”康熙《巡幸辽阳》曰：“欲问襄平旧郛郭，千年华表鹤飞翔。”又《放鹤亭》曰：“溪亭阅古坐斯须，千载孤山信不孤。”雍正《望岱》曰：“冉冉岭头笙鹤下，仙坛曾此降金泥。”又《放鹤》曰：“九皋长啸后，华表复飞还。”嘉庆《恭和御制原韵》曰：“秋风古殿松杉老，夜月空防猿鹤寻。”道光《存诚》曰：“钟鼓在外，鹤和在阴。”乾隆倾心誉鹤，咏鹤诗篇句多达60多处。例如，《避暑山庄序》曰：“若夫崇山峻岭，水态林姿，鹤鹿之游，鸢鱼之乐。”《题松鹤斋》曰：“嘹亮声闻

辽代 纹样 云鹤

野，茏葱色满庭。”《鹤》曰：“唳月声非怨，梳风意自闲。”《鹤安斋》曰：“幽禽翩然翔，彳亍步顾影。”《招鹤磴》曰：“篆文苔磴满，鹤迹印来斜。”《故宫侍皇太后宴》曰：“云呈东海迎鳌驾，祥拥西池介鹤龄。”《辽阳怀古》曰：“只有千年华表鹤，时看来往白云中。”

视鹤为祥瑞安宁之物的传统文化内涵在历代朝廷中延续而丰富，鹤纹样在明代融入到了官服。古代官员的服饰一直有着严格的制度，宋代以前是以官服的布料颜色来区分等级，至明代朱元璋主张以补服作为官员之常服，清代亦加以沿袭。在盘领大袍官服的前胸后背各缀一块边长约30厘米的方形补子，其上文官绣鸟，武官绣兽，并以鸟兽图案为一至九品官品之区别。文官补子图案分别为仙鹤、锦鸡、孔雀等，五客图中的五种鸟皆列入了补子纹样。宫廷意在以此来寄托对文官贤德、忠贞、清雅、守正的政治愿望，文化品位高尚的鹤便当仁不让地荣列为一品补服，故丹顶鹤有“一品鸟”之雅称。一品文官一般为宰相、太师、太傅、各部院尚书、殿阁大学士等职位，为“正”“从”九品十八级官位中最高的职位。补子主纹为一仙鹤，一足独立于海水江崖之上，一足收入腹下，上方祥云红日，下方海浪翻滚；“潮”与“朝”谐音，仙鹤当潮水而立于岩石之上，寓意“一品当朝”。随后又出现了“高升一品”“指日高升”等寓意纹图；“高升一品”纹样寓意官运腾达可至最高位，“指日高升”纹样寓意可再次升官。

之后，同样寓意祥瑞的蝙蝠、寿桃、牡丹、灵芝、水仙等动植物作为鹤之陪衬物在雍正时期亦陆续出现在补子上，并流行于整个清代。方寸之地充满了吉祥之物，弥漫着浓郁的祥瑞之气，正如清代蒋立镛《笙陔侄蒋立镛拜稿》所云“一品之衣九仙骨，几生曾共梅花修”，及清代张应昌《孤山处士》所云“仙骨珊珊衣一品，荆湘粤峤封圻连”。其实，补子中的海鹤朝日景致早已有吟咏，为补子构图奠定了基础。唐代包佶《酬于侍郎湖南见寄

传世 纹样 一品当朝

十四韵》中有“雪花翻海鹤，波影倒江枫”，唐代张佐《忆游天台寄道流》中有“云龙出水风声急，海鹤鸣皋日色清”，明代高启《题赵希远画宋杭京万松金阙图》中有“海门日出潮初上，白鹤飞来近仙掌”等诗句。补子一般由刺绣、织锦、缂丝精心绣织而成，如，明代织锦《双鹤纹妆花绸方补》和《云鹤纹一品方补》的构图均为一双仙鹤上下呼应，展翅翻飞，不同的是，前者间以红色牡丹与长云，后者间以工整排列满幅的云朵，均甚为精美，成为传世之作。补子浓缩了鹤文化之精华，堪称鹤文化的锦上添花与画龙点睛之笔。

爱鹤可带来祥瑞，但如果崇鹤过分带来的则是灾祸，“卫公好鹤”中的卫懿公是古代帝王玩物丧志的典型。春秋左丘明《左传·闵公二年》载：“冬十二月，狄人伐卫。卫懿公好鹤，鹤有乘轩者。将战，国人受甲者皆曰：‘使鹤，鹤实有禄位，余焉能战？’”汉代司马迁《史记·卫康叔世家》载：“三十一年，惠公卒，子懿公赤立。懿公即位，好鹤，淫乐奢侈。九年，翟伐卫，卫懿公欲发兵，兵或畔。大臣言曰：‘君好鹤，鹤可令击翟。’”而汉代贾谊之记载更为详尽，云卫懿公喜欢仙鹤，甚至用绣有花纹的丝织品打扮它，还让它乘坐只有士大夫才能坐的高级车子。卫懿公征收赋税种类繁多，听不得文武百官谏诤。等到翟国人登到城墙上了，他才流泪勉励大臣和百姓努力作战，得到的回答是：“君王，让你器重的优伶和你心爱的仙鹤为你作战吧！我们是被你抛弃的人，怎能还为你守城呢！”于是，他们打开城门纷纷奔逃，翟国军队攻入城内，卫懿公亦奔逃而去。卫懿公嗜好养鹤，在宫廷定昌、朝歌西北鹤岭、东南鹤城等处均大量驯养鹤。其鹤如官吏般有品位俸禄：上等竟食大夫禄，较次者士禄；他外出游玩必带鹤，载于车前，号称“鹤将军”。由鹤及人，凡献鹤者皆得到

明代 绘画《卫公好鹤图》选自冯本《绣像东周列国志》

重赏。

卫懿公喜欢高贵典雅的仙鹤，本来也无可厚非，但其好鹤成瘾，不理朝政，致使民怨国衰，难免招来祸端，亦遭到历代诗人之讥讽。南北朝谢庄《怀园引》曰："轩鸟池鹤恋阶墀，岂忘河渚捐江湄。"唐代李白《赠宣城赵太守悦》曰："迁人同卫鹤，谬上懿公轩。"唐代高适《赠别王十七》曰："画龙俱在叶，宠鹤先归卫。"唐代白居易《观稼》曰："饱身无所劳，何异卫人鹤？"唐代钱起《观村人牧山田》曰："顾惭不耕者，微禄同卫鹤。"唐代张众甫《寄兴国池鹤上刘相公》曰："欲飞还敛翼，讵敢望乘轩。"宋代张元干《次友人书怀》曰："身世颇同猿择木，功名谁问鹤乘轩。"宋代陆游《杂感》曰："鹤乘轩车已堪叹，狐戴髑髅何可亲？"宋代张良臣《书情奉寄蒋弋阳公》曰："鸣鹤略九皋，未羡乘轩宠。"宋代晁说之《说之方忧韩公表大夫疾遽致仕乃蒙传视送陈州》曰："有如鹤乘轩，便类燕巢幕。"明代朱之蕃《招鹤词》曰："故居芜秽久弗治，乘轩有辱人共嗤。"明代王偁《感寓》曰："公轩处懿鹤，白屋讥千秋。"明代余邵鱼《春秋列国志》曰："好鹤堪嗟卫懿侯，贵禽败德忍民愁。一朝战士抛戈去，鹤死身亡国亦休。"清代张光藻《咏鹤》曰："为市吴门成往事，乘轩卫国笑庸材。"

如此悲剧下场的故事却没有影响后世对鹤之驯养的热情，到了汉代甚而开始成风。《西京杂记》即载有两则养鹤逸事，卷三载：茂陵富人袁广汉，于北邙山下筑园，"奇兽怪禽，委积其间……其中致江鸥海鹤、孕雏产鷇，延漫林池。"卷二载："梁孝王好营宫室苑囿之乐，作曜华之宫，筑兔园。……又有雁池，池间有鹤洲凫渚。"后者言汉文帝封其子梁孝王刘武于都城睢阳建立梁国，在睢阳东南平台一带建造了规模宏大的梁园，园中驯养的珍禽异兽中即有鹤。路乔如应邀游梁园作《鹤赋》歌舞升平，倘若不是颂德而是反讽，下场就会不同，东汉顺、桓之际，政治昏暗，崔琦愤而作《白鹤赋》以讽，结果被朝廷"幽杀之"。

5. 民间崇瑞

与龙凤形象只可皇家使用不同，瑞鹤形象在被朝廷推崇的同时，也从宫苑飞入寻常百姓家，融入平民生活，喜被民间婚嫁寿庆等所用，由贵族化兼有平民化，成为民间文化的一部分。古代民间奉鹤为神明，有"送鹤神"风俗，如宋代诗人黎廷瑞代农民祈求鹤神庇佑来年粮食丰收的诗文，从中可见鹤地位之神圣。其《送鹤神》诗序云："农夫相传，鹤神之属，三年若登天度岁，则民有粮，在地则否。"其诗云："玄裳兮缟衣，纷尔乘兮遄归。……天崇崇兮有廪，皇之浆兮可饮。"从三例传世春联用语，可见瑞鹤早已飞入寻常百姓家：其一，"春满人寰来瑞鹤，云开旭日照苍松。"其二，"观菊来瑞鹤，绕膝戏玄孙。"其三，“壮志凤飞逸情云上，灵芝献瑞仙鹤同年。”

在艺术领域，瑞鹤形象亦被表现得栩栩如生，异彩纷呈。如文人书法绘画之鹤，工匠琢刻雕塑之鹤，农妇刺绣剪纸之鹤。全国重点文物保护单位山西灵石县静升镇王家大院是一座洋溢祥瑞鹤意的民间文化博物馆。这座如同一个村落规模的大院由静升王氏家族经明清两朝、历300多年修建而成，总面积达25万平方米。在具有鲜明清代建筑装饰风格的建筑中，鹤题材绘画、书法，尤其是砖、木、石三雕艺术等遍布其中，且多为鸿篇巨制。儒、释、道教义与传统民俗文化在这里凝为一体，祥瑞、增福、添寿主题鲜明，技法娴熟，制作精美，令人叫绝。

近代 石雕 松鹤纹 山西省灵石县静升镇王家大院

近代 砖雕 鹤立寿石纹摹本

民间常将鹤与鹿组合。鹿在古代亦被视为长寿神物，宋代陆佃《埤雅》云“鹿乃仙兽，自能乐性。”鹤与鹿都是吉祥动物，鹿鹤并提，使祥和之意叠加，所表达吉祥幸福之意愈加浓郁。诗咏如，唐代顾况《苦雨》曰：“行骑飞泉鹿，卧听双海鹤。”唐代李正封《夏游招隐寺暴雨晚晴》曰：“鹤飞岩烟碧，鹿鸣涧草香。”宋代曾丰《入广丰仓领米忆所遇》曰：“我归径欲追乔松，尔鹤尔鹿来相从。……翛翛两鹤雄与雌，三鹿雄雌连一儿。”宋代晁补之《闻慎思说豪塘居》曰：“当年鹿何往，异世鹤归来。”宋代项安世《老人命赋家庭双头牡丹》曰：“两两鹤红思并翥，双双鹿紫待齐鸣。”明代唐寅《匡山雪霁图》曰：“天台鹤鹿同人境，尚恐翁归向此间。”清代乾隆皇帝弘历《题四面云山亭子》曰：“鹤唳与鹿呦，饶伊相问答。”民国魏毓兰《仓西早起用半园韵》曰：“鹿眠鹤睡习成懒，却笑山人晓初勤。”

传世 剪纸 对鹿对鹤生命树

民间喜用谐音手法将有祥瑞寓意的动植物组合，例如，鹿与禄、六同音，鹤与贺、合同音，于“梧桐”取“同”之音，以春花、松树、椿树等植物寓意“春”，“六合”指“天地四方”，亦泛指天下。这些意象组合起来便构成“鹿鹤同春”“六合同春”等吉祥图案，寓意天下太平皆春，以及祝颂长寿及好运久长。其表现方式不拘一格，常见的将鹿、鹤、梧桐等绘于同幅，以取诸多谐音之意。这种主题在刺绣、陶瓷、雕刻、剪纸、年画等形式中多被表现。清代紫檀百宝嵌“鹿鹤同春”笔筒，紫檀木质地硬实，包浆润泽，周身嵌有螺钿、寿山石、绿松石、玳瑁等材质；五彩岩石上，茂密松枝下，鹿与鹤悠闲其间，延年益寿气氛浓烈。乌镇东栅景区“百床展”中一张近代“福寿双全”架子床上围檐，镂雕着六只翔鹤与六只奔鹿，空间遍布松梅竹桐荷，底为紫色，线条均用金粉涂抹，尽现一派鹿鹤同春的祥瑞与富丽之感。年画这种古老的民间艺术形式寄托了人们祈福、纳祥、求安等美好愿望，多描摹喜闻乐见寓意祥瑞的艺术形象。被誉为中国年画“四大家”的四川绵竹年画、江苏桃花坞、天津杨柳青、山东潍坊杨家埠的木版年画都有历久不衰的鹿鹤经典作品传世，如绵竹的《六合同春》、桃花坞的《鹿鹤同春》、杨柳青的《五福拜寿》、潍坊的《寿星》等。菏泽市鄄城县红船村的红船口年画，在鲁西南一带最具代表性。

传世 剪纸 六合同春

经过大为推崇的唐宋，至元明清的继承与发展，鹤在中国传统文化中的地位稳步提升，在表征祥瑞方面相比龙凤鸾等祥禽瑞兽毫不逊色。龙与凤凰一个是“众兽之君”，一个是“百鸟之王”，龙凤呈祥为大祥瑞，在中华传统文化中地位极高。秦汉以后，龙用来象征帝王，帝后则以凤称。鹤作为自然界现实中存在的生物很早即与这些虚拟神物相提并论，共呈祥瑞，可见其地位之高。高句丽是秦汉至南北朝期间存于中国东北部的民族和地方政权，在吉林省集安五盔坟出土的高句丽壁画《月神和乘龙驾鹤仙人》中鹤已与龙并驾齐驱了，在典籍诗文中，龙鹤并举并咏亦很早。如，汉代魏伯阳著《参同契》云：“御白鹤，驾龙鳞，游太虚，谒仙君。”《拾遗记·后汉》载，南朝萧绮录，“迷情狗马，爱好龙鹤，非明王之所闻示于后也。”又载：“群仙常驾龙乘鹤，游戏其间。”

如与龙同吟诗句。有的诗将龙鹤放到一句并提，有的在两句中工整对仗，但效果等同。前者如，唐代陈子昂《南山家园》曰：“愿随白云驾，龙鹤相招寻。”唐代曹唐《三年冬大礼》曰：“太一天坛降紫君，属车龙鹤夜成群。”又《小游仙诗》曰：“沧海成尘等闲事，且乘龙鹤看花来。”“风满涂山玉蕊稀，赤龙闲卧鹤东飞。”“鹤不西飞龙不行，露干云破洞箫清。”宋代魏了翁《次韵李参政湖上杂咏》曰：“龙鹤在吾西，昔年班荆处。”宋代何炳然《云峰根》曰：“十洲仙子骑龙鹤，路阔云深贪舞跃。”清代魏源《花前劝酒吟》曰：“楼船楼阁俱雄壮，黄鹤黄龙醉里看。”后者如，唐代杜甫《遣兴》曰：“蛰龙三冬卧，老鹤万里心。”宋代陆游《秋阴至近村》曰：“云齐龙卷雨，野旷鹤盘天。”宋代苏轼《竹阁》曰：“白鹤不留归后语，苍龙犹是种时孙。”宋代钱惟演《汉武》曰：“立候东溟邀鹤驾，穷兵西极待龙媒。”宋代戴复古《题侄孙岂潜家平远图》曰：“海天龙上下，秋日鹤翱翔。”宋代岳珂《葆清值雨》曰：“洞龙随箭映，槛鹤识琴心。”宋代释延寿《山居诗》曰：“潜龙不离滔滔水，孤鹤唯宜远远天。”宋代余靖《和伯恭殿丞游西蓉山寺》曰：“阴谷鸣归鹤，灵湫起应龙。”元代马祖常《寄舒真人》曰：“龙来还独宿，鹤去更知归。”元代魏观《青田县石门洞天叶道人留宿》曰：“雨过芝田寻鹤信，月流松涧听龙吟。”明代王世贞《登黄鹤楼》曰：“天容孤鹤排空上，水合双龙抱郡流。”明代黄哲《游泰山》曰：“苍龙飞去溟海阔，黄鹤下唳清风还。”明代陈伯旅《题余姚张氏翠竹轩》曰：“蛰龙春翻后土裂，皓鹤夜舞青天地。”明代戴良《寄骆以大》曰：“东海眼穿华表鹤，西风泪尽鼎湖龙。”明代何景明《月潭寺》曰：“龙出洞门常作雨，鹤巢松树不知年。”明代高启《喜家人至京》曰：“春游禁苑侍鹤驾，冬祀泰畤随龙旂。”明代皇甫汸《送朱参军》曰：“数报寝门回鹤驾，新从驰道出龙楼。”清代吴昌硕《题画菊》曰：“鹤飞云窈窕，龙见画图困。”清代李希圣《湘君》曰：“辽海鹤归应有恨，鼎湖龙去总无名。”

高句丽 壁画《月神和乘龙驾鹤仙人》吉林省集安五盔坟出土

如与凤同吟诗句。宋代林倪《采云轩》曰："凤箫鹤驭还相待，名籍今应在玉台。"宋代王令《别张粤南夫温》曰："然其气类同，终独凤鹤亲。"宋代王伯淮《呈德厚宫先生》曰："仙凤鹤驾来无表，白昼云旗下世间。"宋代刘应时《次韵闻人参议来贤岩》曰："凤鸣怅莫闻，鹤驾邈难追。"明代杨基《黄鹤楼看雪》曰："昔日黄鹤去不还，我骑白凤横江来。"如与鸾同吟诗句。唐代白居易《酬赵秀才赠新登科诸先辈》曰："莫羡蓬莱鸾鹤侣，道成羽翼自生身。"宋代范仲淹《上汉谣》曰："一朝鸾鹤来，高举为神仙。"宋代丁谓《车》曰："七香参鹤驾，五色间鸾轩。"宋代李琳《平韵满江红·题宜春台》曰："箫鸾响，笙鹤鸣。"宋代洪适《千秋岁·代上帅宅生日》曰："鸾共鹤，年年来听神仙曲。"又《朝中措·苏少莲母生日》曰："须与寄声鸾鹤，飞来岁岁年年。"明代王恭《偶书醉樵扇头》曰："佳期发琴性，念尔鸾鹤群。"明代王宠《旦发胥口》曰："夙有邱壑向，缅怀鸾鹤踪。"清代高鹗《题友人山水障子》曰："林下马牛闲自放，岭头鸾鹤了无奇。"清代陈皋《天香·洋菊》曰："舞鹤盘翎，翔鸾镜尾，秋光幻出新意。"鸾鹤并咏常呈骖驾之姿，显并驾齐驱之势。南北朝江淹《别赋》曰："驾鹤上汉，骖鸾腾天。"南北朝汤惠休《楚明妃曲》曰："骖驾鸾鹤，往来仙灵。"唐代杜光庭《题鸿都观》曰："鸾鹤自飘三蜀驾，波涛犹忆五湖船。"宋代楼钥《游白石岩》曰："骖鸾驾鹤太多事，但欲御气游无穷。"宋代龚大明《赠道友怡云潘先生》曰："枝头结果有时红，骖鸾驾鹤神仙列。"宋代李觏《和王刑部游仙都观》曰："不待鸾骖并鹤驾，便分人世与仙家。"宋代希叟《瑞鹤仙》曰："看乘鸾跨鹤，归来洞天未晓。"宋代王炎《过幕阜山》曰："雨淋日炙行路难，何如鸾鹤游云端。"宋代阳枋《巫山十二峰》曰："苍茫草木晴云外，有似乘鸾跨鹤踪。"宋代张大直《题莲华西洞》曰："真人隐壁君休问，驾鹤骖鸾自有时。"宋代无名氏《沁园春》曰："论功处，载骖鸾鹤，衣锦赋荣归。"而鹤与龙凤鸾龟蛇等同翔共跃诗句，更显得瑞气磅礴。唐代罗隐《淮南高骈所造迎仙楼》曰："鸾音鹤信杳难回，凤驾龙车早晚来。"宋代碧虚《贺新郎·寿毕府判》曰："龟鹤舞，蛟龙跃。"宋代罗禧《咏雪岩》曰："龟蛇伏气时难老，鸾鹤归来夜倦飞。"宋代洪迈《和朱子渊石柏诗》曰："鹤骨龙姿随质见，鸾栖凤宿与香宜。"宋代白玉蟾《贺新郎·赠紫元》曰："白鹤青鸟消息断，梦想鸾歌凤舞。"宋代张元干《瑞鹤仙·寿》曰："彩鸾韵，凤箫鹤。"宋代无名氏《鹧鸪天》曰："鸾鹤舞，凤凰鸣。"宋代赵汝愑《念奴娇》曰："鸾鹤回翔，龙蛇飞动，醉墨挥仙笔。"宋代郑亶《失鹤》曰："应陪鸾凤侣，仙岛任徘徊。"宋代吴淑《鹤赋》中的"群鸾凤以遐骛，薄云汉而高寻。"明代吴承恩《西游记》曰："白鹤伴云栖老桧，青鸾丹凤向阳鸣。"清代陈梦雷《诚王殿下赐诗纪恩之作》曰："鸾鹤回翔来斗极，龙蛇飞舞挟云烟。"现代郭沫若《颂武汉》曰："火龙驶过龟蛇舞，铁鸟飞临凤鹤回。"

鱼也常与鹤一起表示祥瑞之意。早在上古时代，鱼已成为瑞应之一。鱼，一般多指鲤鱼。《诗经·陈风·衡门》有"岂其食鱼，必河之鲤"之载，《史记》有"武王渡河，中流，白鱼跃入王舟中，武王俯取以祭"之载，《埤雅》中有善跳的鲤鱼能跃过龙门，给人带来飞黄腾达之载。加上鱼谐音为"余"，寓意富裕，因而用鱼鹤来象征喜庆兴旺祥瑞。

其一，咏鱼鹤跃动之势，展现生机与活力。魏晋张华《轻薄篇》云："玄鹤降浮云，鳣鱼跃中河。"南北朝萧纲《拟落日窗中坐诗》云："游鱼动池叶，舞鹤散阶尘。"唐代李洞《秋宿润州刘处士江亭》云："浪静鱼冲锁，窗高鹤听经。"唐代吕洞宾《七言》云："朱顶鹤来云外接，紫鳞鱼向海中迎。"唐代齐己《荆渚病中》云："古桧鸣玄鹤，凉泉跃锦鱼。"宋代梅尧臣《次韵和永叔》曰："鱼跃与鹤舞，物情曾未殊。"宋代陈亮《瑞云浓慢·六月十一日寿罗春伯》云："鹤冲霄，鱼得水。"宋代苏辙《次韵毛君留别》曰："鱼纵江潭真窟宅，鹤飞松岭倍精神。"宋代张栻《三月七日城南书院偶成》云："游鱼傍我行，野鹤向我飞。"宋代陆游《柳桥晚眺》云："小浦闻鱼跃，横林待鹤归。"元代谢应芳《逸安诗为吴子明赋》云："放鹤上晴霄，观鱼戏春水。"明代卢弼《黄龙洞》云："五色禽来凝鹤驾，三潭鲤跃动龙吟。"明代夏完淳《端午赋》曰："云垂黄鹤之风，水变丹鱼之浪。"明代顾养谦《辽阳行寄王子幻》云："吴江双鲤到来频，辽东孤鹤南飞绝。"清代周闲《望海潮》云："警鹤唳空，狂鱼舞月。"

其二，咏鱼鹤清静之态，显示祥和幽然之境。唐代杜甫《别鹤十五诫，因寄礼部贾侍郎》云："白鹤久同林，潜鱼本同河。"唐代杜荀鹤《题岳麓寺》云："鹤隐松声尽，鱼沈槛影寒。"宋代蒋堂《溪馆二首》云："渊鱼乐且静，庭鹤寿而间。"宋代陆游《西郊》云："泳水鱼依藻，摩云鹤结巢。"宋代陈起《秋步吴济川别业》云："疏竹难藏鹤，清流可数鱼。"明代谢迁《习静》曰："方沼萍开

汉代 画像石 二鹤衔鱼纹 江苏铜山汉王乡出土

宋代 纹样 团花和合

鱼掉尾，高崖松动鹤梳翎。”明代郑善夫《谩兴》云：“水清鱼避影，松静鹤留声。”咏鱼鹤甚而与龙鸾猿并提，显示景象繁荣、气势灵动。唐代齐己《中秋十五夜寄人》云：“四海鱼龙精魄冷，五山鸾鹤骨毛寒。”宋代白玉蟾《凤凰台》云：“鱼龙吞吐四海水，鸾鹤歌啸三天云。”明代止庵法师《病起观书诀》曰：“碧海鱼龙春自化，故山猿鹤梦谁同。”

民间还常将鹤与一些植物一起以表祥瑞。因荷与“合”“和”谐音，鹤与荷莲也常被放到一起来象征太平、和合之意。荷为花中君子，一尘不染，祥和吉利；佛教的八宝吉祥便以莲花为首，八仙中何仙姑以手执荷花为表征。如鹤与荷莲并咏，唐代白居易《北亭卧》云：“莲开有佳色，鹤唳无凡声。”唐代顾况《杂曲歌辞·游子吟》云：“蒲荷影参差，凫鹤雏淋涔。”宋代陆游《六月十夜风月佳甚起坐中庭有作》云：“荷翻小浦孤萤度，露湿危巢倦鹤归。”宋代黄庚《月夜次修竹韵》云：“行李担书一鹤随，莲香帘幕政声驰。”宋代无名氏《齐天乐》云：“赢得年年，莲龟松鹤祝公寿。”明代张羽《送莲社陆道师归镜湖别业》云：“庭栽竹少堪容鹤，池种莲多不碍鱼。”荷鹤，和合，也象征人际关系尤其是夫妻爱情的祥瑞和谐主题，历来被世人推崇，不仅在宫廷，在民间也被广泛使用。从古至今，在庭院雕刻、家庭刺绣，房屋装修中移动拉门、背景墙、壁纸等艺术形式中都有精美的鹤荷纹图的使用。

现代 砖雕 苏州同里崇本堂门楼

梅花亦是多与鹤并咏的植物，除表达人之高贵品位之外，还多被奉为吉祥福瑞之物：梅独天下而春，被作为传春报瑞的信使。鹤与梅集姿、韵等诸多绝妙于一身，均有祥和瑞丽之姿，闲逸超然之态，坚贞自守之性。人们常在梅鹤相互映衬中共品其韵，但梅鹤并咏在宋之前较少，宋及之后多起来，概因“梅妻鹤子”故，林逋以绝妙的梅鹤吟咏影响深远。宋以降各代，均乐将梅鹤一并歌咏吟赞。尤以宋人咏梅鹤居多，如直吟梅鹤之和瑞清艳，表达欣喜之情。陈起《东郊瞻四望亭有感》曰：“竹外谁家霜鹤唳，吟逋梅下昔曾闻。”林尚仁《过友人幽居》曰：“独鹤喜欲舞，老梅寒自花。”梅询《华亭道中》曰：“晴云唳鹤几千里，隔水野梅三四株。”诸葛赓《归休亭》曰：“栽成傲骨梅千树，呼出栖云鹤一双。”仲弓《恭和皇帝宸翰四绝句》曰：“放鹤山中访野梅，南枝开了北枝开。”又《赠谭山人》曰：“野鹤连窠买，梅花间竹栽。”孙应时《梁山刘制参园亭》曰：“野鹤寮中最清绝，蜡梅水仙方弄香。”虞俦《满庭芳》曰：“色染莺黄，枝横鹤瘦，玉奴蝉蜕花间。”方岳《次韵山居》曰：“梅花次第春漠漠，鹤相随睡夜寥寥。”彦修《夜宿武夷宫》曰：“巢松老鹤鸣丹井，笼月梅花摇素影。”吴锡畴《晚步》曰：“山寒梅韵峭，林杳鹤声沈。”再如咏人与梅鹤相伴，抒发祥和清逸之情。仇远《再叠》曰：“鹤招穷处士，梅伴老诗人。”钱选《西湖吟趣图卷题识》曰：“一童一鹤两相随，闲步梅边赋小诗。”方凤《对仙华雪怀》曰：“雪与梅花俱在望，琴携野鹤转相随。”张炜《谒和靖

清代 绘画 虚谷《梅鹤图》

祠》曰：“鹤唤诗魂去，梅留姓字香。”史卫卿《西湖山居灯夕》曰：“鹤闲梅下立，人静月中行。”陆文圭《史药房寿兴东坡同日》曰：“祝生寿比南飞鹤，共结梅花岁岁缘。”释道璨《上安晚节丞相》曰：“清于独鹤瘦于梅，小袖春衫晋样裁。”吴芾《饭客看鹤赏梅遇雨有作》曰：“鹤舞梅开总有情，小园方喜得双清。”

元明清各代咏梅鹤亦颇多，尤其在一些咏梅诗词中将二者并咏，更显清丽和瑞。如，元代程文海《临江仙·寿聪山》曰：“海鹤松间襟韵，梅花雪后精神。”又《蝶恋花·寿千奴监司十二月朔》曰：“黄鹤山前梅半吐，岁岁年年，谁是冰霜侣。”元代贡性之《题梅》曰：“第六桥头雪乍晴，杖藜曾引鹤同行。诗成酒力都消尽，人与梅花一样清。”元代王冕《素梅》云：“半夜鹤归诗思好，清香吹满水南轩。”清代陈文述《渔歌子》曰：“携瘦鹤，送飞鸿。万梅花下一孤蓬。”清代郭步韫《梅花》曰：“霁雪长亭鸦去远，寒天小院鹤归迟。”清代谢浣湘《梅花寄弟》曰：“和雪满山天欲晓，数声老鹤四无人。”清代翁照《梅花坞坐月》曰：“隔溪老鹤来，踏碎梅花影。”清代夏坤林《遂园赏梅》曰：“一痕玉照清辉影，看闪闪，带来归鹤。”清代张鸣珂《忆梅》曰：“忆那时，缟袂相逢，惊起睡酣双鹤。”清代崔增益《探春慢》曰：“鹤梦栖霞，香心抱雪。”可见，鹤与以上能翔擅飞生机盎然之动植物共举并咏，显示出其祥瑞之气是不逊于任何祥禽瑞兽、奇珍异草的。

现代 绘画 李苦禅《白梅鹤为俦》

第三章　长寿之鹤

第一节　鹤　警

鹤在鸟类中的寿命比较长，但也只有五六十年。令人称奇的是斗转星移，地老天荒，作为往来迁徙之大型水禽，鹤类种群却能一直繁衍生存至今。首先，鹤赖海河交汇处的滩涂、芦荡、沼泽等湿地为生之地荒远偏僻人迹罕至，人类很难接近。其次，鹤具有敏锐的视力和听力，生性极为机警，无论昼夜集群活动中，总会设“值日生”放哨，俗称“鹤值”，鹤值的基本姿态谓之“鹤望”，鹤值总会鹤望不止，从而躲避开来自人与动物的猎杀之险。诗文如，唐代杨涛《狐听冰赋》曰：“虫疑之理有殊，鹤警之听可比。”唐代贾岛《秋暮》曰：“值鹤因临水，迎僧忽背云。”

因为鹤的机警，身处辽河入渤海口的盘锦人直到1982年辽宁省鸟类普查时才知晓，家乡的芦苇荡里栖息着鹤，当地百姓曾远远望到过这种大鸟，当人距之三四百米时就会飞走，所以无法走近看清其真面目，凭模糊印象戏称之为“海驴子”“黑屁股鸟”，殊不知鹤就栖息在中国最北部海岸线辽东湾的这片芦荡沼泽里，此处正是明代诗人张羽《送僧之华亭行化》所言“地灵偏有鹤，海近绝无山”，及清代陈嘉树《封公饲鹤第三图》所言“海边云族多羽翼，引吭一鸣声闻天”之地貌。自古以来，下辽河以西偌大的滨渤海之平原地带，位于辽河及两侧仅数十里之隔的大辽河、大凌河三个入海口的夹拥中，古代谓之“辽泽”。辽泽内河沟沼泽网布，车马不通，为关内通往辽东郡府襄平路途中的一大阻碍。当代李仲元《飞渡辽泽》中的“苇荻连云潦水围，龙潜蛇蛰鹤鸢飞”诗句写的即是隋唐大军东征高句丽过辽泽时之艰难境地，这里却成了鸟的乐园，“宝树灵禽皆化作，满地凫雁鸳鸯鹤。”（元代梵琦《渔家傲》）直到晚清，随着闯关东人口的流入，对自然环境的疏通改造，辽泽才大幅度缩小为当今盘锦境内百万亩芦荡的规模。此为丹顶鹤繁殖最南限，亦为鹤类南北迁徙通道的重要中间站。20世纪80年代中期，地级市盘锦一建立便以鹤乡为荣，即以鹤翔、鹤立、鹤集等为市区中心街路命名，并成立了以保护鹤类为主的双台河口（已更名为辽河口）自然保护区，并很快晋升为国家级。

“鸣鹤戒露”典最能体现鹤的机警程度。魏晋周处《风土记》载：“白鹤性警，至八月露降，流于草木上，滴滴有声则鸣。”深秋之夜，每只鹤值都格外警惕，露水从草叶上滴落的轻微声响，都会引起它们高鸣报警，然后集群立即迁飞他处。历代引此典的诗句多以危、惊、警等动态来描写夜露惊鹤之状。隋代孔德绍《赋得华亭鹤诗》曰：“心危白露下，声断彩弦中。”唐代虞世南《飞来双白鹤》曰：“危心犹惊露，哀响讵闻天。”唐代李商隐《夜》曰：“鹤应闻露警，蜂亦为花忙。”唐代薛能《秋晚送无可上人》曰：“坐滴寒更尽，吟惊宿鹤迁。”唐代陈季《鹤惊露》曰：“溪松寒暂宿，露草滴还惊。”唐代骆宾王《送王明府参选》曰：“虚心恒惊露，孤影尚凌烟。”唐代窦群《冬日晓思》曰：“鹤警晨光上，步出南轩时。”唐代窦庠《留守府酬皇甫曙侍御弹琴之什》曰：“鹤警风露中，泉飞雪云里。”宋代陆游《秋夜》曰：“露浓惊鹤梦，月冷伴蛩愁。”宋代张耒《夏日》曰：“栖鹤凉先警，饥乌夕未归。”宋代黄庚《闻鹤》曰：“清夜照人千里月，碧天警露一声秋。”宋代马廷鸾《用清秋鹤发翁韵》曰：“老身不茧蚕，清夜独警鹤。”元代元好问《月观追和邓州相公席上韵》曰：“露凉惊夜鹤，风细咽秋蝉。”明代刘基《次韵》曰：“月上海门蟾先觉，露寒天宇鹤先尝。”清代张鸿基《有感》曰：“风鹤惊露犹传奥，水犀军复合天津。”清代翁咸封《闻鹤鸣》曰：“凉露滴清响，翛然孤鹤惊。”

传世 剪纸 鹤鸣

成语“风声鹤唳”言鹤唳之警惊动人心之状。《晋书·谢玄传》载：“闻风声鹤唳，皆以为王师已至。”被晋军大败之秦兵听到风声和鹤鸣声，疑心是追兵将至，把草和树木都当作了敌人的兵将，用以形容人在极度惊慌时疑神疑鬼。咏此典如，南北朝庾信《哀江南赋》曰：“闻鹤唳而惊心，听胡笳而泪下。”又《拟咏怀诗》曰：“鸡鸣楚地尽，鹤唳秦军来。”唐代刘禹锡《赠澧州高大夫》曰：“残兵疑鹤唳，空垒辩乌声。”宋代梅尧臣《吴仲庶殿院寄示》曰：“风声鹤唳传九皋，何用宝刀称孟劳。”宋代李弥逊《寄题福州程进道止戈堂》曰：“羽扇纶巾聊自适，风声鹤唳已魂惊。”宋代洪咨夔《送商总郎》曰：“鹤唳风声淝水捷，马腾士饱蔡州平。”宋代陈著《七月望郡庠赋秋声诗》曰：“非神非鬼洞庭乐，为鹤为风淝水兵。”又《沁园春·次韵刘改之》曰：“况青冈不助，晋家风鹤，黑云直卷，吴分星牛。”宋代方岳《送少卿奉使淮西》曰：“符麟留钥汉宗姓，风鹤为兵谢安侄。”宋代李纲《喜迁莺·晋师胜淝上》曰：“夜闻数声鸣鹤，尽道王师将至。”宋代刘克庄《和仲弟》曰：“淝水岂无风鹤助，平凉莫受犬羊欺。”宋代宋祁《过淝口》曰：“此时闻鹤唳，无复畏官军。”明代张含《寄升庵长句》曰：“舞筵尚想鸡鸣酒，棋阵浑防鹤唳兵。”现代王永江《七叠前韵感时》曰：“造蛮据触自为雄，鹤唳风声皆破胆。”

成语“鹤知夜半”言机警之鹤夜半而鸣之态。典出汉代刘安《淮南子》所载：“鸡知将旦，鹤知夜半。”史籍多有载记，汉代王充《论衡》云：“夜及半而鹤鸣。”汉代东方朔《楚辞·七谏》云：“鹍鹤孤而夜号兮，哀居者之诚贞。”汉代无名氏《春秋说题辞》云：“鹤知夜半。”《抱朴子》云：“适偶有所偏解，犹鹤知夜半。”唐代徐坚《初学记》卷十三云鹤：“常夜半鸣，其鸣高朗，闻八九里，唯老者乃声下。……鸡鸣时亦鸣。”宋代苏轼《物类相感志·鹤》云：“鹤知子午。”《埤雅·鹤》云：“常夜半鸣，故淮南子曰鸡知将旦，鹤知夜半。”清代《古今图书集成·集解》载明代李时珍云：（鹤）“常以夜半鸣，声唳云霄。”对鹤知夜半形成的原因，《春秋说题辞》释为：“鹤，水鸟也。夜半水位感其生气，则益喜而鸣。”清代纪昀《阅微草堂笔记》释为：“夫鹤知夜半，鸡知将旦，气之相感而精神动焉，非其能自知时也。”清代乔松年《易通卦验》释为：“立夏，清风至而鹤鸣。”其实，鹤到半夜而鸣，如同鸡之即时司晨，主要是由动物的生物节律周期决定的；鹤的这种习性和生理功能，亦确有受到大自然规律支配的原因，而且在万籁俱寂的午夜时分、平坦无垠的旷野之地，鹤之鸣叫声传得更为深远。看来，古人对鹤的习性掌握得比较准确，但“鸡鸣鹤亦鸣”的说法有误，鹤鸣夜半在先，鸡鸣司晨在后。此典或用来比喻各有专长，或比喻偏知一隅，或单纯用来标示时间。诗咏如，唐代张彦胜《露赋》云：“辽东之鹤中夜鸣，日南之鸡凌晨叫。”唐代韩愈《杂诗四首》云：“独有知时鹤，虽鸣不缘身。”唐代顾况《从剡溪至赤城》云：“夜半鹤声残梦里，犹疑琴曲洞房间。”宋代王安石《秋露》云：“空令半夜鹤，抱此一端愁。”宋代苏轼《游道场山何山》云：“高人读书夜达旦，至今山鹤鸣夜半。”宋代晁补之《送石梁赴举》云：“鹤知夜半鸡知旦，岁晚淹留客心乱。”宋代张蕴《上海》云：“梦断三更鹤，芦边系短篷。”宋代张继先《春从天上来·鹤鸣奉旨》云：“当时鹤鸣夜半，感真符宝篆，特地清传。”宋代许景迂《赠制刻漏前挈壶王君图》云：“蛩吟秋方来，鹤鸣夜参半。”宋代陆游《月夕》云：“村深无漏鼓，鹤唳报三更。”宋代高似孙《再至桐柏山》云：“夜子鹤又叫，月晕风又起。”宋代赵蕃《谒赵文鼎墓》云：“萧萧闻鹤夜，耿耿待鸡晨。”宋代洪咨夔《次韵何伯温》云：“鹤鸣夜漏午，步花独歌商。”宋代陈深《宿真元观》云：“半夜鹤鸣松院静，一天星照石池函。”宋代释如珙《寄灌顶长老》云：“半夜鹤鸣山月吟，山翁独坐破柴床。”宋代白玉蟾《赠琴客陆元章》云：“松梢鹤唳恰夜半，寒烟寂寂风泠泠。”宋代洪刍《因读梅圣俞六鹤诗》云：“伟哉仙人骑，从来知夜半。”宋代王炎《与三山相士林子和》云：“自笑已如鸡失旦，不须苦说鹤知时。”元代赵秉文《东篱采菊图》云：“妖狐同昼昏，独鹤惊夜半。”明代汤显祖《疗鹤赋》云：“微霜而夜半，单只谁俦。”清代英和《龙沙秋日十二声诗·仙禽警露》云：“鸣阴半夜知，披氅凌晨出。”

战国 瓦当 树木双鹤纹 山东省临淄出土

由于鹤类行踪莫测，飘忽不定，若隐若现，更增添了神秘感；人类无法靠近，很难弄清其来路生性。因此关于鹤之孕，出现了雌雄不交而孕等种种猜想。诸如，三国陆玑《陆氏诗疏广要》云“影接而怀卵”，宋代王安石《淮南八公相鹤经》云“复百六十年，雄雌相视，目睛不转而孕”，《花镜》云“雌雄相随，……履其迹则孕”。至于鹤为胎生之说由《相鹤经》而出，产生久远，世代相传，直到宋代惠洪《冷斋夜话》所载一则趣事才推翻了此论，“渊材迂阔好怪，尝蓄两鹤，客至，指以夸曰：‘此仙禽也。凡禽卵生，而此胎生。’语未卒，园丁报曰：‘此鹤夜产一卵，大如梨。’渊材面发赤，诃曰：‘敢谤鹤也。’卒去，鹤展其胫伏地，渊材讶之，以杖惊使起，忽诞一卵。”主人刚说完鹤为胎生，鹤却产下一卵。当然，也有人知鹤为卵生，“鹤本非胎生，古卵尚遗壳。”（宋代杨万里《筠庵》）还有一种观点认为鹤是由鹳而生。春秋师旷《禽经》云“鹳生三子，一为鹤”，言在鹳所生三子中会有一只是鹤。可见，两三千年前之古人因为无法接近野鹤，不可能有生物学方面的完整认识；直到后来加以驯养，在事实面前才弄清楚鹤是卵生，为长寿之鸟。也恰恰是因为鹤类具有极度机警的习性，作为大型涉禽才得以生存繁衍下来。

第二节　鹤　寿

在赋予鹤的各种寓意中，长寿永生的内涵是最为丰盈的。长寿长生乃至成仙，是中国传统文化中永恒的主题，上自帝王将相、下至平民百姓的普遍追求。传统吉祥文化的核心为福禄寿三要素，其中长寿至关重要，因为福禄都要建立在长寿的基础之上。明代冯梦龙《警世通言》中讲了一个“福、禄、寿三星度世”的故事，其中黄衣女子为黄鹿所化、绿袍之人为绿毛灵龟所化、白衣女子为白鹤所化，分别象征着福禄寿。但从卷尾所附诗句“原是仙官不染尘，飘然鹤鹿可为邻”中可见，象征长寿的鹤是位列在先的。天津杨柳青年画《福寿三多》的画面构成，在象征福禄寿的各种动植物中，也是以象征长寿的鹤为主体形象；与童子相对而翔，健美而灵动。

传世 年画《福寿三多》天津杨柳青

1. 长寿诗咏

在古人的意念中，存在于天界的神仙超脱尘世，能力非凡，可以超越生命极限，达到永生。以长生之道为最高信仰的本土道教的兴起，使人们更加笃信经过修炼，人可化为仙人或长着翅膀的羽人。但凡人要想实现延年益寿成仙不老等期望与梦想，需要一个俊逸灵动的使者去沟通于天地。擅长高飞远翔且长寿千年的鹤天然具备这种能力，从而被选中，进而又被道教引进神仙系统。鹤从此以神姿仙态步入文化殿堂，受到广泛而持久的膜拜与崇誉，称谓亦被冠之以“仙”，为鸟类之唯一。在诗中首咏仙鹤的为南北朝庾信，其《奉和夏日应令诗》中有“愿陪仙鹤举，洛浦听笙簧”句，后世亦屡见咏鹤仙之句。如，唐代王勃《还冀州别洛下知己序》云：“仙鹤随云，直去千年之后。”唐代贾岛《寓兴》云：“劝君跨仙鹤，日下云为衢。”唐代姚合《寄华州李中丞》云：“看水逢仙鹤，登楼见帝城。”唐代张仲素《缑山鹤》云：“羽客骖仙鹤，将飞驻碧山。”唐代武三思《仙鹤篇》云：“经随羽客步丹丘，曾逐仙人游碧落。”唐代顾况《李供奉弹箜篌歌》云：“初调锵锵似鸳鸯水上弄新声，入深似太清仙鹤游秘馆。”唐代李绅《悲善才》云：“流莺子母飞上林，仙鹤雌雄唳明月。”唐代李峤《鼓》云：“仙鹤排门起，灵鼍带水鸣。”唐代孟郊《览崔爽遗文》云：“仙鹤未巢月，衰凤先坠云。”唐代曹唐《张硕重寄杜兰香》曰：“灵妃不降三清驾，仙鹤空成万古愁。”唐代曹松《题鹤鸣泉》云：“仙鹤曾鸣处，泉兼半井苔。”宋代刘过《游北野》云：“仙鹤舞随人击筑，神鸦飞傍客归船。”宋代刘性初《醉蓬莱·喜首夏清和》云：“仙鹤蹁跹，来致千秋贺。”宋代胡份《游雁门山》云：“仙鹤迎人至，山花拂酒来。”

宋代曹勋《游仙》云："遗英残萼坠无数，仙鹤饮啄时鸣飞。"宋代章采《别鄂倅赵有孚》云："騕褭神驹行地急，迢遥仙鹤去天长。"宋代释善珍《古松》云："武夷洞中老松树，上有千年仙鹤巢。"宋代谷倪子《栖霞寺》云："不将仙鹤伴，还用白牛车。"宋代钱闻诗《鹤鸣峰》云："洞府幽深无鸟雀，只闻仙鹤唳松风。"元代吴澄《题阁皂山》云："仙鹤翔空清似水，步虚声在朵云西。""鹤行中岸天风细，玉笙吹山月高。"明代蓝仁《和云松雪中》云："南山石上双松树，莫更动摇仙鹤巢。"明代沈周《过席心斋道士墓》云："羽人欲化枫株老，仙鹤无言石表虚。"

史前至上古时期，人类与鹤几乎无法接触。沧海桑田，随着人类社会的进步，鹤逐步被认知，但不甚准确。鹤作为自然物种而存在，战国《韩非子》中对鹤已有记载："有玄鹤二八，道南方来，集于郎门之垝。"至秦汉时期，鹤逐步被神化，其寿命随之被无限夸大。西汉刘安《淮南子・说林训》曰："鹤寿千岁，以极其游。"魏晋崔豹《古今注・鸟兽》曰："鹤千岁则变苍，又二千岁变黑，所谓玄鹤也。"《抱朴子》曰："千岁之鹤，随时而鸣，能登于木。"在古人看来，鹤的寿命可以千年计数，且随着羽毛颜色的变深而加长；同一只鹤的羽毛最初是白色的，活到一千岁时会变为苍灰色，活到三千岁时则会变成黑色。其实，鹤的羽色不同是因为鹤的种类不同或幼长不同所形成的差别而已。

战国 纹样 玄鹤

唐代 纹样 玄鹤

在鹤文化萌起之时，仙鹤意象已在艺术作品中被摹画。在战国帛画《人物御龙》和马王堆汉墓出土的辛追墓帛画中，鹤都跻身于神仙之位。《人物御龙图》于1973年出土于长沙子弹库楚墓，帛画为引领死者升天的幡引，以祈祷死者灵魂得以超脱。图中高冠博袖长袍的侧身男子作为墓主人已然死后成仙，与龙尾上伫立着的那只圆目长喙的仙鹤并驾齐驱于一条巨龙。马王堆一号汉墓为西汉长沙相轪侯利仓之妻辛追之墓，有鹤形象的T形帛画是出土的三幅帛画之一，呈现的是现实生活与神话传说的各种景象。这一幅构图考究、上下连贯的帛画作品，意图鲜明，即死后成仙。画面自上而下分为天上、人间、地下三部分，七只仙鹤作为神仙均位列于天上仙界部分，左二鹤，右三鹤，下二鹤，簇拥着人身蛇尾已成仙人腾空飞翔的女主人；各仙鹤均翘首张喙而鸣，似为迎接死者升天之意。

汉代 帛画摹本 长沙子弹库楚墓辛追墓出土

古人认为寿命最长的鹤是玄鹤。《三才图会》载："雷山有元鹤者，粹黑如漆，共寿满三百六十岁，则纯黑。""元"通"玄"，元鹤即玄鹤、灰鹤，亦名千岁鹤。灰鹤是数量较多的鹤，为国家二级保护动物，是在中国分布最广的鹤种类。相对而言，灰鹤容易见到，对其认识虽有误却备受推崇。汉代伏侯《古今注》中解释为："鹤千岁则变苍，又千岁黑，所谓玄鹤也。"玄鹤于先秦入载史籍并被吟咏。汉代刘向在《楚辞·九叹》中曾两次写到玄鹤："驾鸾凤以上游兮，从玄鹤与鷦明。孔鸟飞而送迎兮，腾群鹤于瑶光。"（《九叹·远游》）乘驾鸾凤向上飞行啊，紧紧跟随玄鹤和鷦明，孔鸟飞舞来往迎送啊，群鹤飞集在北极之星。"听玄鹤之晨鸣兮，于高冈之峨峨。"（《九叹·忧苦》）耳听神鸟玄鹤引颈晨鸣啊，看见它站立在峨峨山顶。汉代司马相如在《子虚赋》中有"双鸧下，玄鹤加"句，汉代班固在《西京赋》中有"鸟则玄鹤白鹭，黄鹄鵁鶄"句。玄鹤到魏晋南北朝时已多有吟咏。"玄鹤者，知音乐之节至。"（孙柔之《孙氏瑞应图》）"玄鹤浮清泉，绮树焕青蕤。"（陈琳《宴会诗》）"彩凤鸣朝阳，玄鹤舞清商。"（谢朓《永明乐十》）"玄鹤徒翔舞，清角自浮沉。"（江淹《清思诗》）之后历代亦多有吟咏："玄鹤传仙拜，青猿伴客吟。"（唐代李中《庐山》）"封成拜玄鹤，飞上紫微宫。"（宋代华岳《拜茶》）"乘飚控玄鹤，汎景下苍岷。"（宋代张森《仙华重午》）"册府敲茶玄鹤舞，军门草檄玉骢嘶。"（宋代方岳《别群玉同舍》）"至今有余音，玄鹤舞幽谷。"（宋代范成大《游金牛洞题石壁上》）"祥麟快掣锁，玄鹤不受弋。"（宋代洪咨夔《送崔少蓬南归》）"野狼啼雪满遥岑，玄鹤鸣风过乔林。"（元代张可久《寨儿令·道士王中山操琴》）"草青啼鸟涧边幽，玄鹤摩空来晨早。"（明代朱元璋《春日钟山行》）"清猿同啸月，玄鹤共巢松。"（明代王野《山中隐者》）"独有双玄鹤，延颈遥相望。"（明代薛蕙《效阮公咏怀》）"蓬莱有玄鹤，曾见东海枯。"（明代刘基《杂诗》）"南归有玄鹤，书此报君之。"（明代周玄《九仙山期海上人不至》）"迴鑾古道幽还静，风月也听玄鹤弄。"（明代吴承恩《西游记》）

不仅玄鹤，所有鹤类都因长寿而备受推崇，记载鹤寿千年之史籍较多，咏鹤寿千年之诗亦较多。诸如，唐代白居易《秋蝶》有"不见千年鹤，多栖百丈松"，唐代吕洞宾《七言》有"闷即驾乘千岁鹤，闲来高卧九重云"，唐代王建《闲说》有"桃花百叶不成春，鹤寿千年也未神"，唐代孟贯《赠隐者》有"百尺松当户，千年鹤在巢"，宋代范仲淹《鹤联句》有"上霄降灵气，钟此千年禽"，宋代陆游《会稽》有"故国千年鹤，征途万里蓬"，宋代邢仙老《诗赠晚学李君》有"行乘海屿千年鹤，坐折壶中四季花"，宋代汪元量《居拟苏武》有"黄鹤一远举，千年方始归"，宋代黄庭坚《次韵宋楙宗三月十四日到西池都人盛观翰林公》有"人间化鹤三千岁，海上看羊十九年"，宋代邵雍《三十年吟》有"安得千年鹤，

清代 绘画 任薰《松鹤遐龄图》

乘去游仙山”，宋代陈著《次前韵寄天宁老可举避生日于西山》有“西山山上千年鹤，认取年年一度来”，宋代释文珦《华亭县》有“归来千岁鹤，应恨故巢空”，宋代宋庠《郡楼望嵩少作》有“寄声鸾鹤侣，千载共来旋”，宋代张孝祥《浣溪沙》有“清都归路，骑鹤去，三千岁”，宋代王义山《鹤仙诗》有“金经尤有延年诀，未数庄椿寿八千”，宋代霍安人《感皇恩》有“愿祈龟鹤算，千千岁”，元代王丹桂《望蓬莱·赠家兄忠武访及》有“暇伴延龄千岁鹤，闲观不谢四时花”，清代顾炎武《赋得老鹤万里心》有“何来千岁鹤，忽下九皋音”，等等。

鹤雪白的毛羽，与老者白发颜色相近，所以鹤羽也用来象征年老。“鹤鬓”“鹤发”与白鬓、白发同义，加上“鹤发鸡皮”成语，多用来形容人老发白皮皱，感伤容颜衰老之意，抑或用来表达健康寿长之意，甚而用作祝寿之语。如描绘衰老之状，南北朝庾信《竹杖赋》曰：“子老矣，鹤发鸡皮，蓬头历齿。”唐代齐己《偈颂》曰：“渐渐鸡皮鹤发，父少而子老。”唐代陆龟蒙《自遣》曰：“争知天上无人住，亦有春愁鹤发翁。”宋代辛弃疾《新居上梁文》曰：“不特风霜之手欲龟，亦恐名利之发将鹤。”宋代杨万里《归欤赋》曰：“鹤发之垂垂兮，一嗔以劳予。”宋代陆游《赠洞微山人》曰：“鹤发无余鬒，鹑衣仍苦贫。”宋代韩淲《菩萨蛮·昌甫约赋，寄刘簿》曰：“转眼岁将穷，溪头鹤发翁。”宋代戴复古《寄朱仲是兼佥》曰：“光阴日夜催吾老，已作鸡皮鹤发翁。”明代李开先《早春即事》曰：“每抚雄心还自笑，羞将鹤发对人梳。”如赞老而弥坚之健康态，唐代杜甫《遣闷奉呈严公二十韵》曰：“白水鱼竿客，清秋鹤发翁。”唐代张志和《渔父》曰：“却把渔竿寻小径，闲梳鹤发对斜晖。”宋代苏轼《用过冬至与诸生余酒》曰：“鹤鬓惊全白，犀围尚半红。”宋代赵汝鐩《访山中友》曰：“牧童为我通姓名，一笑相迎鹤发叟。”宋代释智圆《渔父》曰：“鹤发闲梳小棹轻，芦花深处最怡情。”宋代李浙《千秋岁·四明赵制置、史开府劝乡老众宾酒》曰：“相遇处，满城鹤发群仙萃。”宋代王镃《梦中见》曰：“鹤发老人携紫竹，往来花下歌春曲。”宋代臧余庆《南歌子》曰：“松身鹤发自安强，应有老人呈瑞、动光芒。”宋代李邴《念奴娇》曰：“谁念鹤发仙翁，当年曾共赏，紫岩飞瀑。”宋代项世安《贺周子问得子》曰：“鹤发含饴天下乐，百年重庆侍高堂。”明代王隅《徐良辅耕渔轩》曰：“高堂老亲鹤两鬓，二者本自供甘旨。”明代赵滂《浮丘祠》曰：“浮丘说诗秦汉间，庞眉鹤发映朱颜。”明代徐勃《寄佘明府》曰：“谢却双凫友鹿麋，形容如鹤鬓如丝。”如祝拜高寿之人，宋代李流谦《武陵春·德茂乃翁生朝作》曰：“笑指图中鹤发翁，仙骨宛然同。”宋代释若芬《寿傅守》曰：“鹤发仙人年德尊，大贤之后更多闻。”宋代陈克《减字木兰花·子寿母》曰：“鹤发初生千万寿，乐事年年，弟劝兄酬阿母前。”宋代王炎《林临生日》曰：“君家屋渠渠，鹤发居中庭。”宋代李漳《鹧鸪天·寿友人母》曰："方瞳鹤发莹精神，天教遐算灵椿比，新见贤郎擢桂荣。"明代桑悦《咏老人灯》曰："鹤发垂肩俨寿星，儿童扶立耀门厅。"

成语"童颜鹤发"将鹤发与童颜两相对照，意为头发虽因年老而斑白，但容颜保养得好，皮肤却如同孩童一样，用于赞美年老却健康之人。宋代赵道一《历世真仙体道通鉴》云控鹤仙人"饮酒饵丹，年四百余岁，童颜鹤发。"明代罗贯中《三国演义》第15回曰："策见其人，童颜鹤发，飘然有出世之姿。"明代冯梦龙《警世通言》卷四十载记一则鹤发童颜传闻，"前汉有一人姓兰，名期，字子约，历年二百，鹤发童颜，率其家百余口，精修孝行，以善化人，与物无忤。"用以说明与人为善，其寿必长的道理。诗咏此典如：宋代翁溪园《踏莎行·寿人母八三》曰："鹤发童颜，龟龄福备。"宋代杨公远《友梅吴编校寿宫之侧筑庵曰全归有诗十咏敬次》曰："童颜鹤发身强健，长对商山万古青。"又《寿许侯》曰："童颜鹤发神仙骨，便是崆峒老广成。"宋代丘处机《沁园春·示众》曰："童颜在，镇龟龄鹤寿，罢喝黄鸡。"元代王哲《渔家傲一首》曰："德修真年七十，从鹤发童颜出。"明代无名氏《霞笺记·昼锦荣归》曰："喜双亲童颜鹤发，愿遐龄寿算千年。"

还有鹤膝一词，古代兵器名，矛的一种，鹤膝犹鹤胫，喻指邛竹手杖等拄杖，老人行走不便时以作撑持，其中蕴含长寿之意。魏晋左思《吴都赋》云："家有鹤膝，户有犀渠。"宋代刘过《方竹杖》云："锋棱四面峻，节操一生坚。荷蓧行随适，看山倚最便。"宋代王禹偁《送筇杖与刘湛然道士》云："有客遗竹杖，九节共一枝。鹤胫老更长，龙骨干且奇。"宋代马钰《战掉丑奴儿·咏筇杖》云："愿君妆点逍遥客，鹤膝同随。"宋代陆游是位活到85岁的长寿老人，其暮年多处咏到扶杖而行。其一，《建安陈希周官海南》云："取从万里鲸波路，来伴三山鹤发翁。"其二，《荀秀才送蜡梅十枝奇甚为赋此诗》曰："色疑初割蜂脾蜜，影欲平欺鹤膝枝。"其三，《有为予言乌龙高崄不可到处有僧岩居不知其年》云："岩扉云共宿，锡杖鹤同飞。"宋代刘克庄亦是80余岁寿者，所

当代 绘画 杨云清《百寿图》选自1986年出版《上海国画年画缩样》

咏鹤膝词句亦颇多。其一，《鹊桥仙·足痛》云："不消长尘短辕车，但乞取、一枝鹤膝。"其二，《次韵黄景文投赠》云："谁道樗翁未苦衰，强扶鹤膝自支持。"其三，《邛杖》云："珍重邛山鹤膝枝，十年南北惯携持。"其四，《柳梢青·贺方听蛙八十》云："输与先生，一枝鹤膝，一领羊裘。"而刘克庄《题放翁像》诗中的"却鹤膝枝身健，读蝇头书眼明"句，则是一个老者刘克庄为另一个老者陆游题画像诗时对"鹤膝"一词的巧用，加上化用了陆游《书感》中"岂知鹤发残年叟，犹读蝇头细字书"句，十分形象。真可谓扶杖老者之惺惺相惜，呈现互赏健康之状。

怎样使得所驯养之鹤长生不死陪伴健康长寿之人呢？人们早已开始研究探寻。《拾遗记》载："周昭王时，涂修国献青凤、丹鹤，各一雄一雌。以潭皋之粟饲之，以溶溪之水饮之。"周昭王是西周第四代国君，说明3000多年前中国人已经开始试着驯养鹤，即使从卫懿公开始算起，中国养鹤驯鹤的历史也已近2700年。古人在驯养鹤的过程中，侧重于对鹤的形态、行为方面的生物学特性的研究，总结出相鹤术，记载相鹤之经验。最早的《相鹤经》据传是仙人浮丘公所撰并秘藏，"其经一通，乃浮丘伯授王子晋之书也。崔文子学道于子晋，得其文，藏嵩山石室中。淮南八公采药得之，遂传于世。"（明代周履靖辑）相传浮丘公是东周周灵王时人，《相鹤经》是其所著一部关于养鹤之专著，但无人得见，却得到后世的普遍认可与追寻。王安石对世传《淮南八公相鹤经》进行了整理修改，其中有文曰："鹤，阳鸟也。因金气，依火精。火数七，金数九。故十六年小变，六十年大变，千六百年，形定而色白。"这使得相鹤经文本得以规范，并广泛流传使用。明代冯梦龙长篇小说《东周列国志》载用了王安石所修《相鹤经》全文，明代王象晋《群芳谱》、陈淏子《花镜》等书籍所言相鹤语多引用于王所修文，明代周履靖依王文所辑《相鹤经》并附《相鹤诀》，提出了"鹤不难相，人必清于鹤而后可以相鹤矣"之精辟论断。

诗咏浮丘公与《相鹤经》及咏相鹤者颇多，如南北朝陶弘景《瘗鹤铭》曰："相此胎禽，浮丘之真。"南北朝沈约《夕行闻夜鹤》曰："所望浮丘子，旦夕来见寻。"唐代刘禹锡《送僧仲剬东游兼寄呈灵澈上人》曰："讲罢同寻相鹤经，闲来共蜡登山屐。"唐代杨衡《题玄和师仙药室》云："入松汲寒水，对鹤问仙经。"唐代张籍《和左司元郎中秋居》曰："更撰居山记，唯寻相鹤经。"唐代朱长文《华亭吴江道中偶作十绝》曰："人间出鹤只云间，相合仙经得亦难。"唐代韩偓《失鹤》曰："正怜标格出华亭，况是昂藏入相经。"唐代卢照邻《羁卧山中》曰："倘遇浮丘鹤，飘摇凌太清。"唐代陆龟蒙《鹤屏》曰："空资明远思，不待浮丘相。"宋代惠崇《句》曰："野人传相鹤，山叟学弹琴。"宋代许月卿《次允杰》曰："相鹤先经古罕俦，一诗檃栝尔才优。"宋代王奕《四绝呈周月湖》

曰："柳桥梅驿多来使，只寄山中养鹤经。"宋代徐照《答徐玑》曰："欲知生事全无长，买纸闲传相鹤经。"宋代刘筠《鹤》曰："仙经若未标奇相，琴操何因寄恨声。"宋代于石《杂兴》曰："客来问我谋生计，一卷家传相鹤经。"元代倪瓒《辛亥春写松亭图并诗赠德嘉高士》曰："欲结松亭看云气，更招鸣鹤友浮丘。"元代王冕《九里山中》曰："老年恰喜精神爽，合得仙人相鹤经。"元代李祁《和咏鹤》曰："老去曾看相鹤经，暂从华馆试伶俜。"明代严嵩《东堂新成》曰："种竹旋添驯鹤径，买山聊起读书堂。"明代赵滂《浮丘祠》曰："浮丘说诗秦汉间，庞眉鹤发映朱颜。"明代雪浪法师《答王百谷虎丘送别》曰："欲就浮丘听，难禁别鹤弹。"清代邓显鹤《少穆先生命题太公饲鹤图》曰："道逢浮丘公，相与一笑知。"

2. 长寿仙人

对鹤的神化程度与古代的社会意识形态相联系，早在中国道教兴起之前，神仙信仰便已产生，后伴随着道教的影响而提升，更多的长寿仙人被想象出来。在生产力水平低、防疫能力低、人类寿命低的古代，长寿、长生更被凡人所渴望，那些鹤发童颜之耄耋老者，那些羽化飞升、长生不死、能在天上人间自在穿行之仙人自然要被顶礼膜拜。《列仙传》与东晋干宝《搜神记》等道教著作中所推介仙人多具有长生不老之术，对后世影响甚大。在中国古代文学中，长生不老是一大创作题材，战国屈原《离骚》《远游》《九歌》等篇已有诸多关于长生神话的描述。庄子在《逍遥游》《齐物论》等篇中亦塑造了西王母、彭祖、南极寿星等仙人。而鹤总是与仙人在一起，或聚集，或陪伴，或导引，以示长生喜庆之意，扮演着不可或缺的角色。如在西王母蟠桃会、瑶池仙会等盛大庆典中，总会看到仙鹤之翩跹身影；在南极仙翁下凡、八仙过海、麻姑献寿等场景里，总会有仙鹤之伴随。之后，各种文学艺术形式表达庆寿等喜庆场面也必会有鹤之形象出入其中。

传世 年画《西池王母》 苏州桃花坞

西王母，早在许多富于神话传说的先秦重

宋代 刺绣 《瑶台跨鹤图》辽宁省博物馆收藏

要古籍中即已出现。约成书于战国的《穆天子传》是西晋时期发现的汲冢竹书的一种，其中载有周穆王姬满驾八骏西巡天下，行程三万五千里，与西王母在瑶池相会事。魏晋人著《汉武内传》载有汉武帝与西王母相见事，“复半食顷，王母至也。县投殿前，有似鸟集。或驾龙虎，或乘狮子，或御白虎，或骑白麟，或控白鹤。”至汉代兴起的道教中，西王母被奉为中国道家最高女神，其所居瑶池、瑶台因而成为令人神往的神仙居所。当今在西北，关于瑶池遗址之争较为激烈，而倾向于新疆天池的较多，现池畔山腰之上还有始建于清朝、近年修建的专门供奉西王母的瑶池宫。《云笈七签》转《墉城集仙录叙》曰：“女仙以金母（指西王母）为尊。”唐代曹唐《小游仙诗》曰：“净扫蓬莱山下路，略邀王母话长生。”对瑶池与鹤历代诗词多有吟咏，如，唐代李白《寄远》曰：“瑶台有黄鹤，为报青楼人。”又《寄远》曰：“满纸情何极，瑶台有黄鹤。”《游敬亭寄崔侍御》曰：“夫子虽蹭蹬，瑶台雪中鹤。”唐代吕洞宾《赠刘方处士》曰：“鸾车鹤驾逐云飞，迢迢瑶池应易到。”唐代李群玉《辱绵州于中丞书信》曰：“风标想见瑶台鹤，诗韵如闻渌水琴。”宋代李公昂《念奴娇》曰：“瑶池高会，见云香凤背，风柔鹤膝。”宋代赵佶《白鹤词》曰：“金火纯精见羽仪，长随王母宴瑶池。”宋代李漳《满江红·周监务生日，妻善鼓琴》曰：“三叠瑶池仙侣宴，九江鹤唳清江曲。”宋代袁绹《传言玉女》曰：“宴罢瑶池，御风跨皓鹤。”元代唐肃《王三农画梅》曰：“无数瑶台鹤，凌风欲下来。”元代乔梦符《水仙子》曰：“瑶台鹤去人曾见，炼白云丹灶边。”

号称中华最长寿老人的彭祖，《史记》有载，《列仙传》亦有载：“彭祖者，殷大夫，姓篯名铿，帝颛顼之孙、陆终氏之中子，历夏至殷末，八百余岁。”史上确有其人，但年岁被夸大。孔子《论语》中的“述而不作，信而好古，窃比于我老彭”之“老彭”即指彭祖。寿长数千年的鹤多与彭祖一起用来作为祝颂之形象。宋代方回《乙巳三月十五日监察御史王东溪节宿戒方回万》曰：“老鹤远过彭祖寿，巨杉何啻盛唐栽。”宋代洪咨夔《祝英台近》曰：“脸长红，眉半白，老鹤饱风露。……福推不去，稳做个、荣华彭祖。”宋代臧馀庆《感皇恩》曰：“诮如千岁鹤，巢云际。……昔时彭祖，寿年八百余岁。”寿星，是古代神话中的长寿之神，为道教中的神仙，秦始皇统一天下后，曾在长安附近杜县建寿星祠，唐代司马贞《史记索引》载：“寿星，南极老人星也，见则天下理安，故言之也。”寿星被塑造为一个白须、额部隆起的持杖老翁，正如仙鹤隆起的红顶，寿命亦如鹤寿“不知其纪也”。宋代张耒《慎思兄别墅在长沙白鹤山》有“千年骑鹤老仙翁，固是山川秀气钟”诗句，明朝吴承恩《西游记》有寿星“手捧灵芝”情节，明代许仲琳《封神演义》设计了寿星命白鹤童子化为仙鹤衔申公豹人头的情节。骑鹤遨游是寿星的经典形象，在古建筑中，骑鹤仙人琉璃瓦摆件都会被放置于屋脊的最前面，其后依次为龙、凤、狮子等脊兽。

清代 刺绣《南极仙翁》局部

女性寿星是麻姑，又名寿仙娘娘，中国民间信仰的女仙，亦为道教人物。据葛洪《神仙传》载，麻姑由普通凡人得道成仙，曾三次见过沧海变桑田，虽时过境迁但其年轻貌美容颜始终未改，在飞升成仙之后成为西王母的侍臣，是十洲三岛中女真之首。麻姑等女仙备受世人推崇，文学艺术作品中对其均有表现。唐代曹唐在组诗《小游仙诗》中有两首写到麻姑：“海上桃花千树

清代 绘画 冷枚《麻姑献寿图》

开，麻姑一去不知来。”“青童传语便须回，报道麻姑玉蕊开。”唐代陈沆《嘲庐山道士》云：“龙腰鹤背无多力，传与麻姑借大鹏。”宋代留元崇《卓锡泉》云：“明当约麻姑，石桥骑白鹤。”宋代陈陀《咏麻姑山》云：“鹤从仙仗归丹穴，药种灵苗满旧洲。”宋代上清真人《游麻姑》云：“白鹤有情来碧落，彩鸾无意下清都。”宋代郭印《中秋佳月》云：“安得仙娥一招手，驱鸾驾鹤上琼楼。”宋代高照《金精山》云：“跨鹤仙姬去不来，白云一片封丹井。”元代凌云翰《苏武慢》云：“见说麻姑，高骑鹤背，载酒过门相谒。”明代顾晋《芝云堂得生字》云：“仙人同跨鹤，玉女对吹笙。”在民间年画中，“麻姑献寿”是历久不衰的主题，图画中年轻貌美的麻姑手捧蟠桃，总是有鹤伴随其左右。

3. 长寿典故

宗教的青睐，神仙长生故事的频现，文人的大力歌咏，使鹤之寿仙形象愈加丰满生动起来。古籍中渲染长生不老之道的神话传说均极言鹤寿之长，浪漫而夸张。一则“鹤语尧年”体现的正是仙鹤之永生不死。南北朝刘敬叔《异苑》载：“晋太康二年冬，大寒，南洲人见二白鹤语于桥下曰：‘今兹寒，不减尧崩年也。’于是飞去。”晋代一个非常寒冷的冬日，南洲地方有人听到桥下有两只白鹤在说话，其中一个说，今年的冷劲儿不比尧去世那年差。上古时代的公元前2000多年尧统治时期的鹤，至公元200多年的晋代仍活着，该是数千年的寿命。后以此典咏鹤命不死而生命历时久远。北周庾信《小园赋》云：“龟言此地之寒，鹤讶今年之雪。”唐代杜牧《雪晴访赵嘏街西所居三韵》云：“少陵鲸海动，翰苑鹤天寒。”唐代崔湜《幸白鹿观应制》云：“鸾歌无岁月，鹤语记春秋。”唐代曹唐《小游仙》云：“辽东归客闲相过，因话尧年雪更深。”唐代刘商《归山留别子侄》云：“鹤鸣华表应传语，雁度霜天懒寄书。”唐代曹邺《寄嵩阳道人》云：“华表千年孤鹤语，人间一梦晚蝉鸣。”宋代文天祥《隆兴府》云：“谁怜龟鹤千年语，空负鹏鹍万里心。”宋代晏殊《句》云：“二龙骖夏服，双鹤记尧年。”元代谢应芳《暮春陪周明府过顾将军祠下立碑》云：“柱头老鹤作人语，道旁驯雉随车驻。”清代钱谦益《方生行》云：“鸲歌鲁国谁来往，鹤语尧年自苦辛。”又《病榻消寒杂咏》云：“留却中州青简恨，尧年鹤语正悲凉。”清代郑文焯《杨柳枝·赋小城梅枝》云：“万枝寒玉照溪桥，鹤语今年雪未销。”清代赵沄《喜弘人闻夏南还并忆汉槎》云：“轮台诏下龙髯回，华表归来鹤语寒。”清代李呈祥《癸丑仲春病中吟》云：“老去辽城寻旧梦，鹤如传语雁如还。”后典义延伸多以鹤语吟咏景物，有声有色，生动传神。唐代姚合《寄孙路秀才》云：“潮去蝉声出，天晴鹤语多。”唐代李端《游终南山因寄苏奉礼士尊师苗员外》云：“鸡声传洞远，鹤语报家迟。”唐代储嗣宗《赠隐者》云：“鹤语松上月，花明云里春。”宋代赵湘

《萧山李宰君北亭即事》云：“敲花雨过琴弦润，吹竹风来鹤语高。”宋代赵汝回《薛景石反庐》云：“鹤语柴门表，身闲笔砚劳。”宋代赵湘《萧山李宰君北亭即事》云：“敲花雨过琴弦润，吹竹风来鹤语高。”宋代陈允平《渡江云·寿蔡泉使》云：“正长眉仙客，来向人间，听鹤语溪泉。”明代刘三吾《登城感事》云：“华表愁闻鹤语声，女墙自照月华明。”明代王英《挹秀轩》云：“鹤语林间听，樵歌谷口闻。”明代易恒《中秋对月》云：“鹤语不知人是否，乌啼数问夜如何。”

传世 纹图 寿星

另一则“海屋添筹”传说亦旨在宣扬仙鹤之长生不老。典源出自宋代苏轼《东坡志林》所载：“尝有三老人相遇，或问之年。一人曰：‘吾年不可记，但忆少年时，与盘古有旧。’一人曰：‘海水变桑田时，吾辄下一筹，尔来吾筹已满十间屋。’”筹，筹码；海屋，传说中堆存记录沧桑变化筹码的房间。古时三位老者相聚互问年龄，其中一位说，每到沧海变桑田时，我便留下一支筹码备忘，如今筹码已堆满十间屋。你们说，我有多大年纪？大海变成桑田，桑田变回大海，每变一次需要多长时间真就无法算出。海屋添筹原意为赞颂仙鹤长寿无比，故多被用来作祝寿之词。

在明清出现的新文学形式戏剧与长篇历史小说及诗词中，海屋添筹典故被频频引用，并多与鹤并提，以示长寿之意。明代赵完璧《海屋添筹》诗以海屋添筹立题，并将多种寓意长寿典故揉进其中，将祝寿心意表露得极为充分。其诗第二首曰：“瀛海仙，来九天，手挽白鹿秋风前。童颜鹤发不知年，五云奇觏欣何缘。沧溟会见归神筹，相寻今古良有由。筹同运，人同休，天同久，地同悠。”明代王世贞《鸣凤记》曰：“樽倾倒，看海屋添筹，旭日云高。”明代李开先《林冲宝剑记》曰：“欣逢日吉时良，海屋添筹，南山祝寿无疆。”清代褚人获《隋唐演义》第17回曰：“因越公寿诞，左手是西池王母，乘青驾瑶池赴宴；右手是南极寿星，跨白鹤海屋添筹。”清代如莲居士《说唐合传》第13回曰：“西方王母坐青鸾，瑶池赴宴。南极寿星骑白鹤，海屋添筹。”现代成惕轩《通甫先生八秩大庆》曰：“国庆中兴，磻溪入梦非熊在；天贻上寿，海屋添筹有鹤来。”传世著名联语还有：“华堂春酒宴蟠桃，海屋仙筹添鹤算。”以海屋添筹纹图向老人祝寿亦颇受欢迎，一般在画面正中的祥云之上绘一圆亭，或在沧海中绘仙山楼亭，亭中置宝瓶，内已插些筹码，空中飞翔的仙鹤，口衔筹码正往宝瓶中添放。2008年北京奥运会期间，中国一位书法家特以此典入联祝前奥委会主席萨马兰奇健康长寿。台北“故宫博物院”仿馆藏精品宋代缂丝《海屋添筹》制作了一件万用卡纪念品，作品幅面虽小，但刻工及设色极为精彩，天真而富有情趣。

当代 纪念卡 仿宋代缂丝海屋添筹纹 台北“故宫博物院”制

第三节 跨鹤、化鹤之仙

1. 飞升

传世 壁画 飞鹤纹（局部）杭州葛岭抱朴道院

除了长生不死，道教强调神仙的另一个重要特征为自由飞升。而鹤拥有高翔远飞的能力，是飞升的典型物象；鹤能使仙人乘之飞升，使凡人化之飞升。因此，在涉及飞升之典籍与诗词中，鹤常被列为主要形象。至魏晋南北朝时期，思想领域盛行玄学，人多崇尚老庄，追求长生不死，通过修炼得道成仙成为时尚。咏神仙的诗也随之多起来，郭璞的《游仙》诗、阮籍的神游诗都写到鹤仙。推介神仙的专著亦纷纷出现，其中葛洪所著《抱朴子内篇》《神仙传》最为著名。葛洪字稚川，自号抱朴子，著名道教理论家、医药学家，是对道教发展产生深远影响的人物。其一生著述颇丰，代表作《抱朴子》多论述神仙方药、养生延年之事，晚年在杭州西湖北岸葛岭之上结庐炼丹，晋代为纪念他在此始建抱朴道院，至今保存完好，为世界道教主流全真道之圣地。宋代康与之《鹤舒台》诗中曾缅怀葛洪，“试问葛仙仙去后，至今遗迹事如何。”清代钱谦益在《西湖杂感》诗中曾描绘葛岭景致，“孤山鹤云花如雪，葛岭鹃啼月似霜。”

在道教传说中，修道者登仙飞升主要有三种方式：一为乘神物飞升，二为化物飞升，三为白日飞升。明代徐应秋《玉芝堂谈荟》中对飞升列举多例，邛州白鹤山，汉胡安曾学于此，后乘白鹤仙去。祁阳县白鹤岭，屈处静炼丹于此，乘白鹤上升。陶隐居弟子桓法闿（桓闿）事隐居于华阳馆，修悬解之道，一日二青童一白鹤自空而下，驾白鹤而升。蓝采和踏歌于壕梁间，酒楼上有云鹤笙箫声，忽然轻举。前三例为乘鹤飞升，而后一例八仙之一蓝采和是自举而白日飞升。《云笈七签》亦载有唐代诗人张志和白日飞升之举：写出《渔歌子·西塞山前白鹭飞》绝妙好词的张志和与陆羽、颜真卿是好友，常在一起诗词唱和。趁酒酣之际，他把席子铺到水面上，如撑着的船。突然一只鹤飞来，在其头上方盘旋。张志和向颜等挥手告别，飞逝而去。张志和16岁明经及第为官，后有感于宦海风波和人生无常，在母与妻相继故去后，弃官弃家，浪迹江湖，渔樵为乐，虔诚向道，最终化为神仙。

明代 绘画 王世贞《列仙全传·桓法闿》

明代 绘画 王世贞《列仙全传·张志和》

神仙乘鹤飞升往来是难得一见的大景观，史上多以异闻记载。《拾遗记》载："老聃在周之末，居反景，日室之山，与世人绝迹。唯有黄发老叟五人，或乘鸿鹤，或衣羽毛……与聃共谈天地之数。"老子与乘鹤而来的五个老者谈天说地。又载："昆仑山有昆陵之地，群仙常驾龙乘鹤，游戏其间。"唐代苏鹗《杜阳杂编》载："俗尚神仙术，一岁之内，乘云控鹤者，往往有之。"宋代周密撰《癸辛杂识》载："杨缵继翁大卿倅湖，日七夕夜，其侍姬田氏及使令数人露坐至夜半，忽有一鹤西来，继而有鹤千百从之，皆有仙人坐其背，如画图所绘者，彩霞绚灿，数刻乃没。"

羡慕神仙，还表现在世人对飞升之鹤的赞慕。身处天上仙界的鹤自飞而下，或仙人乘驾而下，都被大量歌之颂之。咏鹤自天空而下的诗句如，唐代杜甫《八哀诗·故右仆射相国张九龄公》曰："仙鹤下人间，独立霜毛整。"唐代皎然《奉酬袁使君高寺院新亭对雨》曰："浮烟披夕景，高鹤下秋空。"唐代姚鹄《送贺知章入道》曰："太液始同黄鹤下，仙乡已驾白云归。"宋代陆游《记梦》曰："下临万里空，渺渺一鹤飞。"宋代林景英《废观》曰："片霞飞绝顶，一鹤下青冥。"宋代洪迈《导引》曰："仙鹤下，梦云归。"宋代史蒙卿《即事》曰："宫花攒晓日，仙鹤下云端。"宋代家铉翁《念奴娇·中秋纪梦》曰："翩然鹤下，时传云外消息。"宋代范成大《鹧鸪天》曰："绣户当年瑞气充，紫阳驾鹤下天风。"元代王逢《曹云西山水》曰："高秋下孤鹤，想见英风神。"元代张养浩《登泰山》曰："笑拍洪崖咏新作，满空笙鹤下高寒。"明代沈右《来鹤诗赠周元初》曰："缄诚上达魏元君，俄顷神霄下鹤群。"明代王格《闻黄鹤楼再建》曰："应有千年鹤，盘云下绿岑。"明代施耐庵《水浒传》第71回曰："青龙隐隐来黄道，白鹤翩翩下紫宸。"咏仙人驾鹤而游的诗句如，唐代朱庆馀《题仙游寺》曰："长松瀑布饶奇状，曾有仙人驻鹤看。"宋代张大直《题含虚南洞》曰："遥想钓鱼台上客，飘然驾鹤白云乡。"宋代张孝祥《水调歌头·为时传之寿》曰："仙翁驾鹤，羽节缥缈下天端。"宋代汪炎昶《江伯几新覆雪矼草堂》曰："鹤背仙人应错愕，世间亦自有蓬瀛。"宋代陈岩《白鹤庙》曰："空明一碧秋如洗，若有神仙引鹤来。"宋代刘克庄《贺新郎》曰："萼绿华轻罗袜小，飞下祥云仙鹤。"宋代程垓《朝中措·咏三十九数》曰："真游六六洞中仙，骑鹤下三天。"元代王冕《红梅》曰："仙子云中驾鹤归，翩翩雾佩晓风吹。"明代朱元璋《仙人》曰："仙人鹤背几经秋，神出尘寰宇宙游。"明代邓原岳《黄鹤楼》曰："形势分明控楚都，天中鹤驭远相呼。"明代龚三益《登黄鹤楼》曰："酾酒还招跨鹤人，冉冉乘云下霄汉。"明代刘纲《鹤林诗》曰："丹光穿壁如红日，应有仙人骑鹤来。"清代石嵋森《黄鹤楼》曰："谁招黄鹤乘云下，指点当年旧酒楼。"清代顾莼《少穆方伯昔自杭嘉湖道》曰："月明珠树下，驾鹤几归来。"甚而有诗人希冀如仙人般自身驾鹤而翔如，唐代白居易《酬赠李炼师见招》曰："曾犯龙鳞容不死，欲骑鹤背觅长生。"宋代许安仁《望少室》曰："安得云间骑白鹤，下看三十六峰青。"宋代蔡襄《诗一首》曰："欲访群仙跨鹤游，宁乘五马专城去。"宋代陈造《大雪复用前韵呈王尚书》曰："安得鹤背游，一览了九宇。"宋代吴潜《唐多令》曰："安得仙师呼鹤驾，将我去、广寒游。"宋代张继先《金丹诗》云："只此便乘云鹤驾，笑人笑我学长生。"宋代韩元吉《次韵黄文刚秀才》曰："待学仙人乘鹤驾，未容寒士泣牛衣。"元代刘时中《山坡羊·与邸明谷孤山游饮》曰："意悠扬，气轩昂，天风鹤背三千丈。"元代吴西逸《双调·殿前欢》曰："玉箫鹤背青松道，乐笑游遨。"明代霍与瑕《元夜立春》云："分付仙郎催鹤驾，凌空今夜到扬州。"明代常伦《玉清宫戏题》曰："玉函金简数行书，鹤背飘飘上碧虚。"

宋代 缂丝《群仙拱寿图》辽宁省博物馆收藏

亲眼望到飞翔之鹤是世人之大渴盼，对望到之喜与望不到之悲诗人多有吟咏。唐代姚鹄《送李潜归绵州觐省》曰："此地千人望，寥天一鹤归。"唐代司空图《李居士》曰："万里无云惟一鹤，乡中同看却升天。"唐代卢纶《早春游樊川》曰："晴明人望鹤，旷野鹿随僧。"唐代皎然《答道素上人别》曰："黄鹤有逸翮，翘首白云倾。"唐代韦应物《骊山行》曰："万井九衢皆仰望，彩云白鹤方徘徊。"唐代韦庄《喜迁莺》曰："家家楼上簇神仙，争看鹤冲天。"唐代周朴《桐柏观》曰："人在下方冲月上，鹤从高处破烟飞。"唐代周泌《临江仙》曰："五云双鹤去无踪，几回魂断，凝望向长空。"宋代苏辙《次韵子瞻送范景仁游嵩洛》曰："鹤老身仍健，鸿飞世共看。"宋代方回《题观妙轩》曰："一洗丹玄童子眼，待看鸾鹤下晴空。"宋代唐仲友《元应善利真人祠》曰："上有白鹤驾，聊与时人期。"宋代阳枋《巫山十二峰》曰："苍茫草木晴云外，有似乘鸾跨鹤踪。"宋代家铉翁《伯成尝受学》曰："万人拭目看孤飞，凫鹭纷纷那能随。"宋代苏籀《次韵孙邦求少监游刘园》曰："席帽扬鞭来看鹤，绮疏褰幌政闻莺。"宋代刘诜《和龙麟洲题黄次翁黄鹤楼图》曰："大江千载狂澜，谁倚楼头呼鹤?"宋代曹勋《山居杂诗》云："鹤举忽冲霄，大罗得遐观。"宋代白玉蟾《凝翠》曰："凭栏拍掌呼，天外鹤来一。"元代方夔《鹤》曰："仰望邈不及，千载留余悲。"元代李祁《和咏鹤》曰："神仙旧侣知何在，遥望蓬莱一点青。"明代徐渭《小集滴水厓朝阳观》："不信夜来高顶望，定应笙鹤下飞仙。"明代姚道衍《秋日重游穹窿山海云精舍》曰："曾看云际鹤，向暮独飞还。"清代弘历《云鹤》曰："仰首望云鹤，何从较穷通。"清代程怀颢《黄鹤楼》曰："黄鹤自高翥，往来人依楼。"

当代 剪纸 仙女跨鹤

2. **跨鹤仙人**

以鹤寓意长生的传说甚多，最早一则关于仙人乘鹤的典故为王乔跨鹤。王乔，人称王子乔或王子晋，乃周灵王之子，因爱民护国犯颜上谏而被废掉太子身份，贬至晋地。至晋后为百姓做了许多好事，因而在其英年早逝后，便被以神话形式塑造成一个驾鹤成仙之人，后为道教所崇奉。典出《列仙传》所载：“王子乔者，周灵王太子晋也。好吹笙，作凤鸣。游伊洛之间，道人浮丘公接以上嵩高山。三十余年后，求之于山上，见桓良曰：‘告我家：七月七日待我于缑氏山头。’至时，果乘白鹤驻山头，望之不得到，举手谢时人，数日而去。”南北朝郦道元《水经注》载：“《开山图》谓之缑氏山也，亦云仙者升焉。言王子晋控鹄（鹄近刻作鹤）斯阜，灵王望而不得近，举手谢而去。”凡人倘不能轻易化鹤飞升，而能像王子乔一样乘骑白鹤自由飞翔，且与仙人浮丘公对接，岂不幸甚至哉！王乔遂成了鹤的化身，刘向在《楚辞〈九叹〉》中对其有多处倾诉，表达他的追慕之情。其一曰：“轩辕不可攀援兮，吾将从王乔而娱戏。”虽然轩辕我追随不着，但我可以跟王乔一起娱乐嬉戏。其二曰：“譬若王乔之乘云兮，载赤霄而凌太清。”我要像仙人王乔乘云驾雾啊，驾起红云飞行遨游太空。其三曰：“驱子乔之奔走兮，申徒狄之赴渊。”我要跟着子乔奔走前后啊，又想学申徒狄投渊洁身自好。刘向的描绘突出了王子乔的仙人之气，而《搜神记》所载仙人崔文子学道于王子乔事愈加突显了王子乔的神异：“崔文子者，泰山人也。学仙于王子乔。子乔化为白蜺，而持药于文子。文子惊怪，引戈击蜺，中之，因堕其药。俯而视之，王子乔之尸也。置之室中，覆以敝筐。须臾，化为大鸟。开而视之，翻然飞去。”

明代 绘画 王世贞《列仙全传·王子乔》

王乔以骑鹤仙人形象入史籍最早，对后世影响深远。魏晋孙绰《游天台山赋》曰：“王乔控鹤以冲天，应真飞锡以蹑虚。”唐代李白好神仙，对王乔推崇备至，甚而梦到与王乔相见交好。“吾爱王子晋，得道伊洛滨。”（《感遇》）“幸遇王子晋，结交青云端。”（《古风》）“绿云紫气向函关，访道应寻缑氏山。”（《凤吹笙曲》）以至于宋代杨万里将李白与王乔并提，“前身王子乔，今代李太白。”（《寄题袁机仲侍郎殿撰建溪北山四景·抗云亭》）历代诗人都乐用王子乔典，追慕其吹笙控鹤停驻缑山遨游云天之神仙风采。有的直呼王子乔，赞其驾鹤仙姿。汉代《古诗十九首》曰：“仙人王子乔，难可与等期。”魏晋阮籍《咏怀》曰：“焉见王子乔，乘云翔邓林。”南北朝庾信《伤王司徒褒诗》曰：“昔闻王子晋，轻举逐神仙。”南北朝江淹《王太子》曰：“子乔好轻举，不待炼银丹。控鹤去窈窕，学凤对巑岏。”唐代杜甫《观李固请司马弟山水图》曰：“范蠡舟扁小，王乔鹤不群。”元代元好问《缑山置酒》曰：“人言王子乔，鹤驭此上宾。”元代马祖常《度居庸关次继学韵》曰：“得见王子乔，吾将骖鹤驾。”元代袁桷《张虚靖圜庵扁曰归鹤次韵》曰：“为爱子乔笙鹤美，月凉时许夜深听。”明代释宗泐《王子乔》曰：“王子乔，好神仙。吹笙驾白鹤，遨游上青天。”明代刘基《王子乔》曰：“深宫洞房不称意，却驾白鹤寻轩辕。”清代邓廷桢《买陂塘·癸卯闰七月》曰：“盼白鹤重来，玉笙吹破，或与子乔遇。”清代戴亨《答友人道意》曰：“金门偶驻王乔舄，笙鹤如瞻缑岭霞。”有的以笙鹤、缑山鹤典形代指王乔，赞其跨鹤云天之遨游。南北朝孔稚珪《褚先生伯玉碑》曰：“是以子晋笙歌，驭凤于天海；王乔云举，控鹤于玄都。”南北朝阮卓《赋得黄鹤一远别》曰：“王子吹笙忽相值，自觉飘飘云里驶。”唐代元稹《别李三》曰：“苍苍秦树云，去去缑山鹤。”唐代皎然《咏数探得七》曰：“鹤驾迎缑岭，星桥下蜀川。”唐代宋之问《缑山庙》曰：“王子宾仙去，飘飘笙鹤飞。”宋代童童《题王子晋》曰：“屣弃万乘追浮丘，仙成驾鹤缑山头。”宋代王炎《和许尉小洞庭韵》曰：“远唤古仙笙鹤来，月寒共醉玉东西。”宋代赵以夫《永遇乐·七夕和刘随如》曰：“又何似，吹笙仙子，跨黄鹤去。”宋代陈宗古《游大涤山》曰：“笙鹤有时下，神仙何处游。”宋代王奕《婆罗门引》曰：“缑山鹤，亦欲蹁跹。”宋代吴文英《诉衷情·七夕》曰：“西风吹鹤到人间，凉月满缑山。”宋代陈著《沁园春》曰：“缑山鹤舞，仙样翻新。”明代沈右《来鹤诗赠周元初》曰：“仙人骐骥秋风远，王子笙箫午夜闻。”清代乔琬《登缑山阁》曰：“云间半落笙声杳，天外遥归鹤影留。”清代程之鵕《黄山》曰：“仙乐疑闻缑岭鹤，钵盂欲豢鼎湖龙。”

此外，鹤驾亦用来喻指太子的车乘或太子，后引申为仙人的车驾或仙人，用以抒发对仙人鹤驾万里云天之向往。唐代狄仁杰《奉和圣制夏日游石淙山》云：“羽仗遥临鸾鹤驾，帷宫直坐凤麟洲。”宋代陆游《寄邛州宋道人》云：“语终冉冉已云霄，万里秋风吹鹤驾。”又《赠隐者》云：“鹤驾三山近，壶天万里宽。”宋代刘著《寄题张浩然松雪楼》云：“地近云烟来鹤驾，檐高星斗泻银河。”元代马廷鸾《皇太子生辰诗》云：“金轮整鹤驾，玉觞侍龙楼。”明代顾璘《次南坦同白岩公》云：“海外忽来玄鹤驾，人间重见白云篇。”明代胡俨《重过卢沟简夏尚书》云：“今日重来迎鹤驾，春风陌上接珂声。”清代包世臣《奉同太宰节使朱先生和郭景纯游仙九首》云："仙僚追游娭，云隙翔鹤驾。"清代张鸿《游仙》云："莫说神州多弱女，跨麟乘鹤自逍遥。"清代桑调元《仙枣亭》云："吏随黄鹤驾，人望白云坳。"

王子乔被奉为太原王氏始祖，亦被奉为天下王氏先祖。山西太原晋祠内的王氏宗祠，是20世纪90年代由"海外太原王氏后援会"捐资在原明代重臣王琼私家宅院"晋溪书院"故址上复建的。二进院门楣上挂有"报本思源"匾，两侧门柱上为"跨鹤升仙惟虚惟幻但思其祖考来格，穿云浮海溯本溯元所愿在华胄有归"联语。三进院迎面大殿上悬挂着"子乔祠"匾，殿内王子乔雕像神采飞扬，其身后是环着三面墙的大型壁画，描绘其怎样为民请命化鹤为仙的传说。晋中灵石县静升镇王家大院亦专门供奉有王子乔的牌位与塑像。此两处皆为海内外王氏后裔认祖归宗祭拜之地。

而"骑鹤扬州"传说，更把骑鹤成仙奉为人生至高境界。南北朝梁殷芸《小说·吴蜀人》载："有客相从，各言所志，或愿为扬州刺史，或愿多赀财，或愿骑鹤上升。其一人曰：'腰缠十万贯，骑鹤上扬州。'欲兼三者。"诗咏此典如，宋代王迈《贺洪景茂叶舍试平奏仍勉为南宫之行》云："钓鳌沧海六连上，骑鹤扬州二得兼。"宋代释道颜《颂古》云："最好腰缠十万贯，更来骑鹤下扬州。"宋代郑觉齐《扬州慢·琼花》云："我欲缠腰骑鹤，烟霄远、旧事悠悠。"宋代赵长卿《好事近》云："还更腰金骑鹤，引竹西歌吹。"元代王冕《别金陵》云："明日西风天色好，吹箫骑鹤上扬州。"元代乔吉《山坡羊·寓兴》云："鹏抟九万，腰缠十万，扬州鹤背骑来惯。" 元代张可久《次韵》云："蝇头《老子》五千言，鹤背扬州十万钱。"清代李调元《题陕州牧雷莲客放鹤小照》云："待得腰缠十万贯，与君骑鹤扬州游。"看来，诗人同样心贪，亦欲天从人愿，将腰缠万贯骑鹤上扬州三桩美事兼得，但亦有头脑清醒对此不以为然者，认为世人难以得到如此尽善尽美之享乐。宋代苏轼《于潜僧绿筠轩》云："若对此君仍大嚼，世间哪有扬州鹤。"宋代白玉蟾《满江红·听陈元举琴》云："古往今来天地里，人间哪有扬州鹤。"宋代华岳《念奴娇》云："十里松萝，一蓑烟雨，说甚扬州鹤。"元代王实甫《商调·集贤宾·退隐》云："无愿何求，笑时人鹤背扬州。"现代老舍《汕头行·赠广东湘剧院》云："莫夸骑鹤下扬州，渴慕潮汕几十秋。"

还有一些仙人乘鹤的记载。宋代赵道一纂《历世真仙体道通鉴》云："天台山元灵老君、华真仙师，遣第七仙子名属仁，乘云驾鹤游历此山，安排地仙。今人号为控鹤仙人。"明代王世贞《列仙全传》言三则乘鹤升天事：一则，南北朝道士韦节修炼有成，著述颇丰，一天有白鹤临其道坛，彩云笼罩其屋。韦说我当乘此而去，于是乘鹤升天。二则，控鹤仙人经常骑仙鹤来武夷山，校定仙人名籍，魏王等十二人还与之巧遇过。三则，唐人侯道华，举止疯狂，常登危立险。一天，他登上松树顶端，有云鹤盘旋其上，他便乘鹤而去。

仙人骑鹤也早见于绘画。山西忻州九原岗出土的南北朝大墓壁画《升天图》描绘了众多仙人升天之景象，其中女子骑鹤尤有特色。一只硕大的仙鹤浑身雪白，神情俊朗；在鹤翘卷的尾羽上，一位袖带飘扬、螺髻并立、容貌雅致的贵妇人端坐在其背上，与对面骑龙男子相若。此景描绘的应是墓主人夫妇灵魂一起升天的情形。

仙人跨鹤飞升而去的形象经千余年至今仍留有传说的是黄鹤楼。黄鹤之说，应是古人的一个误识。栖息在中国域内的9种鹤，羽毛颜色无一为黄色。可以解释为，古人见到的应是雏鹤，因雏鹤的羽毛是淡褐花色，两岁后方能换羽长出与成年鹤一样的白色体羽。关于黄鹤楼的传说有多种版本，最早出自南北朝祖冲之《述异记》，原本早佚，类似遗文可见于南北朝任昉《述异传》所载："荀瓌潜栖却粒，尝东游憩江夏黄鹤楼上，望西南有物，飘然降自霄汉，俄顷已至，乃驾鹤之宾也。鹤止户侧，仙者就席，羽衣虹裳，宾主欢对。已而辞去，跨鹤腾空，渺然烟灭。"还可见《南齐书·州郡志》所载，夏口城占据了黄鹄屿这个地方，世传有个叫子安的仙人乘黄鹤过此山。相传黄鹤楼始建于公元223年三国时期东吴建夏口古城时，之后屡兴屡毁十余次，唐宋元明清历代均有复建，现黄鹤楼为1985年重建。总高49米的黄鹤楼地理位置奇绝，雄踞于武汉蛇山之巅危崖上，临长江之滨与龟山夹江相望。今之楼体巍峨壮丽，兼有唐宋楼之雄浑古朴、元明清楼之堂皇俊秀。五层黄色琉璃瓦檐顶冲天而起，耸天峭地；60个翘角上的金色风铃随风鸣唱，楼廊轩敞。1800年来，山川与人文景观相互倚重，集仙道传说、民间智慧、文人流韵于一体的黄鹤楼文化不断丰富，其不凡的气势和景致在唐代时"亦荆吴形胜之最也"（唐代阎伯瑾《黄鹤楼记》），如今更成为长江中游无法取代的名胜古迹。

古图 唐代黄鹤楼

古图 元代黄鹤楼

从南北朝起始，历代文人墨客登黄鹤楼睹壮观景象都留下了脍炙人口的诗篇；而仅从初唐到清末1200年间的不完全统计，就有近500位诗人所作700多首咏黄鹤楼诗，但尤以唐代崔颢《黄鹤楼》影响最大，成为唐诗第一名篇而名垂千古。其诗云："昔人已乘黄鹤去，此地空余黄鹤楼，黄鹤一去不复返，白云千载空悠悠。晴川历历汉阳树，芳草萋萋鹦鹉洲。日暮乡关何处是，烟波江上使人愁。"日暮时分，慕名登临古迹黄鹤楼的诗人，怀古思今，仙人驾鹤杳无踪迹，只见白云悠悠，如同世事茫茫；看到汉阳城、鹦鹉洲的芳草绿树，不免触景生情，勾发出一怀绵绵乡愁。此诗气韵高妙，堪称绝唱。至于诗中所提黄鹤，如前所述，即使是同一只鹤，成长过程中的羽毛颜色也是完全不同的；飞去时的雏鹤是黄褐色羽毛，成年鹤飞回时已换成了白色羽毛。羽色变白了的鹤再度迁飞归来时，人哪里还能见到那只黄鹤之踪影呢？也只能是一去不复返啦！传说连唐代大诗人李白读罢崔颢诗都自愧不如，写下"眼前有景道不得，崔颢题诗在上头"的诗句。（宋代胡仔《苕溪渔隐丛话前集卷五》）但实际上他并未就此搁笔，正如宋代陆游在《入蜀记》所言"而李白奇句得于此者尤多"。可能，爱壮游山川名胜的李白多次到过黄鹤楼一带，对楼及其传说印记颇深，正如其《经乱离后天恩流夜郎忆旧游书怀赠江夏韦太守良宰》诗中所言"一忝青云客，三登黄鹤楼。"加上崔颢黄鹤楼题诗对他的影响，所以他吟咏有关黄鹤楼的诗篇有20多首，其中语涉黄鹤楼的有10多首。如，"白龙降陵阳，黄鹤呼子安。"（《登敬亭山南望怀古赠窦主簿》）"黄鹤久不来，子安在苍茫。"（《谈陵阳山水兼期同游因有此赠》）"黄鹤东南来，寄书写心曲。"（《酬岑勋见寻就元丹丘对酒相待，以诗见招》）"故人西辞黄鹤楼，烟花三月下扬州。"（《送孟浩然之广陵》）"黄鹤楼中吹玉笛，江城五月落梅花。"（《听黄鹤楼吹笛》）"雪点翠云裘，送君黄鹤楼。黄鹤振玉羽，西飞帝王州。"（《江上送友人》）"黄鹤西楼月，长江万里情。"（《送储邕之武昌》）"黄鹤不复来，清风愁奈何！"（《书情题蔡舍人雄》）"手持绿玉杖，朝别黄鹤楼。"（《庐山谣寄卢侍御虚舟》）"昔别黄鹤楼，蹉跎淮海秋。"（《赠王判官，时余归隐，居庐山屏风叠》"君至石头驿，寄书黄鹤楼。"（《答裴侍御先行至石头驿以书见招，期月满泛洞庭》）"江夏黄鹤楼，青山汉阳县。"

当代 雕塑 黄鹤楼前龟鹤 湖北省武汉市

(《江夏寄汉阳辅录事》)“黄鹤楼前月华白，此中忽见峨眉客。”(《峨眉山月歌送蜀僧晏入中京》)而李白《醉后答丁十八以诗讥予捶碎黄鹤楼》中“黄鹤高楼已捶碎，黄鹤仙人无所依。黄鹤上天诉玉帝，却放黄鹤江南归”诗句，与《江夏赠韦南陵冰》中“我且为君槌碎黄鹤楼，君亦为吾倒却鹦鹉洲”诗句影响亦颇大。以李白捶楼为典的诗句如，宋代刘过《湖学别苏召叟》曰：“醉捶黄鹤楼，一掷财百万。”宋代岳珂《黄鹤谣寄吴季谦》曰：“矶头刷羽今正黄，欲捶此楼呼酒狂。”明代何乔新《寄怀黄鹤楼》曰：“倚栏招鹤鹤不来，捶碎危楼委荒草。”明代朱诚泳《读李太白诗》曰：“有时踏翻鹦鹉洲，有时捶碎黄鹤楼。”明代解缙《采石吊李太白》曰：“平生落魄赢得虚名留，也曾椎碎黄鹤楼，也曾踢翻鹦鹉洲。”清代弘历《登凤凰楼再依李白凤凰台韵》曰：“谪仙当日事狂游，槌碎黄鹤夸风流。”

黄鹤缥缈，一去不返，动人的传说却引发出古往今来无数诗人的深情畅怀。南北朝汤惠休在《杨花曲》中以“江南相思引，多叹不成音。黄鹤西北去，衔我千里心”句，写心随黄鹤远去之无限伤悲；唐代刘禹锡在《梦黄鹤楼》中，以“不见黄鹤楼，寒沙雪相似”句，表达出对黄鹤楼魂牵梦绕的思念；唐代贾岛在《黄鹤楼》中以“青山万古长如旧，黄鹤何年去不归”句，抒发对黄鹤飞去不飞回的惆怅；唐代吕洞宾在《题黄鹤楼石照》中以“黄鹤楼前吹笛时，白苹红蓼满江湄”句，抒发心中的恬静惬意；宋代岳飞在《满江红·登黄鹤楼有感》中以“却归来、再续汉阳游，骑黄鹤”句，抒发了企望收复失地的满腔豪情；宋代赵蕃《送陈择之从留尚书辟便呈鄂州刘别驾》中以“经行访古应成赋，我所思兮黄鹤楼”句，表达对远处鄂州友人的思念；明代李梦阳《夏口夜泊别友人》中以“黄鹤楼前日欲低，汉阳城树乱乌啼”句，借楼景抒发对友人的惜别之情；明代汤式在《一枝花·黄鹤楼》套曲中以“高明临大道，迢递接通津，从去了鹤山仙人，千载无音信”句，流露出鹤去楼空音讯渺茫的伤感。

名人雅士亦多为黄鹤楼题撰联语，为壮美景色亘古幽情留下点睛之笔，仅清人联语被收入联文选集中的就有百余处。题白云黄鹤如胡林翼云：“黄鹤飞去且飞去，白云可留不可留。”李鑫云：“楼榭依然，不共白云千载去；仙灵如在，问骑黄鹤几时来。”题玉笛梅花如胡瀚泽云：“一笛清风寻鹤梦，千秋皓月问梅花。”黄昌甫云：“胜迹重新，不见云中来鹤影；江城如旧，还从笛里听梅花。”钱楷云：“我去太匆匆，骑鹤仙人还送客；兹游良眷眷，落梅时节且登楼。”题崔李才情如陈大纶云：“崔唱李酬，双绝二诗传世上；云空鹤去，一楼千载峙江边。”周斌云：“楼可停云休跨鹤，才能搁笔亦称仙。”

仙鹤形象在黄鹤楼内外之雕塑、绘画、书法等艺术造型中均有精美体现：在楼外，公园南区竖置有大型浮雕《归鹤图》，长38米余，高近5米，总面积近185

平方米，由300余块采自四川喜德县高山上的枣红色花岗岩组成，由四川省雕塑艺术院任义伯等设计、创作，运用高浮雕、浅浮雕和透雕等多种雕刻手法，雕刻出姿态各异的99只鹤，格外壮观。主楼前有一座黄鹤在上龟蛇在下的《黄鹤归来》青铜雕塑，仙禽神兽均风采俊逸，为名楼点睛。在楼内，夹层回廊中陈列有黄鹤楼题材诗词书画，令人目不暇接。而中部大厅正面墙上表现黄鹤楼神话传说的大型陶瓷壁画《白云黄鹤》则令人叹为观止。壁画高9米，宽6米，用756块高温釉下彩的陶板材料镶嵌，是年近百岁的中央美术学院教授周令钊先生亲自率领学生设计、绘画，并到宜昌彩陶厂监督烧制而成的。壁画取材于“仙人已乘黄鹤去”情节，又赋予新意：天上白云缭绕中仙人横吹竹笛，驾鹤腾升；人间草木葱郁，众人于楼前歌之舞之。面对如此仙人驾鹤与世人同乐的祥和景象，恐怕才华冠绝的崔颢也会“眼前有景道不得”了吧！而清代潘国祚《黄鹤楼》诗中“谁能画壁招黄鹤？我欲乘风问白云”的美好愿望却终于能实现了呀！

当代 壁画 周令钊《白云黄鹤》湖北省武汉市黄鹤楼

令人欣喜的，当今还有一座白鹤楼与黄鹤楼遥相呼应。白鹤楼坐落于辽宁省法库县辽河之畔、长白山山脉与阴山山脉交汇处的奚王岭上。相传，辽太宗耶律德光东征渤海国行至今法库獾子洞湿地时，曾搭弓射箭，从蛇口救下一只雏鹤。至辽景宗和圣宗前期，摄国率军征战的萧太后一次遭偷袭被火烧连营，是一只白鹤叼啄其帐顶，将其唤醒得以脱逃。于是，爱鹤、尊鹤、礼鹤的辽人愈加奉白鹤为神鸟仙禽。公元992年，萧太后命韩德让等重臣在昌平堡（今法库）选址建白鹤楼，后因连年战乱未能竣工半途而废，千年未曾重修。其实，法库自古以来就是白鹤迁徙的中间站。目前全球有3000余只白鹤，绝大部分每年冬春于繁殖地兴凯湖与越冬地鄱阳湖之间迁徙，途径法库县獾子洞湿地需暂停歇息。白鹤楼于2014年冬落成，外观四层，内七层，重檐回廊，高50余米，面积近5000平方米；

当代 建筑 白鹤楼 辽宁省沈阳市法库县 王秀杰摄影

各层设有博物馆，宣扬辽文化与白鹤文化。白鹤楼与唐代黄鹤楼建筑风格相像，雄浑精巧，古朴绚丽，呈现一派唐风辽韵，与黄鹤楼已结为姊妹楼，成为南北双璧。

楼建成后，法库县面向全国开展了白鹤楼楹联征集活动。响应者众，佳作迭出。有写白鹤楼雄伟气势的，浙江玉环县林嵩联语："山圣水灵，黄龙拱御无双地；物华天宝，白鹤飞来第一门。"广西岑溪市林小然联语："野分箕尾，地望关东，远招古渡三千鹤；势拍云烟，气凌汉宇，不愧大辽第一楼。"有赞法库建楼壮举的，江西南昌市张绍斌联语："雄风遍野，圣迹满山，尘埃难掩辽文化；福地是凭，高楼乃证，法库即为鹤故乡。"安徽马鞍山市关进文联语："览胜登楼，阅古观今，抒怀调寄辽河月；凭栏眺远，圣山灵水，筑梦情怡法库春。"有将黄白二楼相媲美的，北京海淀区刘海文联语："遥对江南，千里双楼传鹤事；永铭塞外，九州一段续辽情。"云南曲靖市丁武成联语："白越黄翱，北望南归，彩虹未现心已碎；日升月落，今来古往，青雾全销岭一新。"

3. 化鹤仙人

影响最大的化鹤成仙之人非丁令威莫属。1600多年以前，旷远苍茫的辽泽里孕育出名闻天下的辽东鹤，被晋代陶渊明收录在《搜神后记》中。其文曰："丁令威，本辽东人，学道于灵虚山。后化鹤归辽，集城门华表柱。时有少年，举弓欲射之。鹤乃飞，徘徊空中而言曰：'有鸟有鸟丁令威，去家千年今始归。城郭如故人民非，何不学仙冢垒垒。'遂高上冲天。"丁令威学道有成"化鹤成仙"千年后飞返故乡，落在辽东郡襄平城（今辽阳市）的华表柱上感慨万千。在辽阳地区民间一直流传着关于丁令威的传说，可看作是对正史的补充。言丁令威品德正直高尚，其在家乡做州官，为政廉洁，爱民如子。丁令威任职期间，有一年遭逢大旱，目睹民不聊生、十室九空的悲惨情景，他多次呈书朝廷请求赈济灾民，却不得音信。终于忍无可忍，私自下令开仓放粮，触犯了律法，丁令威被判斩刑。他被绑赴到城内东小什街口法场，监斩官问他还有什么要求。丁令威说："我生平最喜欢鹤，亲自养的两只鹤，三年前飞走一只，现在家里还有一只，在我临死之前，我要再亲手喂它一口食。"监斩官便差人把那只白鹤牵来，鹤见了主人两眼垂泪，对空长鸣。此时，一只白鹤倏然凌空而下，丁令威一看正是三年前飞走的那只。这时监斩官下令开刀问斩。只见两只鹤即刻展开了双翅交叉在一起，托着丁令威飞起。霎时，法场上狂风大作，还没等刽子手刀落，丁令威已乘着两只鹤腾空而去。丁令威由此乘白鹤到了灵虚山，潜心修道，终成正果。

燕国始于辽东名郡，因郡治在大辽水之东而得名，郡治在襄平城（今辽阳市老城）。辽东郡具有十分久远的历史，如今在辽阳、鞍山（古称安市）一带仍可寻到一些关于丁令威传说的遗迹。民国十五年编辑的《辽阳古迹遗闻》记载，原辽阳城“大东门外”还有升仙桥，“在东门外。相传丁令威学仙得道，化鹤立桥上飞去，因以得名。今仅余片石而已。”距辽阳市区30多公里的华表山亦因丁令威“化鹤”而得名。之前此山名横山，后改称华表山，沿用至今。相传，丁令威“化鹤归来”后曾居此山神洞中悟道多年，至今在山中尚留有其修道时的神洞、天泉、华表刻诗等遗迹。辽阳的广佑寺曾是东北地区最早的佛教寺院，从汉代到清末一直是东北地区的佛教中心。于2002年修复后的广佑寺山门外，立有“丁令威驾鹤升仙”大型青铜雕塑。由辽东郡所辖地跨今辽阳、鞍山、盘锦等地的辽泽即是辽东鹤原始的栖息地，丁令威“所化”之鹤就是在辽东郡之人文地理环境下应运而生的，因此，其所化之鹤被唤为辽东鹤、辽海鹤、辽川鹤、辽天鹤、辽城鹤等等。

当代 雕塑 丁令威化鹤 辽宁省辽阳市广佑寺 王秀杰摄影

丁令威“化成”的辽鹤浑身是典，典意内涵十分丰厚，有丁鹤、华表鹤等八九十种之多。关于唐代李白引用辽鹤典流传着一段逸事，见于南唐沈汾《续仙传》所载：“天宝中，李白自翰林出东游，经传舍，览诗，吟之嗟叹：‘此仙人诗也。乃请之于人，得宣平之实。白于是游及新安，涉溪登山，累访之不得，乃题其庵壁曰：我吟传舍诗，来访真人居。烟岭迷高迹，云崖隔太虚。窥庭但萧索，倚杖空踌躇。应化辽天鹤，归当千载余。’”许宣平隐居山中，有文才，李白见其诗寻访其人不遇，便题壁留诗。辽鹤作为一个经典的鹤传说为古代文人诗词创作的乐用素材；加上此传说生成既早，因而在诗词曲赋中被引用最多，表达的情感非常丰富。

其一，表达对辽鹤成仙寿长千年之羡慕之情。南北朝庾信《和宇文内使春日游山》曰：“道士封君达，仙人丁令威。”唐代王维《送张道士归山》曰：“当作辽城鹤，仙歌使尔闻。”唐代杜牧《八月十二日得替后移居霅溪馆因题长句四韵》曰：

“千载鹤归犹有恨，一年人住岂无情。”唐代许浑《经故丁补阙郊居》曰：“鹏上承尘才一日，鹤归华表已千年。”元代元好问《木兰花慢》曰：“旧家谁在，但千年、辽鹤去还归。”清代姚元之《辽阳怀古》曰：“化鹤辽州丁令威，灵波一去千年归。”当代王充闾《题〈千秋灵鹤〉》曰：“千古灵禽一大观，化了丁仙，壮了辽天。”

其二，有的表达久居异地，对故土亲友的眷恋感伤之情。唐代李白《姑孰十咏之灵墟山》曰：“不知曾化鹤，辽海归几度。”唐代温庭筠《秘书省贺监知章草题诗》曰：“出笼鸾鹤归辽海，落笔龙蛇满坏墙。”唐代李绅《灵汜桥》曰：“何须化鹤归华表，却数凋零念越乡。”宋代周邦彦《点绛唇》曰：“辽鹤归来，故乡多少伤心地。”宋代林景熙《闻家则堂大参归自北寄呈》曰：“清唳秋荒辽海鹤，古魂春冷蜀山鹃。”元代王蒙《陈维允荆溪图》曰：“辽鹤未归人世换，岁时谁祭斩蛟祠。”元代元好问《浩然师出围城赋鹤诗为送》曰：“辽海故家人几在，华亭清冷世空怜。”元代张昱《送丁道士还丰陵》曰：“丁令还家骨已仙，更无城郭有山川。”明代王问《赠山阴陈海樵》曰：“独乘辽天鹤，高揖谢时人。”明代刘基《旅兴》曰：“凄凉华表鹤，太息成悲歌。”清代归庄《寿陈翁七十》曰：“飞来丁令情多感，梦醒庄周乐未穷。”

其三，有的表达久别家乡或重归乡土，感慨人事变迁之意。唐代李白《送李青归华阳川》曰：“莫作千年别，归来城郭新。”唐代赵嘏《送王龟拾遗》曰：“还似当时姓丁鹤，羽毛成后一归来。”宋代欧阳修《采桑子》曰：“归来恰似辽东鹤，城郭人民。”宋代刘克庄《贺新郎·二鹤》曰：“古云鹤算谁能纪。叹归来，山川如故，人民非是。”宋代白玉蟾《鹤谣》曰：“鹤者冲虚之梯兮冥冥，朱霞弁兮翠锦彗，浩然归兮辽东。”宋代文天祥《金陵驿》曰：“山河风景元无异，城郭人民半已非。”元代邵亨贞《木兰花慢》曰：“化鹤归来，依然城市。”清代丘逢甲《庐山谣答刘生芷庭》曰：“恐如丁仙化鹤返，感慨城郭人民非。”清代梁启超《东归感怀》曰：“鹃拜故林魂寂寞，鹤归华表气萧森。”

其四，有的以辽鹤喻人去世以表悼念，或指鹤本身。唐代李德裕《遥伤茅山孙尊师》曰：“数日奇香在，何年白鹤归。”明代张煌言《祭定西侯张侯服文》曰：“丁鹤归来，徒有华表耳。”清代蒋士铨《一片石·祭碑》曰：“剪纸难招华表鹤，煎茶聊献野人芹。”清代金渐皋《秦淮女郎卞云装》曰：“辽海鹤归无主墓，吴江枫冷未栖鸿。”

其五，有的将丁令威与王子乔两典并用，突出了二者之神仙腾驾之象。唐代武元衡《和杨三舍人晚秋与崔二舍人张秘监苗考功……因以继和》曰：“玉笙王子驾，辽鹤令威身。”宋代吴淑《鹤赋》曰：“缑山识王乔之至，辽东见丁令之还。”

明代 绘画 王世贞《列仙全传·丁令威》

辽鹤还竖立起华表形象。中华华表树立得很早，一直为后世帝王标榜风范的象征物。战国吕不韦等撰《吕氏春秋》载“舜立诽谤之木”，实为纳谏；后在大路口也设立了诽谤木，行人过路可留言，亦有标示道路之作用；到了汉代就演变为单纯的通衢大道标志，名之华表；至辽东鹤之归落华表，已演变为故乡建筑的标志物。辽阳古城是华表意象的初现地，鹤立华表意象也成了丁令威之化身。他早与家乡城门的华表融为一体，载入史册，获得了永生。在明代文学家、史学家王世贞所撰《列仙全传》里，介绍仙人丁令威便是一幅鹤立华表柱头的画面。而鹤立华表意象的生成，应是陶渊明推出辽东鹤之后的事。鹤归华表，成为辽东鹤典故最为显著的特征，多被引用，如华表归、华表鹤、华表千年、华表语、华表柱、临华表、华表鹤归、华表留言、华表归来、辽东华表、归家华表、千年华表、鹤归华表、华表得千年等等。对鹤归华表历代诗多咏之，以表达对千年辽鹤的回归之盼。唐代杜甫《陪李七司马皂江上观造竹桥即日成往来之……简李公二首》曰：“天寒白鹤归华表，日落青龙见水中。”唐代于武陵《赠王道士》曰：“归来华表上，应笑北邙尘。”唐代赵嘏《舒州献李相公》曰：“鹤归华表山河在，气返青山雨露全。”宋代林景熙《次曹近山见寄》曰：“仙泣铜盘辞渭水，鹤归华表认辽阳。”宋代黄庭坚《次韵和台源诸篇九首之仙桥洞》曰：“若逢白鹤来华表，识取当年丁令威。”宋代吴文英《昼锦堂》曰：“舞影灯前，箫声酒外，独鹤华表重归。”又《绛都春·题蓬莱阁灯屏，履翁帅越》曰：“千秋化鹤，旧华表、认得山川犹是。元代元好问《送邦彦北行》曰：“白鹤归华表，青牛得老仙。”清代钱谦益《十月朔日抵广陵》曰：“流萤尚作芜城梦，跨鹤真同华表归。”清代纳兰性德《祭吴汉槎文》曰：“舟还巨壑，鹤归华表。”

有的甚而直赞鹤立华表柱头之上的大景观。唐代黄滔《寄杨赞图学士》曰：“华表柱头还有鹤，华歆名下别无龙。”唐代曹唐《送刘尊师祗诏阙庭》曰：“从此暂辞华表柱，便应千载是归程。”宋代汪元量《别章杭山》曰：“柱头仙是鹤，濠上子非鱼。”宋代白玉蟾《觉非居士东庵甚奇观玉蟾曾游其间醉吟篇》曰：“夜静星辰挂朱桷，万丈华表立双鹤。”现代张之汉《严冬登古白岩城》曰：“南瞻华表柱，化鹤想丁仙。”鹤立华表在绘画方面亦有表现，宋代张择端在《清明上河图》中，绘白鹤立于华表柱之上。虹桥桥头两端共有四根高耸之华表，其顶端各立有一只白鹤。熙熙攘攘、人声鼎沸中，白鹤于柱头泥雕木塑般纹丝不动，定是看着天下平安、市场繁荣已心满意足。至明清，华表柱头已不再是鹤立柱头，换成了瑞兽蹲踞其上，但华表柱身上多刻有鹤之图纹，如清代福陵、昭陵华表柱上以及南京孙中山纪念堂华表顶端均雕刻有精美的云鹤纹饰。

宋代著名爱国诗人陆游生逢南宋朝廷偏安一隅、屈辱求和年代，始终坚持北伐抗金收复中原却壮志难酬。他一生写下大量诗篇，既表达浓烈的思乡报国情怀，也抒发豪情壮志。其诗词中引用大量鹤典，而仅对辽东鹤典引用就多达40余处。其晚年诗篇在描摹田园生活情状的同时，也常常联系自已壮志未酬的悲怆心境，大力挖掘辽东鹤典所蕴含的悲剧色彩，发出深层次的人生慨叹。长寿的他，始终以辽鹤自比，不忘初心。如，《道院述怀》曰：“老翁正似辽天鹤，更觉人间岁月长。”《岁暮出游》曰：“此身自笑知何似，万里辽天一鹤飞。”《木兰花慢·夜登青城山玉华楼》曰：“青溪看鹤，尚负初心。”但他也不得不承认身体大不如昨、年老体衰的现实。《南园》曰：“城郭凄凉叹辽鹤，鬓毛萧飒点吴霜。”《独登东岩》曰：“牧羝未乳身先老，化鹤重归语更悲。”《思远游》曰：“正如垂翅鹤，怅望辽海路。”但渴盼朝廷征召之心，化作他对辽鹤归来年年岁岁不断的呼唤。《居山》曰：“辽天渺归鹤，千载付茫茫。”《感怀》曰：“辽天渺归鹤，一瞬三千龄。”《夜步》曰：“鹤归辽海逾千岁，枫落吴江又一秋。”《感事》曰：“玄都春老人何在？华表天高鹤未归。”《天王广教院在山东麓予年二十余时与老僧惠迪》曰：“出门意惘然，辽海渺孤鹤。”他愿化鹤翱翔海天，一展抱负。《幽居即事》曰：“安得万里天，翩然下孤鹤。”《午醉径睡比觉已甲夜矣》曰：“化作孤鹤去，云崦巢长松。”时不我待，贫病交加中，他仍执着于化鹤重起之意念。《衰病有感》曰：“羁宦一周星，归如化鹤丁。”《秋晚书怀》曰：“中夜饭牛初上阪，千年化鹤复还乡。”千回百转中，他终于梦到了辽鹤之回归。《夜梦遇老人于松石间若旧尝从其游者再拜叙间》曰：“辽海曾从化鹤丁，百年尘土污巾瓶。”《甲子秋八月丙辰鸡初鸣时梦刘韶美示诗八篇高》曰：“秋窗忽梦接颜色，万里老鹤归辽天。”《寓蓬莱馆》曰：“海上瓶应乳，辽东鹤已回。”但梦中回归的辽鹤看到的却是寂寞凄凉之景。《冬夜读书有感》曰：“马昔腾骧离冀北，鹤今憔悴返辽东。”《沁园春·孤鹤归飞》曰：“孤鹤归飞，再过辽天，换尽旧人。”《舟中咏落景余清晖轻桡弄溪渚之句盖孟浩然耶》曰：“独鹤还故乡，岿然但城郭，出门无与游，所至苦寂寞。”《道院杂兴》曰：“冉冉流年霜鬓外，累累荒冢绿芜中。”

失望至极的陆游深知自己德才被埋没，没人识得，难被起用，徒生无力回天之憾。“鹤怨凭谁解，鸥盟恐已寒。”（《夙兴》）“华表又千年，谁记驾云孤鹤。”（《好事近·十二之五》）“谁向市尘深处，识辽天孤鹤。”（《好事近·十二之十》）“鸥波万里每愧杜，鹤化千载知非丁。”（《秋晴见天际飞鸿有感》）“群仙鹤驾去难追，白首重来不自知。”（《恩除秘书监》）但他的雄心壮志难以泯灭，“尚有远游心未死，梦携猿鹤渡敷溪。”（《戏书燕几》）“九万里中鲲自化，一千年外鹤仍归。”（《寓驿舍》）一息尚存，仍期盼辽鹤真正归来，带他重归仕途，实现收复大业。他坚信自己尚能振翅高飞，在万里云天再展雄风。“残年邻曲幸相依，真似辽天老鹤归。”（《自咏闲适》）“万里沧波鸥乍没，千年华表鹤重归。”（《渔扉》）“云开天万里，辽鹤正孤飞。”（《秋来益觉顽健时一出游意中甚适杂赋五字》）“琳房何日金丹熟？老鹤犹堪万里风。”（《道院杂兴》）“老鹤辽天兴未穷，此生光景自匆匆。”（《病中作》）因此，当嘉泰二年（1202年）在被罢官13年后，77岁的陆游欣然应诏入京去任同修国史等职，其间仍大力声援北伐人士，但翌年便返乡。在经历朝廷最后一次北征失败打击后一病不起，去世前写下著名的《示儿》诗。最终，陆游“化鹤成仙”了，“孤鹤掠水来翩翩，似欲驾我从此仙。”（《江月歌》）“犹胜辽东丁，化鹤还故乡。”（《贫歌》）“虹断已收千嶂

明代 绘画 丁令威像

雨，鹤归正驾九天风。”（《泛舟泽中夜归》）陆游与辽东鹤融为了一体，在历史的天空翩飞千年。

得道成仙的化鹤故事很多，苏耽与丁令威化鹤事最为相似。典出魏晋葛洪所撰《神仙传》：“苏仙公，桂阳人也，汉文帝时得道仙去。”“自后有白鹤来上郡城东北楼上，人或挟弹弹之，鹤以爪攫楼板，以漆书云：‘城郭是，人民非，三百甲子一来归，吾是苏君弹何为？’”有人用弹弓射它，它用爪刻划楼板，留下一行文字。苏仙公名耽，汉郴州所辖桂阳县人，以仁孝闻，德行昭著，后受命当仙，与数十白鹤逐升云汉而去。300年后，化作白鹤回归故乡。之后，南北朝《水经注》、汉代《列仙传》、明代《徐霞客游记》对苏耽化鹤事均有记载，清代沈德潜《古诗源》还收有苏耽自己所作《苏耽歌》，即苏耽以爪所书句。此典意多指人远游或在外思归，为历代咏之。南北朝庾信《道士步虚词》曰：“凫留报关吏，鹤去画城门。”唐代王维《送方尊师归嵩山》曰：“借问迎来双白鹤，已曾衡岳送苏耽。”宋代陈与义《偶成古调十六韵上呈判府兼赠刘兴州》曰：“稽首苏耽仙，乘云去无迹。”宋代王铚《游东阳涵碧亭刘梦得所赋诗也明日过中兴寺游》曰：“疑是苏耽鹤，去家已千岁。”宋代陈造《次韵高缙》曰：“小挹苏耽鹤，同歌宁戚牛。”明代徐渭《闻有赋坏翅鹤者》曰：“旧日苏耽避弹归，一臂堕何依。”清代丘逢甲《留别亲友》曰：“千年鹤爪书何苦，一卷虬髯传未残。”另，汉代刘向《列仙传》载有苏耽“橘井泉香”治病救人故事，宋代刘过《上益公十绝为寿·玄鹤》曾引用此典：“缑山橘井与青田，驱策风云友列仙。”清代蒲松龄《聊斋志异·苏公》即脱胎于此典。还有人将苏鹤与丁鹤放到一起吟咏，更使仙意丰盈。“但恐苏耽鹤，归时或姓丁。”（宋代黄庭坚《次韵高子勉》）“楼头跨鹤来游者，可是苏耽与令威。”（明代李维桢《登黄鹤楼》）湖南郴州是苏耽故里，州人以他为荣，不仅重修了苏仙岭山顶上的苏仙观，还在郴州火车站广场竖起巨型雕塑《苏仙跨鹤》，作为古城的标志与象征。

还有一则卢耽化鹤典故，出自南北朝郦道元《水经注·泿水》所引魏晋邓德明《南康记》，“昔有卢耽仕州为治中，少栖仙术，善解云飞。每夕辄凌虚归家，晓则还州，尝于元会至朝，不及朝列，化为白鹤，至阙前回翔欲下。”州吏卢耽好仙术，善飞升，往来常飞行，一次朝会，化成白鹤飞至阙前。后用以咏出行或咏仙术变化之典。此典被引用不多，仅见唐代李白《赠卢司户》诗曰：“借问卢耽鹤，西飞几岁还？”

第四节　道佛尚鹤

道教与佛教都是中国的重要宗教，虽然一主张修当世，一主张修来世，但核心教义是趋同的，都强调以善为本，主张修善心性，积善成德。而德行完美的鹤，对道教与佛教的影响自然均很大。

1. 道教与鹤

随着道教于东汉的兴起，长寿之鹤便成为道家之图腾，法坛之标志。道教崇鹤，在道教典籍、建筑、服饰、符咒、画作、诗词中随处可见。道家崇鹤，道观多畜鹤，频现道家仙人与鹤之逸事；仿佛鹤有仙气可测道事，在一些道教道场仪式中，常可见到仙鹤翔来。唐末五代道士杜光庭《道教灵验记》载，唐人郑公畋梦游洞府，见群仙得老君“征还上清”之命，“或控鸣鹤，或驾飞龙，腾跃而去”。又载：“天皇东封，鹤集其坛，使诸州为老氏筑宫，号以白鹤。”《云笈七签》载：“玉局治在成都南门内。以汉永寿元年正月七日，太上老君乘白鹿、张天师乘白鹤来至此，坐局脚玉床，即名玉局治也。”又载：“崔公玄亮，……参玄趋道之志，未尝怠也。……于紫极宫修黄箓道场，有鹤三百六十五只，翔集坛所。紫云蓬勃，祥风虚徐，与之俱，自西北而至。其一只朱顶皎白，无复玄翮者，栖于虚皇台上，自辰及酉而去。杭州刺史白居易，闻其风而悦之，作《吴兴鹤赞》曰：‘有鸟有鸟，从西北来。丹顶火缀，白翎雪开。辽水一去，缑山不回。’”言崔公笃信道，常持诵《道德经》等道教经典，一次在修黄箓道场时，有300多只鹤自西北方飞来，聚集到坛所之上。当时的杭州刺史白居易知道此事后特作诗以赞。宋代魏泰《东轩笔录》载：“丁晋公为玉清昭应宫使，每遇醮祭，即奏有仙鹤盘舞于殿庑之上。及记真宗东封事，亦言宿奉高宫之夕，有仙鹤飞于宫上；及升中展事，而仙鹤迎舞前导者，塞望不知其数。又天书每降，必奏有仙鹤前导。”

慕长寿之世人多愿访道求仙，而咏道观道士之诗文总是鹤意飞扬。唐代温庭筠《西陵道士茶歌》曰：“疏香皓齿有余味，更觉鹤心通杳冥。”唐代李隆基《送玄同真人李抱朴谒灊山仙祠》曰：“归期千载鹤，春至一来朝。”唐代李群玉《别尹炼师》曰：“愿骑紫盖鹤，早向黄金阙。”宋代洪咨夔《八阵图》曰：“负卦龟藏尾，鸣皋鹤引吭。”又《挽元寂王道士》：“院静桃花落，林深鹤去留。”宋代方岳《山庵》曰：“山中道士归不归，一夜猿鹤老明月。”宋代黄庚《道士夜醮》曰：“月浸刚风鸾鹤过，仙都道士拜章归。”又《赠通玄观道士竹乡》曰：“月满竹乡乘鹤去，欲邀子晋学吹

近代 木雕 沈阳市太清宫 王秀杰摄影

笙。”宋代张无梦《天台桐柏观》曰：“龙居古洞遗残雨，鹤出高巢点破烟。”元代虞集《白鹤观》曰：“白鹤山人如鹤白，自抱山樽留过客。……客亦是鹤君莫笑，重来更待三千年。”明代祝允明《宫观》曰：“龟游烟沼暖，鹤立天坛净。”明代张以宁《题道士青山白云图》曰：“道人时化鹤，巢向最高松。”清代李调元《龙洞》曰：“昔者李道人，骑鹤来栖宿。”

学道成仙的典故很多，其中茅君骑鹤出现较早。《神仙传·茅君》载：“茅君者，幽州人，学道于齐，二十年道成归家。……茅君在帐中，与人言语，其出入，或发人马，或化为白鹤。”《云笈七签》亦载：“秦始皇三十一年九月庚子，茅盈于石祖濛于华山之中，乘云驾鹤，白日升天。”茅君，名盈，字叔申。得道成仙后，其弟固、衷也随他修道成仙，三人常乘白鹤往来。后以此典形容求仙学道之事，亦借以咏鹤及咏茅山仙事。唐代李德裕《遥伤茅山县孙尊师》曰：“数日奇香在，何年白鹤归。”唐代储光羲《题茅山华阳洞》曰：“玉箫遍满仙坛上，应是茅家兄弟归。”唐代储嗣宗《巢鹤》曰：“若逢茅氏传消息，贞白先生不久归。”唐代陆龟蒙《寄茅山何道士》曰：“池栖子孙鹤，堂宿弟兄仙。”宋代舒坦《咏雪》曰：“茅君失却三神鹤，王母应添五色麟。”宋代陈舜俞《送刘吏部》曰：“老臣连上皂囊封，去访三茅驾鹤翁。”元代萨都剌《送李恕可入京》曰：“借得茅山鹤，随风飞上天。”又《将游茅山先寄道士张伯雨》曰：“借骑白鹤访茅君，琪树秋声隔夜闻。”又《赠刘云江宗师》曰：“拟借茅君三白鹤，乘风骑到玉皇家。”清代钱谦益《茅山怀古》曰：“刻镂金玉钟，赍赠三茅君。……三君笑不顾，骑鹤凌白云。”此典与其他类典合吟，愈显十足仙气。唐代王维《送张道士归山》曰：“先生何处去，王屋访茅君。……当作辽城鹤，仙歌使尔闻。”唐代赵嘏《山阳卢明府以双鹤寄遗》曰：“缑山双去羽翰轻，应为仙家好弟兄。茅固枕前秋对舞，陆云溪上夜同鸣。”明代王稚登《张伯雨墓》曰：“香骨化为辽海鹤，华阳洞口侍茅君。”

明代 陶瓷 五彩云鹤纹罐

崇鹤之道界有众多咏鹤高手，其中著名的有唐代吕洞宾、宋代丘处机及明代张三丰等。他们是道人，也是诗人，其诗意境深远高迈，呈现出一派仙风道骨。吕洞宾，名岩，道号纯阳子，蒲州河中府（今山西芮城永乐镇）人，道教主流全真派祖师。华轩居士据《全真诠绎》载，吕洞宾中过进士，诗词造诣很深，《全唐诗》收录其诗200多首，《唐才子传》亦有其记。其诗多咏道观、修炼等道人世界。如，《七言》系列诗篇：“鹤为车驾酒为粮，为恋长生不死乡。”“若要自通云外鹤，直须勤炼水中金。”“便将金鼎丹砂饵，时拂霞衣驾鹤行。”“杖摇楚甸三千里，鹤翥秦烟几万重。”“闷即驾乘千岁鹤，闲来高卧九重云。”“九天云净鹤飞轻，衔简翩翩别太清。”还有一些题赠之作，可见其对友人的真情实感，但均不失道人之语。《题诗紫极宫》云：“无人知我来，朱顶鹤声急。”《赠刘方处士》云：“鸾车鹤驾逐云飞，迢迢瑶池应易到。”《赠陈处士》云：“云归入海龙千尺，云满长空鹤一声。”《哭陈先生》云：“六洞真人归紫府，千年鸾鹤老苍梧。”《答僧见》云：“如云如水，如鹤如松，七百年暑尽寒来。”

宋代对吕洞宾已有吟咏，如刘克庄《竹溪再和余亦再作》诗中有“随柱史青牛易，骑吕仙黄鹤难”句，清代蒲松龄《聊斋志异·何仙》说的是吕洞宾所骑鹤之事。八仙在民间流行甚广，在各种民间艺术中常作为祝寿题材来表现，几乎所有八仙纹图中都会有仙鹤翱翔其间，更增强了仙气氛围。明代嘉靖年间景德镇窑为宫廷帝王制造的青花《云鹤八仙葫芦瓶》为描绘八仙故事之精品。瓶体青花绘饰，色调浓艳；上部绘云鹤，腰部绘仰覆莲瓣，下部绘八仙人物。葫芦器形体现了道家的“天圆地方”之象征意，也附和了当时崇尚道教、追求长生不死的嘉靖皇帝的口味。吕洞宾得道飞升后，家乡人为他修祠纪念，后来，全真派门人奉皇帝御旨改祠建观名大纯阳万寿宫，后称永乐宫，是全国目前保存完好的道教三大祖庭之一，现存龙虎殿、无极殿、纯阳殿和重阳殿四座大殿。永乐宫是一座精美至极的木结构建筑，卯榫交接，纵横叠加，建造技术难度极大；更是一座举世闻名的艺术宝库，以大面积的元代所绘道教壁画而著称于世，从修建大殿到绘完几座殿堂的壁画，共耗时110年。壁画中有多处画鹤之作，其中甚为精美的是正殿无极殿中的翔鹤图，画家用典型的中国画技法，长长的墨条飘逸典雅，把展翅飞翔状的鹤描绘得惟妙惟肖。对永乐宫，明清诗人多有赞咏。明代张佳胤《宿永乐宫》云：“相约华表鹤，来往太行东。”清代吴雯《谒永乐宫》云：“剑气常通峡，鹤声每在天。”

明代 建筑 有鹤亭 北京市白云观 王秀杰摄影

丘处机，字通密，道号长春子，登州栖霞（今属山东省）人，道教全真道掌教。1219年，应成吉思汗之请，年逾古稀的他历时三年，行程万里，赶赴西域劝说成吉思汗止杀爱民，为南宋朝、金朝统治者以及民众所敬重。成吉思汗对其尊礼备至，命其统管天下僧道。丘处机的咏鹤诗词甚佳，如，《无俗念·性能》曰：“鹤书来召，坐升云汉游历。”又曰：“月下风前，天长地久，自在乘鸾鹤。”《瑶台月・劝酒》曰：“青松皓鹤，绵绵度岁。”他晚年奉旨督建的北京白云观是道教全真派第一丛林，留有许多鹤的遗迹，现为中国道教协会所在地。观中三清阁前的一株古树下所置石上镌刻有“驻鹤”二字，此乃“驻鹤石”。传说观建成后，有鹤飞来落在石上良久不去，众人意为吉兆，故刻石留念。观之北云集山房东侧亭子上“有鹤”匾额高悬，绿荫掩映怪石嶙峋的亭中，塑有双鹤，此即“有鹤”亭。展厅中还有制作精美、遍绣翔鹤的两件戒衣、法衣展出。

张三丰，名通，字君实，号玄玄子等，辽东懿州人。他生有异象，龟形鹤骨，大耳圆目。14岁考取秀才，18岁到燕京为官不到两年，因难忍约束，遂意绝仕途云游四方。关于张三丰之生卒说法不一，明末清初思想家黄宗羲考证张三丰于北宋末年宋徽宗时已闻名，那么到明初他应近300岁，这明显不可能。后人猜测明太祖朱元璋和成祖朱棣为借其仙气稳定人心，故宣称其还活着，并多次敕命诏求，遣使寻访。《明史》张三丰传载，累受朝廷崇慕的张三丰均避而不就，后南至武当山修炼9年，终成武当武术的开山祖师，感于蛇鹤之争，又创立了太极拳。现在其家乡今辽宁省阜新县塔营子镇建有张三丰仙居祠堂，祠堂外立有其塑像，祠堂内绘有仙鹤翱翔的《瑶池仙会》壁画，徐光荣《辽宁文学史》亦专辟章节介绍张三丰之文学成就。张三丰长寿逾百，好道善剑，勤于诗文，又广泛游历，很多地方都留有他的行踪墨迹。正如，其《归去来》云：“身骑黄鹤九千里，到此丹台半夜才。”《游戏》云：“醉跨苍龙游玉宇，闲呼白鹤到瑶京。”

张三丰与鹤很有缘分，不仅出生时有鹤光临，是鹤的故乡人，而且是崇鹤的道家。辽东鹤让辽东扬名，张三丰也因辽东鹤而名扬。辽东郡为战国时燕国始封，明时的行政区划，不论懿州辖属左屯卫，还是广宁卫，均归属辽东都司。张三丰素以辽东鹤故乡为傲，常在诗文中提及，表达对故乡的思念与留恋。《关中旅寺有怀》云：“丁公有志归华表，子晋何时返故邱？”《游戏吟》云：“龙气远生云片片，鹤声高咏冢累累。”三丰离家后一生只返回两次：一次是回懿州为父治丧，一次是从湖北回懿州扫墓祭祖。来时，以《由夔府下江陵

当代 绘画 张三丰像

作》诗表达回故乡的兴奋心情："不如自跨辽东鹤，乘兴还乡省故邱。"临走，留下《辽阳积翠村》表达惜别之情及对世俗名利的藐视，"手持长弓逐鸟飞，是谁知是老翁归？白杨墓上留诗句，城郭人民半是非。"三丰应是去过辽阳城的，还登临了城东60里外的华表山。在《登华表山》诗中，他把登山所见写得很细腻，也表达了他对出世成仙的渴望："华表山高爽气凌，令威骑鹤此飞升，……他年愿步丁公后，长啸蓬邱第一层。"

三丰还熟稔王乔鹤、扬州鹤、猿鹤虫沙、梅妻鹤子等众多鹤之典故传说，在诗文中常常信手拈来。如，用"骑鹤下扬州"典，"手握金丹抵万贯，公然跨鹤出扬州。"（《维扬口占三绝》）用"猿鹤虫沙"典，"数声猿鹤响松关，坐冷孤云意欲闲。"（《闲吟》）"吩咐修仙子，须向云中跨鹤，切莫沙土中埋。"（《注〈九皇丹经〉》）化鹤成仙典，"鸡餐变鹤青云去，犬食成龙白昼飞。"（《修炼天元》）"化鸾化鹤化云烟，又化渔樵与老仙。"（《重游剑南歌》）用"梅妻鹤子"典，"万里关山似玉堆，和靖掩庐睡，天寒鹤守孤山内。"（《四时道情》）"卓卓林逋，独有孤山。离尘绝垢，气慧神闲。探梅而去，招鹤而还。"（《林和靖逋》）真心崇拜，直呼其名，想学林逋回归山林，去做个隐士。三丰对黄鹤、白鹤、玄鹤等各种鹤都喜爱。写黄鹤，《先天鼎器》云："朝朝黄鹤藏金鼎，夜夜银蟾灌玉壶。"《衡岳》云："今日完全五岳游，身骑黄鹤驻峰头。"写白鹤，《游戏》云："醉跨苍龙游玉宇，闲呼白鹤到瑶京。"写玄鹤，《自述与汪子》云："山顶时闻玄鹤啸，石头小坐白云陪。"三丰对鹤的喜爱甚而传袭后辈，他以鸣鸾、鸣鹤为两孙命名，还描摹了一幅幅理想画面：《老隐仙图》曰："儿孙个个能调鹤，忘却尘中利与名。"《练己得药》曰："夺他阳炁归来孕，产个千年跨鹤儿。"作为道人，跨鹤成仙是至高理想，三丰咏鹤驾诗尤多。如，《新秋即事仿回翁体》曰："凭楼吹玉笛，跨鹤度瑶京。"《回轩然台》曰："候我全身骑鹤降，寄君一语待鸡鸣。"《道走河南公卿颇有闻余名者书此笑之》曰："鹤驾高飞南障月，鸦声乱噪北邙秋。"《回文诗》曰："遥驾鹤来归洞晚，静弹琴坐伴云闲。"《一求玄关》曰："原来只是灵明处，养就还丹跨鹤游。"《天亭山》曰："亭亭天亭峰，跨鹤上崖去。"

此外，还有宋代道人白玉蟾，原名葛长庚，海南道人，金丹派创始人。其才华横溢，著作甚丰，其咏鹤诗句有百余处，推崇化鹤骑鹤，成仙长生。其诗咏如，《张道士鹿堂》云："春鹤饮药院，夜猿啼石楼。"《别句呈庚契呈高士》云："来朝云过青山外，回首空闻猿鹤悲。"《题光孝观》云："偶然骑鹤去游仙，来访泉山古洞天。"《鹤谣》云："鹤兮鹤兮瑶池兮，若有控以御兮，杳不可诘兮。"《鹤林赏莲》云："众仙鸾鹤散，寂寂五云家。"《东山道院》云："人家旷绝无鸡犬，一鹤飞来点翠山。”《题玉隆宫壁》云：“笑斩白龙横蓼岸，醉骑黄鹤步云天。”《卧云庵醉后》云：“然则从龙虽有志，定知化鹤亦无心。”《孤鹤辞》云：“云泥共悲欢，生死同襟期。”

2. 佛教与鹤

除了道教，鹤对佛教的影响亦甚大，鹤常被佛教用来喻比禅者自由自在、无所障碍之长远状态。佛教于东汉末年传入中国，至魏晋南北朝时已广为传播。原始佛教经典《长阿含经》载：佛时颂曰：“佛悉无乱众，无欲无恋着，威如金翅鸟，如鹤舍空池。”古印度释迦牟尼佛《大般涅槃经》有一佛教用语曰“鹤林”，载说佛于入灭（死）时，树一时开花，林色变白，如鹤之群栖。因此，“鹤树”“鹤林”被用来指僧尼死亡之处，或指佛、僧寺及周围的树林，以表达崇佛之念。加上唐代“禅宗六祖”慧能之孕育与白鹤的渊源，这可能正是佛教爱鹤之缘起吧！题寺院、咏鹤树鹤林诗如，唐代释道宣《叙梁武帝舍事道法》曰：“示乃湛说圆常，且复潜辉鹤树。”唐代王勃《梓州玄武县福会寺碑》曰：“虽复功推八正，犹迷鹤树之谈。”唐代元稹《大云寺二十韵》曰：“鹤林萦古道，雁塔没归云。”唐代张祜《题润州鹤林寺》曰：“千年鹤在市朝变，来去旧山人不知。”宋代王称《晚至鹤林寺》曰：“竹房灯静知僧梵，松院苔深见鹤群。”宋代白玉蟾《鹤林赏莲》曰：“玉沿生翠雾，瑶林映素霞。”宋代禅师宏智正觉《从容录》中亦有十余处咏鹤之句。元代马致远《双调》曰：“伴虎溪僧、鹤林友、龙山客。”元代李齐贤《鹧鸪天·鹤林寺》曰：“云间无处寻黄鹤，雪里何人闻杜鹃。”明代刘纲《鹤林诗》曰：“丹光穿壁如红日，应有仙人骑鹤来。”清代张九镡《鹤林寺》曰：“杜鹃花老人天梦，黄鹤山空禾黍秋。”现代傅子余《长春咏》曰：“鹤林花有非时放，试问孤根剩得无。”

清代 绘画 罗聘《人物山水图·高僧领鹤行》

僧人与鹤接触的传说很多。其一，唐代薛渔思《河东记·慈恩塔院女仙》载：“唐太和二年长安城南韦曲慈恩寺塔院，月夕，忽见一美妇人，从三四青衣来，绕佛塔言笑，甚有风味。回顾侍婢曰：‘白院主，借笔砚来。’乃于北廊柱上题诗曰：‘皇子坡头好月明，忘却华筵到晓行。烟收山低翠黛横，折得荷花赠远生。’题讫，院主执烛将视之，悉变为白鹤，冲天而去。书迹至今尚存。”白鹤化美女于月夜光临寺院，绕塔欢笑，僧人赋诗以纪。其二，《太平广记》载，殷天祥者，能引来神女使鹤林寺杜鹃非时而开。诗有咏鹤林神女。宋代蔡肇《送朱行中守润》曰：“笔力自能回造化，鹤林神女漫来游。”宋代朱承祖《鹤林寺次岳侍郎韵》云：“花神千载去，僧话片时闲。”其三，宋代赞宁《宋高僧传》载：“尝清宵有九人冠帻袴褶称寄宿，尽纳诸庵内，明旦告辞，偕化为鹤，鸣唳空中而去，释本净罔知其终也。”奇异幻化，飘忽来去，愈增鹤之神秘色彩。其四，佛教经典《神僧传》里载有一个神僧令仙鹤祭悼落泪的故事。“（慧约）初卧疾时，见一老公执锡来入。……又建塔之始白鹤一双，绕坟鸣泪声甚哀惋。”感慕神僧高德，双鹤赶来祭悼，绕坟哀鸣，悲伤流泪。可见，往来交流中，鹤与僧已情感相通，哀乐与共。

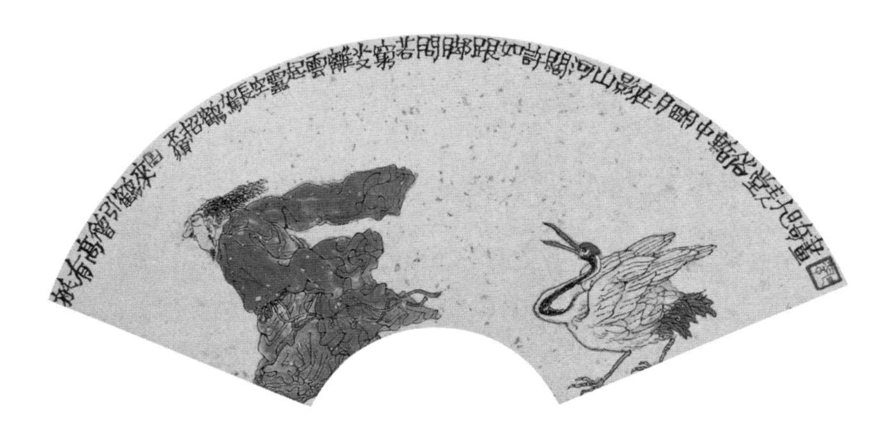

当代 绘画 高旭奇《只有高僧引鹤来》

僧人逐渐将佛教赞颂诗歌化，他们自己则成了诗僧。诗僧滥觞于东晋，由于时尚的玄学把儒道佛三教融和起来，高蹈清谈之风促进了僧人与文士的文化交流，于是，一种以诗咏禅的文学现象出现了。诗僧队伍历代延衍，成为中国诗史上一个庞大诗群。与道家相同，佛家亦爱好自然，鹤被禅者所爱，往往成为禅诗之吟咏对象；诗僧借鹤之意象来表征佛家清澄无滓的人格精神，其中亦蕴含着丰富的佛理禅趣。第一代诗僧魏晋的支遁（支公）、慧远都爱鹤咏鹤。唐代诗僧齐己与贯休、皎然、尚颜等齐名，但齐己诗作最多，其诗风古雅，格调清和，传世作品数量居四僧之首，《全唐诗》收录他800余首诗作，数量仅次于白居易、杜甫、李白、元稹而位居第五。其咏鹤诗句多将僧与鹤并写，表现静谧祥和的寺院生活。如，《湖西逸人》云：“影浸僧禅湿，声吹鹤梦寒。”《寄道林寺诸友》云：“春色湿僧巾屦腻，松花沾鹤骨毛香。”《登大林寺观观白太傅题版》云：“怪石和僧定，闲云共鹤回。”《严陵钓台》云：“鹤静寻僧去，鱼狂入海回。”《戊辰岁湘中寄郑谷郎中》云：“瘦应成鹤骨，闲想似禅心。”《湖西逸人》云：“琴前孤鹤影，石上远僧题。”他认为“非云非鹤不从容，谁敢轻量傲世踪。”（《寄华山司空侍郎》）没有鹤的默默守候，也吟诵不出好诗来，“鹤默堪分静，蝉凉解助吟。”（《临行题友生壁》）因此，要与鹤相伴到鬓毛衰斑，“老鹤心何待，尊师鬓已干。”（《经吴平观》）

宋代能诗的释子特别多，咏鹤亦蔚然成风。其中仅释善珍、释宝昙、释智圆、释行海等数十位诗僧的咏鹤诗句即近300首。北宋初年，著名的九僧中，惠崇最杰出。苏轼的《惠崇春江晚景》就是写给他的。惠崇专精五律，擅写寺院生活与自然小景，尚白描、忌用典、现精莹。从其系列《句》题诗中可见一斑：“鹤传沧海信，僧和白云诗。”“乱水僧频过，荒林鹤不还。”“暝鹤栖金刹，秋僧过石桥。”“境闲僧渡水，云尽鹤盘空。”“鹤惊金刹露，龙蛰玉瓶泉。”“海人来相鹤，山狖下听琴。”“竹风惊宿鹤，潭月戏春鹥。”他将鹤拟人化，写得别有情趣，如，《赠文兆》曰：“独鹤窥朝讲，邻僧听夜琴。”《访杨云卿淮上别业》曰：“望久人收钓，吟余鹤振翎。”这只鹤十分神通，既能听懂“朝讲”，又能听懂吟诗，还知钓归的喜悦。

而释文珦咏鹤诗句最多，其多咏僧居岁月中松风鹤影之伴随。《古寺》曰：“皓鹤巢松洁，青虫蠹橘香。”《竺山中夜》曰：“月明照我孤禅影，亦照松头野鹤飞。”《松屋》曰：“月明定有仙人过，露滴频闻野鹤回。”《秋日禅房》曰：“天风吹鹤梦，山月照猿声。”《赠山友》曰：“野鹤通秋梦，妖狐恐夜禅。”《野僧》曰：“庭树巢孤鹤，崖湫宅老龙。”《幽径》曰：“驹寒宜在谷，鹤倦懒鸣皋。”《归栖竺岭》曰：“山灵嫌俗驾，野鹤唤僧斋。”或将猿鹤并咏，表达对君子品性的追慕。《老子》曰：“云外暗藏龙虎穴，风中清度猿鹤志。”《老身》曰：“生期槁木寒灰尽，性与孤猿野鹤同。”《为先云洲赋尘外地》曰：“游衍狎渔樵，追随任猿鹤。”

宋代 石雕 仙鹤纹 江苏苏州定慧寺石额枋残件

宋代其他诗僧亦有咏禅咏鹤之佳句，如释印肃《赞三十六祖颂》曰："化鹤成菩萨，动止涌禅河。"释道昌《颂古四首》曰："千佛居何处，题诗黄鹤楼。"明代蒲庵禅师《槎峰禅暇因读梦观右讲经居武林日所寄佳什怅》曰："近说炼形如鹤瘦，多因吟苦语惊人。"明代紫柏大师《结夏金坛之北园兼怀候铁庵》曰："苔痕鹤过偶成字，月影鱼吞不解空。"明代南洲法师《游南翔寺追和葛天民韵》曰："白鹤南翔何日返，香云不断春风转。"

随着佛教的中国化，文人墨客吟咏佛寺及与诗僧赠酬之作增多，寄托着俗僧两界共同的理想境界。诗作中可见僧鹤并处，其乐融融，诸如，唐代李白《登梅冈望金陵》曰："谈经演金偈，降鹤舞海雪。"唐代崔涂《秋宿鹤林寺》曰："偏逢僧话久，转与鹤栖同。"唐代戴叔伦《夏日登鹤岩偶成》曰："愿借老僧双白鹤，碧云深处共翱翔。"唐代怀素《赠衡岳僧》曰："五月衲衣犹近火，起来白鹤冷清松。"唐代姚合《过城南僧院》曰："松静鹤栖定，廊虚钟尽迟。"宋代苏耆《虎丘》曰："磬随灵籁尽，鹤伴老僧间。"宋代陈允平《雷峰少憩》曰："香云吹散后，猿鹤伴高僧。"宋代林景熙《云门即事》曰："僧闲时与云来往，鹤老不知城是非。"宋代张弋《山行》曰："与僧并立看红树，忽有鹤来栖树枝。"宋代李宗谔《送僧归天宁万年禅院》曰："高僧类雪鹤，归思在林丘。"宋代郑清之《晨兴散步》曰："僧居西畔鹤居南，我向中边住此庵。"宋代翁卷《句》曰："分石同僧坐，看松见鹤来。"明代沈周《赠西山老僧》曰："游僧久住同衣食，畜鹤长随识性情。"明代文林《寺中春》曰："鸟掠池中得鱼去，鹤归云外傍僧行。"明代何璧《西湖寻曹能始》曰："放鹤僧归天竺雨，听莺人过六桥烟。"

佛教在艺术方面对鹤的崇尚亦屡屡可见。寺庙多蓄鹤，亦多置鹤之画作与雕刻、刺绣等艺术品。江苏省苏州定慧寺有一件宋代石额枋残件，两只仙鹤拥一枝灵芝，喻生命力之久长。还有两幅著名佛教题材绘画，其中所绘鹤之形象均生动非凡，表达富贵吉祥、福寿安康之意。其一为《法界源流图》，又名《千佛图》，从1180年南宋末年由张胜温开始绘制，历经宋、元、明、清4个朝代500多年，多次改画，至1767年由丁观鹏最终完成。共绘制佛法人物620多尊，每尊均有一重福佑。清乾隆皇帝亲笔写图名，手书《心经》，加盖多方皇印。此画堪称"佛画双绝"，为中国佛画艺术之最高成就。其中一幅画，一对丹顶鹤信步回颈，顾盼生辉，形神

明代 绘画 吴彬《十八应真图卷》局部

兼备，惟妙惟肖。其二为《十八应真图卷》，为明代画家吴彬所作。应真即罗汉，即佛教所称已达到涅槃的和尚。共画18位罗汉，每一位罗汉都极具特色。引首为乾隆题“游艺神通”楷书，卷中钤乾隆诸玺，并对每一位罗汉都有行书题跋。对那幅御鹤翩然而至卷，乾隆题跋云：“飘然白鹤驾以降，屈眗七条披已惯。”流畅连绵的线条使白鹤形象健硕灵动，其背上的罗汉亦神采飞扬。清代罗聘绘有《竹里清风图》，并题识：“此间干净无多地，只许高僧领鹤行。”赞高僧纯净高洁，不染世俗。

共同的爱鹤之意使佛与道打破宗教界限，对鹤之长寿祥和意象形成共识，道佛两教的交流增多。诸多诗僧游览道观交游道士并有吟咏。如，唐代齐己《林下留别道友》云：“片云孤鹤东西路，四海九州多少山。”宋代释文珦《山中道士居》云：“野鹤千年寿，灵桃风度花。”又《赠孤山道士》云：“水妖愁使术，山鹤伴朝真。”宋代释圆悟《游静真观》云：“林堪巢老鹤，坛可礼真仙。”宋代释智圆《寄道士》云：“长闻披鹤氅，城市往来频。”明代止庵法师说得更直接：“借得古松同鹤住，共看尘世事匆匆。”（《寄余复初炼师》）直至今日，仙鹤题材仍为道佛所共爱，在道观与寺庙中，随处可见鹤之形象。

不仅佛道两教崇尚仙鹤，其他教派也喜爱寓意长生仙逸之鹤，如陕西省西安大清真寺侧殿隔扇门裙板上的木雕构图寓意丰富，雕刻技艺精美。山水祥云间，鹤、鹿、蝙蝠、松树遍布其间，生机盎然，福如东海、寿比南山的长寿主题十分突出。

传世 木雕 陕西西安仕觉巷清真大寺侧殿隔扇门裙板

传世 木雕 陕西西安仕觉巷清真大寺侧殿隔扇门裙板摹本

第五节　鹤与松、龟

自唐宋鹤文化鼎盛时期始，鹤开始步入艺术的广阔天地，鹤题材在文学形式与艺术领域中亦被更多地表现出来；尤其不仅通过鹤形象的塑造来表现长寿，同时还将鹤与其他长寿和寓意美好的树木、植物及各类祥禽瑞兽放到一起，强强叠加，使得长寿之意得到最大程度的彰显。

1．松鹤延年

“松鹤”在文学艺术作品中是常见的长寿组合，并成为一个独立题材。松鹤放到一起吟咏是一种长寿会意，有松鹤延年、松鹤遐龄、松龄鹤寿等成语。松为“百木之长”，耐寒耐旱耐贫瘠，坚贞而无畏，具有顽强的生命力，正常情况下可活1200年以上。据说，北京北海公园团城上承光殿东侧的一株油松已有800多岁，当年乾隆皇帝见它浓荫蔽日，遂封为“遮荫侯”。世界文化遗产沈阳努尔哈赤福陵与皇太极昭陵后面各有数千株松树，为建陵时栽种，均达400年历史。正是松树的寿命以千年计数，才能与仙鹤匹配。千岁之鹤登千岁之松，共同表达延年益寿之意，才被广为载记吟诵。南北朝王韶之《神境记》载：“荥阳郡南有石室，室后有孤松千丈，常有双鹤，晨必接翮，夕辄偶影。”唐代白居易辑、宋代孔传续辑《白孔六帖·鹤》载：“鹤千岁栖于堰盖松。”宋代方回极赞松鹤之长寿，在《松鹤词》序中云：“世之植物如槿华朝荣暮悴，而有千岁之松。动物如蠛蠓、蜉蝣不能瞬息，而鹤亦不啻千岁，是故方外之士贵之。”其词曰：“千桃李之浓华兮不如我之孤松，……百莺啼兮万蝶舞，不如我独鹤兮褵褷其羽。……亦贞其心兮亦癯其形，与我作朋兮俱千龄。”松鹤因寿命长久，遂成了最好的祝福与祝寿题材。如，宋代范祖禹《和蜀公八十岁自咏》曰：“劲松临绝壁，独鹤在青天。”宋代白玉蟾《水调歌头·万知院生辰》曰：“挺挺松形鹤貌，任待桑田变海，宝鼎粒丹红。”又《送普上人游雁荡》曰：“岭外猿啼秋树月，林间鹤唳晓松风。”宋代彭汝砺《吴园杂咏·十九首·眉寿堂》曰：“二人一千岁，似此松鹤老。”宋代李公昴《贺新郎·丙辰自寿、游景泰小隐作》曰：“松柏苍苍俱寿相，更千年、雪鹤鸣相和。”宋代黄庚《呈曾蒲涧提刑》曰：“寒涧孤松老，秋云独鹤飞。”宋代释印肃《绍椿行者求颂》曰：“假使八千五百岁，绍椿松鹤未为奇。”元代冯子振《鹦鹉曲·南城赠单砂道伴》曰：“长松苍鹤相依住，骨老健称褐衣父。”明代陈宪章《送刘方伯东山先生》曰：“明月照古松，清风洒孤鹤。”

鹤松并举的复合意象，还用来象征松鹤般清奇不凡气质与坚韧不改的文人风骨。唐代白居易《题王处士郊居》云："寒松纵老风标在，野鹤虽饥饮啄闲。"又《寄白头陀》云："性灵闲似鹤，颜状古于松。"《寻郭道士不遇》云："看院只留双白鹤，入门惟见一青松。"唐代郑澣《赠毛仙翁》云："松姿本秀，鹤质自轻。"唐代司马退之《洗心》云："山瘦松亦劲，鹤老飞更轻。"宋代欧阳修《酬净照大师说》云："意淡宜松鹤，诗清叩佩环。"宋代姜特立《暑退喜秋》云："老鹤生精神，孤松郁飕飔。"宋代李处权《失题》云："皓鹤宜风露，青松饱雪霜。"宋代释印肃《偈颂》云："孤云片片标心法，野鹤翘松表自容。"宋代陈深《送周必明北上》云："苍松多劲枝，老鹤负奇气。"宋代洪迈《用前韵答翁子静》云："松高节磊砢，鹤老格清耸。"宋代范祖禹《和张二十五游白龙溪》云："松姿鹤性自宜闲，天与幽奇避俗喧。"元代元好问《普照范炼师写真》云："鹤骨松姿又一奇，化身千亿更无疑。"元代黄清老《福山庵》云："但留松间雪，付与双白鹤。"明代蔡羽《雪后南泛宿潘氏》云："鹤立千年松，练挂一片石。"清代刘宗贤《九日偕友登黄鹤楼》云："花绽新醅动，松青老鹤回。"清代邓石如《自题》联语："万花盛处松千尺，群鸟唱中鹤一声。"清代弘历《题松鹤斋》云："鹤羽千年白，松姿不老青。"

因松形鹤貌的俊逸加上长寿吉祥寓意的美好，松鹤常常被绘于一图，作为松鹤文化重要表征的松鹤图由此诞生，并绵延数千年脉流不断。松鹤图受到上至宫廷帝王，下至平民百姓的广泛喜爱，成为社会时尚追求。《全辽文》载，辽道宗生日被定为"天安节"，有人献松鹤图为之祝寿，海山和尚作《天安节题松鹤图》诗助兴："千载鹤栖万岁松，霜翎一点碧枝中，四时有变此无双，愿与吾皇圣寿同。"宋代方回《松鹤词》序云："今之写真者必喜绘羽衣纶巾之徒，徜徉松鹤之间。"宋代韩琦《谢丹阳李公素学士惠鹤》云："孤标直好和松画，清唳偏宜带月闻。"宋代张耒《上文潞公生日》云："坐锁熊罴瞻绣衮，燕居松鹤伴纶巾。"

鹤栖于松树之上，是松鹤图构图上的主要特点，也是传统艺术的一种习惯性表达。实际上，除分布于非洲的黑冠鹤、灰冠鹤外，其他13种鹤后脚趾极短，与前三趾不在同一水平上，无法抓住树干或在树上停留，只能生活在平原湿地。历代画家多愿绘鹤及巢立于松上，大抵一方面因古人缺乏对鹤生存习性的了解，或将与鹤形体及羽色相近能够栖息在树林之上、筑巢于树冠的鹳、鹭类误认为是鹤，一方面或许受古代典籍及诗词吟咏鹤在松上的影响。如，《抱朴子》载："千岁之鹤，随时而鸣，能登于木。"唐代王维《山居即事》云："鹤巢松树遍，人访荜门稀。"又《燕子龛禅师》云："行随拾栗猿，归对巢松鹤。"唐代杜甫《咏怀古迹》云："古庙杉松巢水鹤，岁时伏腊走山翁。"唐代贾岛《夜喜贺兰三见访》云："泉聒栖松鹤，风除翳月云。"唐代孟贯《赠隐者》云："百尺松当户，千年鹤在巢。”唐代步非烟《答赵象》云：“愿得化为松上鹤，一双飞去入行云。”唐代杨衡《宿吉祥寺寄庐山隐者》云：“风鸣云外钟，鹤宿千年松。”唐代姚合《游终南山》云：“青猿吟岭际，白鹤坐松梢。”宋代释善珍《古松》云：“武夷洞中老松树，上有千年仙鹤巢。”宋代文天祥《题陈国秀小园》云：“长鹤展轻翮，远栖松桂林。”宋代叶颙《云巢睡鹤》云：“只恐听琴惊梦醒，踏翻松顶一巢云。”明代饶介《与虞山人胜伯陈山人惟寅谈及仙游事醉后赋诗》云：“幂幂松阴布网罗，鹤巢松顶吸天河。”明代高启《园中》云：“腐瓜虫食遍，空树鹤巢稀。”

随着人们对鹤的自然属性认识的加深，也知道鹤不是胎生，而是卵生，宋代杨万里《筠庵》云：“鹤本非胎生，古卵尚遗壳。”知道鹤本生活在沼泽之地，《世说新语》云：“晋羊祜镇荆州，于江陵泽中得鹤。”鹤早已走下神坛，回归大自然，回归芦苇荡，但一些艺术家仍不改初衷，而民间工艺尤甚，如年画、陶瓷、剪纸等仍坚持置鹤于松上。这应是因松鹤图长寿之寓意而不想改正并将错就错了，也应是自然规律服从于艺术创造、服从于文化影响的体现吧。

至明清，松鹤图名家佳作频

清代 绘画 戴洪《松鹤图》

清代 指头画 高其佩《松鹤图》

汉代 漆器 鹤衔鱼纹盘

出。明代画家林良是院体花鸟画的代表，也是水墨写意画派的开创者，工笔中略含写意。其《双鹤图轴》用笔苍实，造型简约。所绘老松干粗枝壮，松针蓬勃，一派生机；双鹤一昂首高鸣，一回首整理毛羽，怡然自得。清初画家多取松鹤延年传统题材。指头画画法自成流派的高其佩的《松鹤图》用墨极精，用笔极简，手法独特，别饶其趣。沈铨为宫廷画家中花鸟派的代表人物，其笔墨工细精妙，皴法灵活多变，晚年所作《松鹤图轴》绘写伫立在峻峭险怪的岩石上的二鹤，一回首顾盼，一昂首鸣唳，流连放歌，气度堂堂。华喦的《松鹤图》为松鹤图中之珍品，几只羽毛色泽不同的鹤共栖于粗大横斜的树干上，远离尘嚣，感受着岁月的悠远，神姿仙态尽显。明清在其他工艺中也可见松鹤图纹，如明代嘉靖年间松鹤纹斑纹地雕填漆盘，构图严谨，雕工极为精细，经数百年而漆色不减，正追宋人秦观《三老堂》所誉“风标傲松鹤，颜发移丹漆”之风采。

诗词吟咏中，诗人常将鹤与“岁寒三友”松树、竹子、梅花相组合。梅迎寒绽放，松、竹经冬不凋，这些植物坚贞不屈的品格、经久不衰的生命力与鹤之长寿之性相互映衬，显示生命力之劲挺旺盛。如，鹤与松竹梅等任意组合并咏，如，宋代胡仲弓《赠谭山人》曰：“野鹤连窠买，梅花间竹栽。”又《寄吴警斋》曰：“轮辙深依梅竹下，一僮一鹤伴吟身。”宋代无名氏《沁园春》曰：“野鹤立阶，灵龟支坐，修竹梅花伴岁寒。”元代周权《溪村即事》曰：“鹤行松径雨，僧倚石阑云。竹色溪阴见，梅香岸曲闻。”明代徐渭《松竹梅》曰：“朱碧娇啼二月莺，却都输与此三君。若添明月孤来鹤，踏乱松尖一片云。”而宋代吴潜《望江南》中的“种竹梅松为老伴，养龟猿鹤助清娱”句，将竹松梅与鹤猿龟六种动植物并咏，活力四射，尽显长寿康健之意。松竹鹤三者并咏较多，如，唐代齐己《过西山施肩吾旧居》曰：“荒斋松竹老，鸾鹤自裴回。”唐代杜荀鹤《赠元上人》曰：“垂露竹粘蝉落壳，窣云松载鹤栖巢。”唐代杨巨源《赠李傅》曰：“摇窗竹色留僧语，入院松声共鹤闻。”宋代周必大《庆元丁巳予与伯威欧阳兄》曰：“松竹鹤，同耐久。”宋代李曾伯《和傅山父小园》曰：“竹边闻鹤思高举，松下观禽觉倦飞。”宋代张继先《立秋之夕对酒成章粗遣清景以招佳咏》曰：“松高孤鹤唳，竹密一蝉鸣。”元代曾瑞《折桂令·闺怨》曰：“鹤唳松庭，风摇槛竹，雨滴檐楹。”明代邵宝《竹鹤图歌》曰：“绿竹猗猗鸟鹤鹤，石岩岩兮松落落。”明代陈宪章《晚酌示藏用诸友》曰："秋竹苔深人语静，古坛松冷鹤巢低。"鹤与竹组合并咏尤多，如，唐代白居易《奉酬侍中夏中雨后游城南庄见示八韵》曰："老鹤两三只，新篁千万竿。"唐代郑巢《瀑布寺真上人院》曰："竹间窥远鹤，岩上取寒泉。"宋代钱惟演《对竹思鹤》曰："更教仙骥旁边立，尽是人间第一流。"宋代李纲《次韵艾宣画四首·竹鹤》曰："磊落胎仙谁最宜，此君节操凛霜威。"宋代方岳《山中》曰："茅茸山堂竹打篱，尚余老鹤共襟期。"宋代倪槐坡《怀高履常》曰："竹静鹤同住，山深兰自香。"宋代胡仲弓《和颐斋梅花韵》曰："林外竹相亚，篱根鹤伴闲。"宋代白玉蟾《陪王仙卿登楼》曰："于今养鹤多栽竹，缚住时光且驻颜。"又《题竹扇头》曰："展向庭前与鹤看，今宵不许枝头宿。"宋代林景熙《次韵山中见寄》曰："世交翻覆如云雨，野鹤孤心老竹知。"元代张翥《东风第一枝·忆梅》曰："是月斜，花外幺禽，霜冷竹间幽鹤。"明代陈铎《浣溪沙》曰："溪云还伴鹤归巢，草堂新竹两三梢。"明代孙一元《幽居》曰："竹上僧留偈，庭前鹤近人。"明代雷思霈《临怀素墨迹》曰："鸥群鹤侣道人闲，只住青葱竹柏间。"清代吴锡麒《摸鱼儿·题竹坡图》曰："问老叶遮晴，危梢曳雨，鹤梦得圆未。"

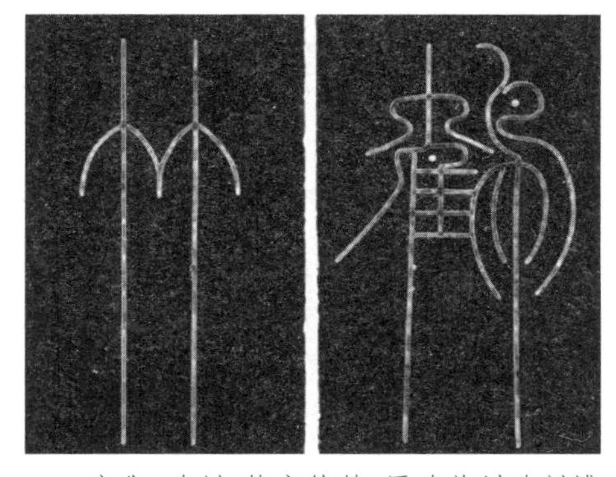

宋代 碑刻 篆字竹鹤 原碑苏州碑刻博物馆收藏

自古便有将桃、菊、灵芝等植物与鹤放到一起表达长寿之意，或为人献寿。传说中桃也是长寿之物，这应源自西王母蟠桃会之传说。相传，蟠桃园中育有三千年一熟、人吃了与天地齐寿的蟠桃，每年西王母诞辰都要在瑶池仙境举行蟠桃盛会，宴请赶来为她祝寿的众仙。诗咏鹤桃亦多见。唐代李绅《寿阳罢郡日有诗十首与追怀……兼纪瑞物物。入准至盱眙》云："天外绮霞迷海鹤，日边红树艳仙桃。"唐王建《闲说》云："桃花百叶不成春，鹤寿千年也未神。"宋代赵鼎《燕归梁·为人生日作》云："舞双鹤、醉蟠桃。"宋代陈著《西江月·寿吴景年》云："好从龟鹤问长年，看取蟠桃结遍。"宋代石孝友《洞仙歌》云："龟鹤仙人献长寿，问蓬山别后，几度春归。归去晚，开得蟠桃厮勾。"宋代刘过《寿建康太尉》云："五马尽投千岁鹤，六军急献万年桃。"宋代释文珦《山中道士居》云："野鹤千年寿，灵桃风度花。"宋代陆九渊《应天山》云："碧桃吹晓笙，白鹤惊春涨。"宋代高似《清晓升琼台顶石崖》云："洞中灵君来不来，鹤归冲落桃花碧。"宋代周弼《显应观桃花》云："白云随鹤乘将去，深碧桃花满故宫。"元代李致远《折桂令》云："半帘明月，一溪绛桃，万里黄鹤。"

明代 陶瓷 青花菊鹤纹盘

菊花素有高洁长寿之寓意，汉代《神农本草经》云"菊花久服能轻身延年"。故菊多与鹤组合并咏。如，宋代杨公远《借张山长韵呈方虚谷三首》云："怪得菊松多喜色，只缘琴鹤已归来。"宋代毛滂《浣溪沙》云："松菊秋来好在无。寄声猿鹤莫情疏。"宋代李昉《又捧新诗见褒陋止睹五章》云："鹤立莓苔迳，犬眠兰菊丛。"宋代苏辙《试院唱酬十一首其四次韵吕君兴善寺静轩》云："窗外竹深孤鹤下，阶前菊秀晚蜂飞。"宋代林泳《寄题涉趣园》云："办取白头猿鹤畔，莫教松菊只归陶。"明代皇甫涍《紫薇花行》云："东篱并就菊松姿，北山岂孤猿鹤望。"清代湛汎《菊花》云："我有孀慈今鹤发，年年益寿向伊谋。"当代钱锺书《十月六日夜得北平故人书》云："秋菊春兰应有种，杜鹃丁鹤已无家。"

传说中服食灵芝可长生不老或起死回生，就连麻姑给西王母娘娘祝寿所献"寿酒"亦是用灵芝酿造的。《黄庭经》云："灵芝，瑞草也。"汉代王充《论衡》云："芝草一年三华，食之令人眉寿庆世，盖仙人之所食。"如鹤与灵芝并咏诗句，唐代韦应物《送丘员外还山》云："灵芝非庭草，辽鹤委池鹜。"宋代晁端礼《鹧鸪天》云："仙鹤唳，玉芝生。"宋代王安石《登中茅公》云："欲见五芝茎叶老，尚攀三鹤羽翰遥。"宋代释文珦《中殿功德永寿寺产紫芝》云："厚德孰能名，灵芝自化成。……仟家多服饵，鸾鹤共长生。"宋代杨亿《送张无梦归天台山》云："养鹤七年知善舞，种芝三秀旧成田。"宋代周文璞《山行行歌》云："近前欲问新宫信，鹤带灵芝入暮云。"元代王哲《探春令》云："频频拈弄灵芝草，使异香来到。云霞覆焘，鹤鸾前引，却赴蓬莱岛。"宋代马钰《巫山一段云》云："黄鹤

明代 纹样 玄鹤衔灵芝

松间睡，青鸾涧畔栖。白牛困卧紫灵芝。丹凤宿瑶池。”元代张小山《普天乐》云：“鹤归来，云飞去，仙山玉芝，秋水芙蕖。”明代张璨《紫虚观》云：“紫峰坛上鹤成群，碧洞灵芝产石根。”明代宋濂《题倪元镇耕云图》云：“看院留黄鹤，耕云种紫芝。”明代顾敬《寄芝云亭主人》云：“云暖幽亭长紫芝，昔年曾许鹤来期。”明代朱静庵《双鹤赋》云：“翔昆仑之琪树，啄元圃之灵芝。”在传统艺术中鹤与灵芝多并列并举，站立飞翔等各种姿势的鹤口中多会衔有灵芝，如传世纹样《寿鹤纹》，温馨画面中，一只立鹤口衔灵芝，与桃、竹、水仙一起寓意长寿。

2. 龟龄鹤算

鹤与龟亦是常见组合，因乌龟亦是长寿动物，二者相加表达长寿之意更为丰厚。自古便有“龟鹤齐寿”“龟鹤遐寿”之说法。实际上，不同品种的乌龟寿命有很大差异，有的可活20年，有的能活一二百年。民间“千年王八万年龟”的夸张说法，与古籍所载有关。龟寿千年的说法很多，诸如，战国庄子、汉代刘向文中均言龟可活千年。《史记·龟策列传》载：“南方老人用龟支床足，行二十余岁，老人死，移床，龟尚生不死。”《搜神记》载“千岁龟鼋，能与人语”，《抱朴子》载“知龟鹤之遐寿，故效其道引以增年”，又载“谓生必死，而龟鹤长存焉”，南北朝祖冲之《述异记》载“龟千年生毛，寿五千年，谓之神龟，万年曰灵龟”，元代张辂《太华希夷志》载，宋太宗苦留百岁老人陈抟无望，饯行并赐“龟鹤鞍马等物”。元代熊中《古今韵会举要》载“‘龟为甲虫之长’，龟寿万年，是长寿之象征”。唐代李善注引《养生要论》所言“龟、鹤寿有千百之数，性寿之物也。道家之言，鹤曲颈而息，龟潜匿而噎，此其所以为寿也”，则探讨了龟鹤长寿的生物性原因，不知对否。

长寿之龟鹤并举长寿之意愈显，诗词多将二者并咏，祈愿寿命久长，或用以祝寿。魏晋郭璞《游仙》曰：“借问蜉蝣辈，宁知龟鹤年。”南北朝柳恽《捣衣诗》曰：“泛艳回烟彩，渊旋龟鹤文。”唐代王勃《出境游山》曰：“化鹤千龄早，元龟六代春。”唐代白居易《郊陶潜体诗》曰：“松柏与龟鹤，其寿皆千年。”唐代元稹《有鸟》曰：“千年不死伴灵龟，枭心鹤貌何人觉。”宋代陆游《幽兴》曰：“龟支床稳新寒夜，鹤附书归旧隐山。”宋代胡文卿《虞美人》曰：“且向博山香袅、卷金荷，龟游鹤舞千年寿。”宋代刘克庄《昔陈北山赵南塘二老各有观物十咏笔力高妙暮》曰：“古云龟与鹤，阅世寿尤长。”宋代梅尧臣《赠许待制岁旦生日》曰：“穹龟及苍鹤，尚以千年系。”宋代晏殊《蝶恋花》曰：“龟鹤命长松寿远，阳春一曲情千万。”宋代无名氏《千秋岁》曰：“龟鹤年相敌，孔雀屏开侧。”宋代米芾《拟古》曰：“龟鹤年寿齐，羽介所托殊。”宋代赵光义《缘识》

曰："鹤唳冲霄汉，龟生得寿年。"宋代韦骧《沁园春》曰："况凤书才降，龟鹤正永。"元代程文海《木兰花慢·寿中齐三月二十七》曰："岂识辽东归鹤，只今寿国元龟。"明代陈献章《夜坐》曰："昔与蜉蝣同幻化，只应龟鹤羡长年。"因长寿，龟鹤深得人赞，甚愿养之与之伴随。唐代李中《鹤》曰："好共灵龟作俦侣，十洲三岛逐仙翁。"宋代梁大年《水调歌头·寿隐者》曰："傲松筠，抚龟鹤，乐蓬壶。"宋代周必大《游元龄登仕写予真求赞》曰："闲伴长松与龟鹤，免将开落问东风。"宋代孙纬《献寿诗》曰："面脸丹如朱顶鹤，髭髯长似绿毛龟。"宋代丘处机《望海潮·脱俗》曰："万仞高峰下，伴龟鹤，度流年。"元代姬翼《满庭芳·李老先生庆八十》曰："无衰老，龟旋鹤绕，相对且怡颜。"有的诗句嗔怪老天不公，长寿只予龟鹤不予人，内里抒发的亦是对龟鹤长寿的羡慕之情。如，唐代白居易《伤杨弘贞》云："谁识天地意，独与龟鹤年。"宋代释智圆《哭叶授》云："龟鹤本微类，享寿皆千年。"

唐代 铜镜 真子飞霜镜

宋代 铜镜 仙人龟鹤齐寿纹菱花镜摹本

龟鹤纹样在唐宋铜钱、铜镜里出现得较多，且文字、纹样和铸造均极为精美，可见时人以龟鹤祈愿之情怀。龟鹤纹样铜镜以仙人龟鹤组合居多：镜面往往刻一鹤在天，一龟在地，祥瑞的桐树随仙人居中；笔触简洁，长寿寓意却充溢其间。一种刻有"龟鹤齐寿"吉语的花钱较为著名，尤其"龟鹤齐寿"四字，书法精妙，字颇遒劲，酷似宋徽宗的瘦金体，有人疑为徽宗御书，加上另一面生动的龟鹤纹图，历来为人喜爱。明代王世贞在《列仙全传》中讲到龟鹤齐寿的影响：五代人刘玄英，曾在燕主手下任宰相，后

宋代 铜钱 龟鹤齐寿纹

彻悟，到终南山修炼。他曾在寿观写下“龟鹤齐归”四字，与此同时，从西蜀到代州几千里之间，到处都出现了刘之同样手迹。最后他化作仙鹤，冲天而去。

另有鹤算一词，表鹤寿、长寿之意，多用作祝寿语，使用频率颇高。唐代无名氏《上嘉会节贺表》曰：“值清明驭气之时，当仁寿悦随之始，固可年同鹤算，岁比山呼。”宋代李商叟《寿吴宰》曰：“风高鹤算三千远，天阔鹏程九万多。”宋代释绍嵩《知府黄寺簿生日》曰：“野僧何以伸谣咏，鹤算三千别有春。”宋代刘克庄《贺新郎・二鹤》曰：“古云鹤算谁能纪。叹归来，山川如故，人民非是。”宋代项安世《大人生朝代诸儿五首以春风花草香为韵》曰：“何物堪为寿，春山鹤算长。”元代陈栎《水调歌头・代寿朱子章》曰：“鹤算与同久，道重藐公卿。”明代邵璨《香囊记・庆寿》曰：“祈寿考，愿鹤算绵绵，福海滔滔。”

元代 瓦当 龟鹤纹

龟龄与鹤算常常两词并用，进而加重长寿寓意，常用词组有鹤算（寿）龟龄、龟年鹤算（寿）、龟龄鹤寿（算）、龟鹤遐龄（寿）、龟鹤同龄、龟鹤延年等。宋代葛胜仲《蝶恋花・二月十三日同安人生日作二首》曰：“天上阿环金箓秘。龟龄鹤寿三千岁。”宋代韦骧《醉蓬莱・廷评庆寿》曰：“惟愿增高，龟年鹤算，鸿恩紫诏。”宋代郑元秀《临江仙》曰：“道骨仙风元不老，天开鹤算龟龄。”宋代郭印《寿汤总领》曰：“仁人自合超诸数，鹤算龟龄未是遥。”宋代李刘《寿县尉》曰：“龙铅虎录交离坎，鹤算龟龄几甲庚。”宋代游文仲《千秋岁・庆侍郎致政》曰：“且上祝龟龄鹤算，从此千千百百。”宋代无名氏《多丽・近中秋》曰：“长年少，龟龄共永，鹤算同坚。”元代王丹桂《瑶台第一层・崔大师生辰》曰：“傲龟龄鹤算，永劫绵绵。”明代胡文焕《群音类选・班超庆寿》曰：“但愿鹤算龟龄，地久天长。”

除松龟外，鹤还与其他一些精勇长寿之物一起祈愿身体强健。与鹏一起，宋代张元干《张丞相生朝二十韵》曰：“老鹤三千岁，飞鹏九万程。”宋代朱敦儒《千秋岁・贯方七月五日生日》曰：“鹏万里，鹤千岁。”明代李东阳《斋居和舜咨侍读院署见寄》曰：“大鹏南去云连海，群鹤西飞日绕空。”与马一起，南北朝庾信《咏怀》曰：“梯冲已鹤列，冀马忽云屯。”唐代杜甫《秋日夔府咏怀》曰：“马来皆汗血，鹤唳必青田。”唐代白居易《百日假满》曰：“马辞辕下头高举，鹤出笼中翅大开。”宋代徐恢《会故人》曰：“清如老鹤翻秋露，快似神驹略九州。”元代贡师泰《过仙霞岭》曰：“或若孤鹤驾，或若万马勒。”明代唐之淳

《和答衍斯道见贻》曰："白马秋清陪鹤驾，贝章风静启莲台。"与虎一起，宋代辛弃疾《沁园春·寿赵茂嘉郎中，时以制置兼济食振济里中，除直秘阁》曰："看长身玉立，鹤般风度，方颐须磔，虎样精神。"明代吴承恩《述寿赋》曰："经授虎观，丹飞鹤仙。"与鲸一起，南北朝虞信《灯赋》曰："动鳞甲于鲸鱼，焰光芒于鸣鹤。"唐代章孝标《太上皇先生》曰："过海量鲸力，归天算鹤程。"宋代苏轼《次韵韶倅李通直》曰："会见四山朝鹤驾，更看三李跨鲸鱼。"宋代陆游《待青城道人不至》曰："慵追万里骑鲸客，且伴千年化鹤仙。"宋代石建见《武夷》曰："天柱插空留鹤驾，仙船横石待鲸涛。"宋代罗太瘦《题鹤林宫》曰："骑鲸客去天连水，跨鹤人归月满山。"宋代刘克庄《挽赵漕克勤礼部》曰："化鹤安知耽是我，骑鲸难问白何如。"又《答林文之》曰："鹤天鲸海无边际，莫费工夫纳百家。"宋代朱长文《元少保生日》曰："骑鲸才格从天禀，化鹤风姿与从殊。"宋代京镗《雨中花·次阎侍郎韵》曰："跨鹤仙姿，掣鲸老手，从来眼赤腰黄。"元代袁易《南柯子·再用韵》曰："跌宕骑鲸客，逍遥跨鹤宾。"将鹤与龙马虎鲸猿鸾等同咏，更显威强壮美之势。唐代李郢《上裴晋公》曰："四朝忧国鬓如丝，龙马精神海鹤姿。"宋代石麟《水调歌头·寿》曰："文中虎，寿中鹤，酒中鲸。"宋代何异《大华山》曰："后先鸾与鹤，乘跨虎兼虬。"宋代蔡戡《胡长文给事挽诗》曰："虎龙倍觉钟山重，龟鹤还从蜀道归。"宋代苏泂《金陵杂兴》曰："山存虎踞龙盘势，谷隐猿惊鹤怨名。"清代陈梦雷《诚王殿下赐诗纪恩之作》曰："鸾鹤回翔来斗极，龙蛇飞舞挟云烟。"

汉代 画像石 长寿鹤纹

与千年鹤寿相比，人生何其短暂，但如果把寿命与鹤联系起来，幻想逝者如鹤般仙化而去，生命便会延长，并可寄托无尽的哀思。于是吊唁词中鹤常被用来指代逝者以化鹤、鹤飞隐喻逝世，表达对逝者的悼念，皆深切感人。诸如，唐代贾岛《哭孟东野》云："兰无香气鹤无声，哭尽秋天月不明。"唐代李商隐《祭张书记文》云："神道甚微，天理难究，桂蠹兰败，龟年鹤寿。"唐代戴叔伦《哭朱放》曰："碧窗月落琴声断，华表云深鹤梦长。"宋代苏轼《姚屯田挽诗》云："七年一别真如梦，犹记萧然瘦鹤姿。"宋代邹浩《故通直强君挽词》云："梦断飞云鹤，春归绕墓松。"宋代戴表元《挽舒君实》云："玉比清癯鹤比羸，相看中路忽相遗。"宋代文天祥《挽湖守吴西林》云："素壁琴犹在，中桥鹤不归。"宋代杨万里《曾达臣挽词》云："老鹤云间意，长松雪外姿。"宋代汪真《挽送县令归葬四明》云："德及桑麻犹有颂，梦遗琴鹤已无声。"宋代汪藻《贾太夫人王氏挽诗》云："千里归来鸣鹤野，湘江正绕墓前松。"宋代王迈《挽宁宗皇帝》云："鹤翔云汉远，龙向鼎湖飞。"宋代刘克庄《挽顾君任粹》云："竟骑黄鹤去，谁见素骡飞。"又《挽李秀岩》云："获麟以后更休论，化鹤而归亦浪言。"宋代赵蕃《悼刘仲远》云："化鹤惊何往，观鱼事已休。"又《挽周德友》云："此日骑鲸去，它年化鹤还。"明张宁《追挽刘世亨父》云："鹤归华表仙人化，树满荒山古木存。"明代曹义《挽老先生高味道之祖》云："翰墨淋漓色尚鲜，竟骑玄鹤上辽天。"元代王恽《萧徵君哀词》云："鹤驭不来尘世隔，芙蓉城阙月茫茫。"明代方孝孺《懿文皇太子挽诗八章》云："神舆离鹤禁，无泪湿龙衣。"清代张维屏《少穆方伯大人诲正》云："先生驾鹤已仙去，海天华表归来乎？"清代苗君稷《故给谏季居士奉诏还柩》云："云飞华表空归鹤，秋度寒江不上鱼。"现当代，"驾鹤西去""化鹤而归"已成为祭悼的专用词语，如，现代聂绀弩《挽毕高士》云："雪满完山高士毕，鹤归华表古城秋。"当代初国卿《哭晏公少翔先生》云："先生驾鹤须弥去，我辈寒天哭沈州。"

第六节　鹤寿绵延

无论自然界之生存环境何等恶劣，鹤都具有非凡的生命力，是力量与勇敢的化身。古人认为"鹤之上相：瘦头朱顶"（汉代《淮南八公相鹤经》），所以常用鹤瘦、瘦鹤、鹤骨等来形容人之面貌清癯，身骨硬朗。如咏鹤瘦，唐代白居易《酬杨九弘贞长安病中见寄》曰："龙卧心有待，鹤瘦貌弥清。"唐代王元《句》曰："伴行惟瘦鹤，寻步入深云。"宋代李清照《新荷叶》曰："鹤瘦松青，精神

清代 绘画 佚名《塞宴四事图》局部

与、秋月争明。”宋代陆游《中夜睡觉两目每有光如初日历历照物晁文元公》曰：“寒龟久犹息，野鹤老益瘦。”宋代薛嵎《薛野鹤》曰：“瘦形如鹤头如雪，流浪江湖岁月深。”宋代李弥逊《醉花阴学士生日》曰：“瘦鹤与长松，且伴月翟仙，久住人间世。”宋代刘宰《送李果州》曰：“萧然瘦鹤姿，不受世俗尘。”宋代刘克庄《木兰花慢·渔父》曰：“海滨蓑笠叟，驼背曲，鹤形臞。”明代林兆珂《病起漫成》曰：“鹤形宁怯瘦，龙性故难驯。”清代陈寿祺《旸谷先生封公大人遗照》曰：“先生神清瘦如鹤，爱鹤萧然寄丘壑。”现代瞿秋白《红梅阁》曰：“坐久不觉晚，瘦鹤竹边回。”如咏鹤骨，宋代刘过《方竹杖》曰：“鹤骨风前瘦，龙姿雨后鲜。”宋代李夫人《蝶恋花》曰：“莫向尊前辞醉倒，松枝鹤骨偏宜老。”宋代徐瑞《石林董先生年八十七厚斋詹先生年八十四会于文溪月湾赋诗次韵奉寄》曰：“古林居士詹山老，鹤骨山清出秀眉。”宋代洪咨夔《邛杖次韵》曰：“一般仙骨清如鹤，倚看沧溟解起尘。”宋代方岳《书戴式之诗卷》曰：“扁舟归去自渔舍，冷骨秋来更鹤形。”元代张小山《朝天子》曰：“鹤骨清癯，蜗壳蘧庐，得闲心自足。”清代张维屏《少穆方伯大人诲正》云：“先生鹤骨清且癯，养真不受尘樊拘。”如将鹤瘦与鹤骨并咏，唐代齐己《戊辰岁湘中寄郑谷郎中》曰：“瘦应成鹤骨，闲想似禅心。”宋代苏泂《简赵紫芝》曰：“鹤骨秋逾瘦，松身老更长。”宋代毛滂《赠禧上人》曰：“昂藏老鹤骨，劲瘦寒松枝。”宋代欧阳修《又寄许道人》曰：“绿发方瞳瘦骨轻，飘然乘鹤去吹笙。”

当代 动漫电影《功夫熊猫》海报

人们从矫健的鹤姿上还得到了健身的启示，产生了模仿鹤动作和神情的健身拳术与气功。早在1800多年前，东汉名医华佗便创编了中国传统导引养生的一个重要功法“五禽（虎鹿熊猿鹤）戏”，其中模仿鹤舞之动作，可增强肺的呼吸功能。华佗身体力行，练得“身体轻便而欲食”（《后汉书·方术列传·华佗传》）。陶弘景《养性延命录》对五禽戏的具体动作要领曾做过详细描述，宋代陆游在其《春晚》诗中也有推崇五禽戏之句，“啄吞自笑如孤鹤，导引何妨效五禽。”2011年，华佗五禽戏被列为第三批国家级非物质文化遗产项目。美国动画电影《功夫熊猫》也是依据五禽戏之动物，把中国吉祥文化的标志物种仙鹤等请入其中，设其为年长却慈祥睿智的功夫高手。鹤在团队有亲和力，尽最大努力去避免冲突，赢得胜利。

在福建、港澳地区及东南亚较为盛行一种鹤拳，效法鹤的神情姿势，训练两臂的弹抖之功及两腿缩绷之劲，刚柔相济，以气引力。如“白鹤派”的“白鹤拳”即是模仿鹤“飞、鸣、宿、食”等形体特点而研究创立的。在广东、广西等地流传一种传统拳术——虎鹤双形拳，动作特征为模仿虎鹤两种姿形，套路中既取虎之劲猛，又取鹤之灵动。估计流行的虎鹤双形卫衣胸前图案即取此拳之意；虎鹤形象紧密融合，既传统又新潮，寓意运动员成绩如鹤振翅如虎添翼。太极拳里也有“白鹤亮翅”的招式，模仿鹤翅膀之抖动以提高平衡能力；鹤翔庄也是模仿鹤优美而矫健的身姿来健身。这些健身拳术与气功，健身后所达轻盈状态，正如诸位诗人所言：唐代李翱《赠药山高僧惟俨》云“练得身形似鹤形，千株松下两函经”，唐代王建《赠太清卢道士》云“修行近日形如鹤，导引多时骨似绵”，宋代汪莘《秋兴》云“不但长歌声似鹤，一身浑似鹤般轻”，宋代赵希逢《和倪尚书生祠》云“风流酝藉绝绚都，炼得身形似鹤癯”。

在北京“老字号”招牌里还有关于以鹤喻长寿保健康的故事。位于菜市口的“鹤年堂”是养生大师丁鹤年于明代永乐三年创建的，比故宫和天坛要早15年。鹤年堂名药“白鹤保命丹”曾助力民族英雄戚继光抗倭。丁鹤年不仅医术高明，还是名重一时的诗人，有许多咏鹤诗句，如“凤韶九奏黄金殿，鹤驾三朝白玉堂”（《自咏诗》），“鸬鹚梦断无因到，唯有同栖鹤一双”（《海巢》）。

明代 书法 严嵩题“鹤年堂”牌匾

当代鹤文化内涵进一步丰富，鹤形象更加为平民百姓所喜闻乐见，情系生老病死，伴随生命始终。而鹤吉庆长寿之内涵更为人们看中，寓意被传承下来，外延亦有所扩展。以保佑长寿安康为主题的书法、绘画、陶瓷、雕塑、刺

现代 绘画 齐白石《祖国颂》

绣、剪纸等精品迭出；长命百岁锁上有鹤，喜庆婚床上有鹤，祝寿书画上有鹤。鹤形象还用来为祖国祝福，为节庆祝贺，为家园祈愿。1954年，齐白石创作的《祖国颂》，将具有吉祥寓意的民间题材仙鹤、青松、太阳、海水、江崖等简单元素，用大写意手法组合起来，以苍健笔墨、明快色彩，构成一幅具有醇厚意境的力作，借以表达对祖国的热爱与赞美之情。而其中仙鹤形象气宇轩昂姿态挺拔，被描绘得尤为生动。《祖国颂》由此成为20世纪中国鹤画题材承载时代内涵的一件范本。1980年邮电部发行特种邮票T44《齐白石作品选》小型张还将此图作为主图。北京画家胡永凯所绘《祈福家园》整版刊登于2008年7月5日《文艺报》上，别致的造型，鲜明的色彩，新的布局、新的手段，令人耳目一新。2005年，中国首届“仙鹤杯”剪纸大赛在鹤城齐齐哈尔举办，《祖国万岁》脱颖而出，6只仙鹤飞舞在一座龙缠云绕的华表周围，青松簇拥一轮红日，蒸蒸日上，生机勃勃，一派吉庆气氛。2019年在庆祝中华人民共和国成立70周年大会上，青海省彩车也有鹤之造型，青海湖有西王母最大瑶池之说，且湖畔水中已竖有西王母大型雕塑。

在当代，清瘦健美的鹤形象常在体育赛会中被表现，象征奋发进取健康向上的体育精神。2008年初在齐齐哈尔举办的全国第十一届冬运会吉祥物揭晓，一只卡通造型的丹顶鹤“丹丹”手举火炬，健美可爱。2008年北京奥运会宣传画也用丹顶鹤做主体形象，两只飞翔，两只站立，红地白鹤，红红火火、喜气洋洋。而当北京奥运会圣火传递到齐齐哈尔站时，在起跑现场，一群由漂亮姑娘装扮的丹顶鹤翩然起舞，为火炬手助威，呈现一派昂扬向上风姿。鹤题材图案不仅为老年人所喜欢，也受到越来越多年轻人的喜爱，他们喜欢穿戴有鹤图纹的衣服首饰，以鹤形象美化自己，显示青春风采。房屋装修设计时，往往在电视背景墙、玄关隔断、玻璃移门等处选择鹤图案，营造出满屋的吉庆氛围。

当代 卡通 2008年第11届全国冬运会吉祥物丹顶鹤

当代 广告 2008年北京奥运会

当代 卡通 白鹤矢量图

当代 刺绣服饰 虎鹤双形太极中国风卫衣上的图案

第四章　忠义之鹤

第一节　尽责重义

传统文化在强调君子品德修养时，往往以鹤比德，将儒家文化中的“三纲五常”等伦理道德赋予鹤，鹤便成了遵纲守常、仁爱而忠义的化身。作为忠贞义鸟，鹤之情义表现在方方面面，对内执着于爱情与亲情，对外信守于诚信与友情。

1．护雏

双鹤有护雏习性，为繁育后代尽心竭力，是尽职尽责的父母。每年的4月上旬至5月上旬，鹤进入繁殖季节。产卵前十几天，双鹤开始在宽阔的湿地占区，选择环境偏僻、很少干扰、地势稍高、四面环水可就近觅得食物的芦苇丛中共筑爱巢。鹤巢直径约1.5米、如单人床般大小。巢的中间凹，充一些柔软的苇絮蒲叶；四周凸，铺一些苇叶芦秆。丹顶鹤卵很大，约10厘米长、200克重，一年一般只能孵化一两枚，繁殖力很低。因此，双鹤格外珍惜后代之繁衍。孵化时，雌鹤雄鹤轮流孵卵，配合默契；待一方出巢休息时，另一方便接替孵化。一方双腿叉开，收拢双翼，将胸腹紧紧贴在卵上，一丝不苟地孵化；另一方则左右不离，在附近觅食并担任警戒。约32天后，雏鹤相继破壳而出，体重只有130克左右。如同孵化期换孵一样，双亲共同哺育鸟雏，

汉代　画像石　戏雏纹　河南省洛阳出土

时刻不离，倍加呵护。它们把柔软食物叼在嘴尖，低唤小鹤来啄食，雏鹤听到召唤后，发出叽叽声尖叫着找到亲鹤的食物啄食。100天后鹤雏长成与父母一般大小，绒羽换成了飞羽，亲鹤开始带雏鹤练习飞行，以备数月后迁徙时有随之迁飞的能力。直到翌年春全家一同迁回繁殖地亲鹤交配前，小鹤才会被驱离，以自立成长。

亲鹤繁育雏鹤成长之情形在古诗中均有描写：如咏亲鹤耐心护蛋孵卵之诗句，唐代元稹《何满子歌》曰："翠蛾转盼摇雀钗，碧袖歌垂翻鹤卵。"唐代秦系《春日闲居》曰："老鹤兼雏弄，从篁带笋移。"元代方夔《鹤》曰："礐石护其卵，清露哺其儿。"元代马祖常《都城南有道者，居名松鹤堂》曰："胎禽哺春巢，乳脂凝冱节。"如咏亲鹤悉心育雏雏鹤成长变化之诗句，唐代姚合《鹤雏》曰："白毛生未足，嶛峭丑于鸡。"宋代周必大《七月十四日江西美约》曰："鹤子曳衣犹浅褐，鹅儿对酒已深黄。"宋代叶茵《再韵贺可山新生弥月》曰："人夸旌表旧门闾，梅长新枝鹤长雏。"宋代薛嵎《别鹤》曰："邻家亦有雏堪待，丹顶微微振薄翎。"宋代周端臣《咏鹤》曰："觅来雏鹤养经年，认得呼名傍客前。"宋代方回《松鹤词·序》曰："养雏成大鹤，种子作高松。"宋代赵汝镃《同官率游郑园》曰："藻裹漾春鱼放子，竹间寻路鹤将儿。"而清代乾隆皇帝《鹤领子》一诗则将亲鹤营巢孵卵育雏写得至为详尽："……衔草自为巢，孳尾乐其素。……雌雄相代更，而谨伏翼之。鸦鹊或来侵，跳萧护之急。稍长初学步，䙰褷引以行。教啄复教饮，无不曲尽情。"亲鹤殷殷爱子之心，诗人拳拳爱鹤之情，均令人心动。

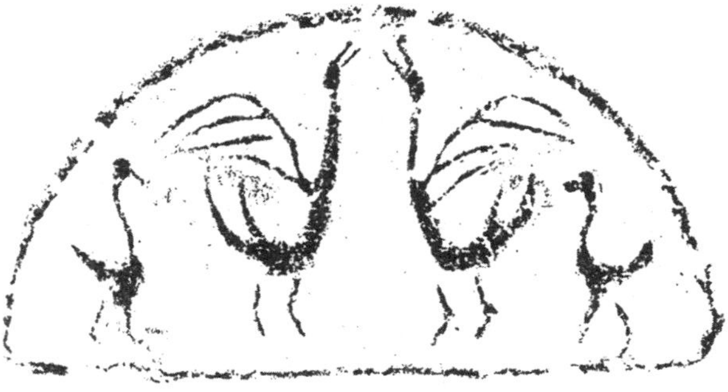

战国 瓦当 鹤一家 山东出土

丹顶鹤雏渐次长成的明显标志是其顶色之变。丹顶需要三年时间才能由肉色变暗红而至丹红，那是性成熟与体成熟的标志，至此丹顶鹤便有能力繁衍后代了。对鹤之丹顶逐渐形成古人早有认识，明代王象晋《群芳谱》载："雏鹤三年顶赤，七年翎具。"诗咏更多，"初来白雪翎犹短，欲去丹砂顶渐深。"（唐代李远

《失鹤》）“黄鹤来迟，丹砂成未，何日风流葛稚川。”（宋代张辑《沁园春》）“闻忆华亭双鹤雏，苍毛未变顶未朱。”（宋代梅尧臣《和公仪龙图忆小鹤》）“琴传数世漆文断，鹤养多年丹顶深。”（宋代陆游《幽居述事》）“鹤雏日长丹砂顶，岩溜时闻玉佩声。”（宋代陆游《舟中口占》）“秋来频梦岳云白，别后应添鹤顶红。”（宋代潘若冲《寄南岳廖融》）“不羡南州锦荔枝，鹤头猩血正红滋。”（宋代苏泂《忆杨梅》）“几年养就丹砂顶，竟日闲梳白雪翎。”（元代李祁《和咏鹤》）“星球何在，鹤顶长丹，谁寄南风。”（宋代张元干《诉衷情》）

传世 纱绣《伦叙图》

人们常将成鹤对雏鹤的呵护比拟为父母对子女的爱护，关键时刻甚而会为子女做出牺牲。有两则传说描述鹤的慈爱之心感人下泪。一是护雏心切，自拔毛羽传说。《太平广记》引《五行记》载：“隋炀帝大业三年，初造羽仪，毛氅多出江南，为之略尽。时湖州乌程县人身被科毛，入山捕采，见一大树高百尺，其上有鹤巢养子。人欲取之，其下无柯，高不可上，因操斧伐树。鹤知人必取，恐其杀子，遂以口拔其毛放下，人收得之，皆合时用，乃不伐树。”隋炀帝下令搜罗鸟羽，用于装饰仪仗队的旗帜。当时湖州乌程县有人身披羽毛伪装进山捕鸟，看见一棵高百尺大树上有个鹤巢，里面有大鹤在养育幼鹤。他要捉鹤拔取羽毛，可树高上不去，便拿着斧子砍伐大树。鹤意识到人要砍倒树捉到它拔羽毛，恐其幼鹤被害，就用嘴拔下自己身上的羽毛扔下来。伐树人拾起羽毛，见可用，就不再伐树了。鹤本不栖息于树上，但人们居然编出如此情节，无非以类比手法来教育人。鹤父母为救雏子，居然忍痛拔自身羽毛，其护雏之情何等感人！二是母疼爱子，心肠寸断传说。清代张英、王士禛等撰《渊鉴类函》援引：“《江总集》曰：庐山远法师未出家，善弩射，常于鹤窟射得鹤雏，后复伺鹤母，见将射之，鹤不动翔，观之已死于窠中，疑其爱子致死，破视，心肠皆寸绝。法师于是放弩发菩萨心。”庐山某法师未出家时，曾射杀一只雏鹤，母鹤随之死去，破开其体一看，其心肠已断绝。鹤母心疼爱子之状何等惨烈！

2. **载人伦**

很多传说与典故，体现的是儒家礼教思想，讲究的是人与人之间的道德伦常，即顺序和人伦，而鹤形象往往成为道德伦常的载体，常常被用来指代其中人伦关系之重要。一则描述兄弟情深的典故用的即是鹤形象，《述异记》载："宋元嘉初，镇北将军王仲德镇彭城。左右出猎，遇一鹤，将二子悉禽之归，以献王。王使养之。其小者，口为人所裂，遂不能饮食。大者辄含粟哺之，饮辄含水饮之，先令其饱，未曾亡也。王甚爱之，令精加养视。大者羽翮先成，每翥冲天。小者尚未能飞，大者终不先去，留饮饴之。又于庭中蹇跃，教其飞扬。六十余日，小者能飞，乃与俱去。"两只雏鹤被擒，小一点的喙有伤裂不能吃喝，略大一点的居然懂得以口含水和食物喂之，直至其能饮能食，并练会飞翔，才一起飞走。兄弟之情何等体贴入微！

当代 摄影 徐春海《同胞》

唐代以后出现了一幅以伦理为主题的吉祥图，名为《伦叙图》，亦名五伦图，是以凤凰、鹤、鸳鸯、鹡鸰、莺五种被人格化了的吉祥禽鸟来象征传统伦理中的君臣、父子、兄弟、夫妇与朋友关系的。《伦叙图》以凤凰为中心，在树、石、花卉、水中，仙鹤等四种鸟散布其中。此图被历代艺术家和民间艺人以各种形式加以表现，而清初最为流行，传世精品颇多。但至清末，西风东渐，传统伦理道德逐渐被人们淡化，画家任伯年便绘《五伦图》赠送给友人章敬夫，意在强调朋友间如孟子所言"朋友有信"的朋友相处之道。中国传统文化中人与人之间的顺序和人伦表现在诸多方面，台北"故宫博物院"收藏的宋代《却坐图》所绘为西汉文帝时袁盎谏止宠妃慎夫人与帝后并坐的故事。坐在皇家苑囿的奇花茂树、秀石珍禽中的文帝正在倾听袁盎的面谏；在显示宫廷封建伦序的妃子与帝后的座次中，鹤的位置十分显著，寓意深刻。

3. 鹤鸣子和林则徐

鹤鸣子和，出自西周《易经》所载："鸣鹤在阴，其子和之。"老鹤在树荫中鸣叫，小鹤便会立即应和，意为子应父声。古人认为，儿子应听命家长，顺从家长的意志。父鸣子和的温馨画面，宋人诗咏甚多。周必大《四景诗似欠一篇五更枕上足成之录呈西美司书勿劳属和仆亦偃旗闭垒矣》云："更喜鹤鸣添子和，休因荔进引蕉黄。"李处权《和九兄贺二十六兄除大谏》云："在阴鸣鹤和有子，产峄孤桐枝见孙。"五迈《辛未中元记梦梦与一僧谈世事良久问答中有凡》云："鸣鹤方在阴，共子辄和之。"曾协《谢翁子履子进惠诗》云："鹤鸣子和君家事，此乐外人哪得知。”任伋《赋新繁周表权如诏亭》云：“鲤每趋庭惟独立，鹤常和子自鸣阴。”林同《禽兽昆虫之孝》云：“好是鹤鸣阴，居然子和声。”沈继祖《送杨侍丞浑父帅安康》云：“杨子声名鹤在阴，诗书作帅有谋深。”度正《送唐寺丞丈解郡绂东归》云：“我欲效鹤雏，鸣和声相酬。”释正觉《偈颂二百零五首》云：“不负老兄开凿力，当风子和鹤鸣阴。”李弥逊《郑尚明学士挽诗》云：“一官驹在谷，有子鹤鸣阴。”

清代林则徐与其父林宾日则是人间现实中鹤鸣子和、父慈子孝的典型。林父为人正直，治学严谨，对儿子的教育学识与品行并重。“自四岁入塾，至二十举于乡，皆宾日讲授书史，并示以身体力行。”（《闽侯县志·林宾日传》）出类拔萃的林则徐于26岁会试中选赐进士，入京为官。实现了父亲所望，但父亲对儿子的要求并未放松，常写信叮嘱。林宾日爱鹤、饲鹤，晚年亲绘《饲鹤图》。父亲的爱鹤情怀对儿子影响很大，一种雅淡奋发、刚正清廉、爱家爱国的高洁品行在潜移默化地传承，并由此成就了一则父子两代一以贯之爱鹤崇鹤之美谈。《饲鹤图》如今在福州左营司巷林则徐纪念馆以一幅墨版阴刻展出。庭院中，五只鹤俯仰于树下，以林父为首的林家十数口人散立其间，呈一幅人鹤共处的和谐画面；而在以林文忠公祠旧址兴建的林则徐纪念馆后院，亭台水榭边竖立着一组林宾日放鹤雕塑，亦是今人对《饲鹤图》意境的一种复制。

当代 摄影 王克举《学步》

林则徐爱鹤情怀日深，其爱鹤事迹尚可寻见。1820年林则徐接任杭嘉湖道，数百年前林家远祖的孤高品行令则徐感怀深刻，政事余暇，他到孤山拜谒放鹤亭及林逋墓，并重修了林逋祠，修葺了元人始建之梅亭，题写了“我忆家风负梅鹤，天教处士领湖山”柱联；又购得二鹤驯养于墓前，并亲绘《孤山补梅图》请人题咏。还访求到林逋手札真迹一卷，名士陈延恩为之题跋，则徐和诗曰：“湖山管领谁无负，梅鹤因缘已渐深，便拟携锄种明月，结庐堤上伴灵襟。”尽情续写他的“梅鹤因缘”。任陕西按察使不到一年，父病故，则徐从陕南赶回福州守孝。在家乡与知县冯云伯相熟并时有唱和，曾依冯原韵酬诗一首：“愧比逋仙亭畔鹤，枉谈庄叟井中蛙。”借林逋隐居杭州西湖之典描写福州西湖之湖光水色，抒发乡居之清新感受。

从林则徐对三幅家藏的《饲鹤图》的珍视上可见其对父亲爱鹤情怀之深化。出于对鹤的喜爱与对先父的缅怀，1830年为父守孝三年后入京候旨时，林则徐带上父亲所绘《饲鹤图》，向同僚好友求题咏，之后又亲绘两幅父亲遗容小像，分别由汤贻汾和吴荣光补景而为《饲鹤图》第二图与第三图。无论何时何地，则徐总是将图珍藏于行囊携带之。尤其在连续两次入京候召的日子里，则徐持图遍索题咏。征集题咏从1830年至1850年历时20年整，在三幅《饲鹤图》上题咏的共65人；从《饲鹤图》第一图绘就到林则徐去世，时间长达42年。如同座右铭的三幅《饲鹤图》伴随了林则徐65年生命的大半程。对《饲鹤图》所有题咏，福建人民出版社已于1992年以《林公则徐家传饲鹤图暨题咏集》影印出版。从藏图与征题可见其经世致用与恬淡处世的君子品性，这应得益于其父饲鹤养性的真传。一些题跋甚为推崇林氏父鸣子和一脉相承之高尚情趣。如陈荣试“鹤孙从鹤子，共舞乔树森”，徐宝善“有子才如千里鹤，依栖庭树振清音”，陈功“孤山仙鹤卓不群，鸣在阴兮和有子”，程恩泽“苍生待养仍如鹤，子和阴鸣愿不违”等诗句。一些题跋赞赏则徐公正清廉的贤臣素养及公忠为国爱民忧时的为官口碑，如魏源“披图瞻拜怆余怀，忠孝能坚志不摧”，潘世恩“乃知养民政，即是泽物仁。鹤鸣子则和，国宝家之珍”，又“谓是饲鹤术，理通于治民”，陆我嵩“家国通一里，庇阴真足据”，陈嵩庆“长年最慕盘云鹤，绢素应余万古馨”等诗句。则徐与友人也多有酬作，概因林氏父子爱鹤故，唱和者亦多用鹤典。1830年4月则徐北上过苏州会晤潘曾沂，潘赠诗曰，“天衢正开豁，独鹤在青田。”鼓励再出仕之则徐如同孤山梅青田鹤矫然而翔。则徐作《贺新郎》词以酬，“数点花疏绕冷韵，待宵阑，独鹤来相守。香雪海，漫回首。”把潘喻为苏州香雪海中同样与梅相伴之独鹤。林则徐在京领受湖北布政使职，出都前与在京的潘曾沂题诗作别：“懒吟同避债，倦客学参禅。梅鹤图堪借，凭君缔墨缘。”言对梅鹤的欣赏已成二人共同的高品位追求。出都时，友人祁寯藻以诗赠行，“爱此羽毛偏洁白，向来进退总分明。……鸣皋共羡蜚声远，警露谁知示诫深，此去携图过江汉，白云黄鹤几沉吟。”诗中以鹤喻则徐，希望他到任新职勿忘父教，承继家风鹤情，爱惜操守，有所作为。

当代 墨版石刻《林宾日饲鹤图》福建省福州市林则徐纪念馆 王秀杰摄影

林则徐不负众望，勇于任事，力解民困，胜任各职。1837年11月底，受命为钦差大臣，赴广州查禁鸦片。至1840年9月底，林则徐与两广总督邓廷桢夜以继日地奋战在广州禁烟抗英的第一线，取得了重大胜利。但在英军武力胁迫下，道光帝于1841年6月下旨对林则徐从重处罚发往伊犁。魏源闻讯写下题咏诗："吐雾含烟赤县迷，帝降丹书遣元鹤。"诗中推崇则徐禁烟抗英功绩，愤慨其不公正遭遇，期盼其如元鹤般展翅再起。1842年12月上旬，经过千难万险，林则徐终抵伊犁惠远城戍所，与先期到达的老友邓廷桢等诗词高手有了更多的唱和与交流。二人皆以鹤之品格为己之精神追求，以鹤为象征互相安慰鼓励，可见人生低潮期的他们仍怀揣着一颗颗经世致用之心。邓有"九疑云暗，更匆匆去跨，南飞孤鹤"句，林和之以"导公神游合西笑，何必南飞载鹤寻九疑……长松尘洗鹤意远，真有番乐来龟兹"句。邓廷桢等相继赦回后，林则徐格外盼归，在戍地所写的一些诗词信件中表达了洁身自好的他盼望起用的心情。如，《买陂塘·癸卯闰七月》云："何时归去？盼白鹤重来，玉笙吹破，或与子乔遇。"以白鹤喻诏归的吉祥信使，语气急迫。《寿嶰翁七十》云："欢离悲合溯劳踪，自送公归岁再冬。……只今西塞余孤鹤，却喜南阳起卧龙。"以龙喻邓之再起，以鹤喻己之盼归，期待龙腾鹤舞之时。此期林则徐还有《调鹤》等诗表达他对国家命运的关注。1845年12月，林则徐被释放署陕甘总督后调任云贵总督，4年后以旧疾复发奏请开缺回籍调理得准。离滇前，则徐有《袁午桥礼部甲三闻余乞疾寄赠依韵答之》诗云："但得支公怜病鹤，肯同赵壹赋枯鱼。愿君早拥南天节，或许相逢退食余。"以此表明心迹，只要有某位高僧大德发慈悲心愿意引渡，他宁可追随遁入空门，决不像汉人赵壹、宋人卞彬那样再热衷仕途了。

当代 壁画 翔鹤 福建省福州市林则徐纪念馆 王秀杰摄影

则徐晚年回到家乡福州仍有爱鹤之举。从昆明带回的两只鹤，与家中原饲的两只成两对。对鹤之美，他不仅自赏，还屡次放鹤予亲友观赏。是年夏，则徐携鹤去叶敬昌家放飞。时人以诗赞则徐之清廉，"吟台四鹤舞蹁跹，引吭齐鸣立几前。"诗中所言"四鹤"即指林家所养两对鹤。之后，则徐又应邀携鹤到郭柏苍家，与其兄弟子侄共同赏鹤后柏苍作《鹤磴》诗以纪："吟台西畔鹤磴高，鹤去人归磴亦宝。……园林放鹤事寻常，林下清风怀二老。主人与客品相高，笼鹤放鹤鹤不恼。""鹤磴"题刻遗迹如今在光禄吟台尚存。林则徐承继父意，至死都保持着如鹤般高洁与淡定的精神气质，时人也早已把他与鹤之形象融为一体。1850年10月，咸丰帝下旨命则徐为钦差大臣赴广西，好友陈偕灿赋诗作别："入山猿鹤烟梦古，跋浪鲸鲵瘴海深。"盼望应召再起的他匡时济世，再创伟业。然而，年事已高且频年积劳体弱多病的林则徐，在赴任路上只艰难行走了17天便病逝了，宛如化作一只白鹤飞往天国追寻其父去了。林氏之父鸣子和正应了宋代无名氏《千秋岁》所言："看父子，乘龙跨鹤皆仙匹。"

第二节　情爱忠贞

1．鹤之爱恋

丹顶鹤等鹤类属于单配制鸟，忠于爱情。雌雄双鹤一旦结为夫妻，便不再更换，若无特殊情况便偕老一生。倘若其中一鹤死去，遗鹤则很少再选配偶。鹤一般3至5岁龄时开始婚恋，适龄鹤以鸣叫与舞蹈择偶。雌鹤通过观看多只雄鹤的求偶表演，从中择选出中意者，然后双方对歌对舞。你来我往，经过一段时间的恋爱便开始交配繁殖。

自古以鹤喻夫妻忠贞恩爱的传说很多。其一，《搜神记》载："荥阳县南百余里，有兰岩山，峭拔万丈。常有双鹤，素羽皎然，日夕偶影翔集。相传曰：'昔有夫妇，隐此山数百年，化为双鹤，不绝往来。忽一日，一鹤为人所害，其一鹤岁常哀鸣。至今响动岩谷，莫知其年岁也。'"传说一对夫妇隐居兰岩，一活就是数百年，后来双双化身为鹤，不料其中一只为人所害，孤鹤终年哀鸣，长留不去。明代汤显祖《疗鹤赋》中引用此典，有"至乃华表摧云，兰岩堕雪"句。其二，唐代余知古《渚宫故事》载，南朝"宋明帝修建竹林堂，新阳太守郑裒献雌鹤于堂，留雄鹤于府邸。雄鹤失侣，昼夜鸣叫，闻者为之泪下。雄鹤又常飞赴堂中，与雌鹤交颈共舞，宫人驱之，不肯离去。交颈颉

明代 刺绣 双鹤纹

颃抚翼，闻奏钟磬，翻然共舞，婉转低昂，妙契弦节。”双鹤被分离后，哀鸣不已，无畏来聚，不肯离去。其三、清代杨激云修《泰兴县志》载：“来鹤亭，谢令说建，令有赠以一鹤者，不数日有侣从西北来，相与翱翔，弥日不去，令喜，构一小亭于县治之西，颜曰来鹤亭，以拟赵抃风云。”一鹤被捉，另一鹤舍弃翱翔天空的自由，自动飞来团聚。

世人十分推崇鹤对爱情专一忠贞的品性，常用双鹤双飞相依相伴象征美好爱情。古代诗文中，不乏吟咏鹤之情爱诗篇，寄托人们对忠贞不渝爱情的向往；无论写鹤，还是写人，无不在对双鹤的赞美中渗入感人至深的夫妻情义。《诗经》中“有鹤在林”诗句，以鹤的洁白柔顺比喻女主人公的美好，开启了以鹤作为爱情化身之先河。汉代张衡《歌》曰：“鸣鹤交颈，雎鸠相和。”写大地回春百花盛开时，双鹤颈项相依彼此唱和的甜美之状。宋代邹登龙《岁晚怀愚斋》曰：“翩翩化双鹤，去去与同翔。”夫妻愿双双化为鹤，对双鹤同翔共飞表达羡慕之情。历代对爱恋双鹤相依而行之吟咏不胜枚举，唐代王昌龄《送万大归长沙》曰：“青山隐隐孤舟微，白鹤双飞忽相见。”唐代顾况《宿湖边山寺》曰：“群峰过雨涧淙淙，松下扉扃白鹤双。”唐代李端《奉和秘书元丞杪秋忆终南旧居》曰：“凤雏终食竹，鹤侣暂巢松。”宋代韩元吉《隐静山》曰：“飞来双鹤知何处，只有泉声下碧霄。”宋代苏辙《十月二十九日雪》曰：“小园摇落黄花尽，古桧飞鸣白鹤双。”元代周砥《元日试墨》曰：“采笔云千朵，青霄鹤一双。”明代沈定王《勉学书院侍父王应教》曰：“风散百花随仗下，天空双鹤带云还。”明代薛蕙《效阮公咏怀》曰：“独有双玄鹤，延颈遥相望。”清代吴琛《旸谷封公大人遗照》曰：“依人双白鹤，三迳互迴翔。”清代曹振镛《道光庚寅秋七月奉题》曰：“园中双白鹤，矫矫姿出尘。”而更多的是咏双鹤对舞之美妙姿态，唐代朱庆余《台州郑员外郡斋双鹤诗》曰：“向夜双栖惊玉漏，临轩对舞拂珠袍。”宋代苏轼《和陶拟古》曰：“飞泉泻万仞，舞鹤双低昂。”宋代戴复古《陈伯可山亭》曰：“双鹤有时舞，孤猿何处啼。”宋代仇远《送存博教授回虎林》曰：“双鹤翩翩溧水阳，红尘不染素衣裳。”宋代刘珙《送元晦》曰：“翩翩双黄鹤，结巢相因依。”元代王冕《漫兴》曰：“白月夜分双鹤舞，清风时听万松吟。”明代朱静庵《双鹤赋》曰：“或翩跹而对舞，或夭矫而同行。”明代杨基《招鹤为薛复善赋》曰：“翩翩两黄鹤，朝暮相随飞。”明代鲁铎《义台为婿郭廷贵作次旧韵》曰：“偶嗔双舞鹤，晓践菊塍颓。”

在当代，鹤之情爱被与鹤共舞20多年的王克举表现得无与伦比。1959年出生的王克举2001年迷上拍鹤后，冒着严寒酷暑，跋涉于家乡扎龙等一些鹤之栖息地与越冬地，拍出许多精美至极的鹤之影像，获得诸多大奖。最感人的是他连续7年追踪梦鹤与云鹤，拍摄出了一对丹顶鹤忠贞不渝的爱情故事。亲眼见双鹤组成家庭，夫妻恩爱，共同哺育后代。几年后，云鹤上喙不幸冻脆、折断，觅食困难，梦鹤不离不弃，悉心照料，为它梳理羽毛，嘴对嘴喂食。但2005年3月云鹤突然失踪，梦鹤不停地呼叫哀鸣，寻找。其间，另一只雌鹤开始向梦鹤求爱，梦鹤不为所动。其实云鹤早已被害，王克举跋涉芦荡找到了它血肉模糊的残骸。梦鹤整整寻找了一年，终未等到云鹤的归来，在仔细逡巡栖息了多年的家园后，最后绝望地飞向了远方。2019年在国内外举办了多场王克举《梦鹤与云鹤——丹顶鹤的梁山伯与祝英台》摄影展，并精选出120余幅作品结集出版，2021年王克举又出版了《与鹤共舞——丹顶鹤的隐秘世界》，对鹤之生死不渝的情爱进行深情赞美。

当代　书籍　王克举《梦鹤与云鹤》摄影作品集封面

2. 别鹤

鹤之爱情，有欢乐聚合，也有伤痛离别。汉代古歌辞《艳歌何尝行》最早以别鹤抒发爱恋之人的悲离之情。其诗曰："飞来双白鹄（通'鹤'），乃从西北来。十十五五，罗列成行。妻卒被病，行不能相随。五里一返顾，六里一徘徊。"忠于爱情的诗人望着成双成列的鹤，联想到自己不能与恩爱妻子相随，深感遗憾；比翼双飞的夫妻，为忧患骤降而徘徊反复。至魏晋南北朝，吟咏情爱、夫妻被迫离别的诗篇多起来，别离相思之感伤渐成咏双鹤诗之主基调。曹植、何晏、薛纲、鲍照、庾信、沈约等均有此类诗作，多以此寄寓自己的离别哀伤之情。曹植《失题》曰："双鹤俱遨游，相失东海傍。雄飞窜北朔，雌惊赴南湘。弃我交颈欢，离别各异方。不惜万里道，但恐天网张。"曹植以光洁美丽的白鹤比气质超群、品性善良的自己，却被逼远离亲人独自幽居，且总是提心吊胆。庾信是第一位在作品中大量写鹤之人，其《鹤赞并序》虽受命而写，却成为传世经典。其序曰："武成二年春二月，双白鹤飞集上林园。大将郑伟布弋设置，并皆擒获。六翮已摧，双心俱怨，相顾哀鸣，孤雄先绝，孀妻向影。"描写一对雌雄白鹤被擒后，"双心俱怨""相顾哀鸣""孤雄先绝，孀妻向影""松上长悲，琴中永别"

的动人情景，赞美雌雄双鹤忠于爱情，不离不弃。沈约《夕行闻夜鹤》先回忆双鹤往昔“相依江海畔，夜止羽相切”，因天气原因离散后，成了“懿海上之惊凫。伤云间之离鹤”，最后发出“既不经离别。安知慕侣心”之深沉感叹。何晏《言志》曰：“双鹤比翼游，群飞戏太清。常畏失网罗，忧患一朝并。”描写比翼齐飞之双鹤，唯恐一朝遇到网罗而被迫分开的忧心忡忡之态。唐代虞世南《飞来双白鹤》亦是吟咏一对白鹤因故离散，但相互间忠贞不渝彼此难忘：“飞来双白鹤，奋翅远凌烟。双栖集紫盖，一举背青田。……何言别俦侣，从此间山川。顾步已相失，徘徊反自怜。”

晋代 金片饰 对鹤纹

自《别鹤操》乐府琴曲出现后，诗人多用以抒发夫妻被迫分离彼此思念的悲哀之情。典出汉代蔡邕《琴操》所载：“高陵牧子娶妻无子，父母将改娶，牧子援琴鼓之，痛恩爱乖离，故曰别鹤操。”魏晋崔豹《古今注》释之，更显怆然，“《别鹤操》，商陵牧子所作也。娶妻五年而无子，父兄将为之改娶。妻闻之，中夜起，倚户而悲啸。牧子闻之，怆然而悲，乃歌曰：‘将乖比翼隔天端，山川悠远路漫漫，揽衣不寝食忘餐！’后人因为乐章焉。”牧子因痛感恩爱夫妻将永久分离，于是弹一支琴曲抒发心中的悲伤之情，他所创作弹奏的曲子名叫《别鹤操》。这支忧伤悲愁之曲在后世广为流传，魏晋嵇康于《琴赋》中还将别鹤作为民歌列举出来，“下代谣俗，蔡氏五曲，王昭，楚妃，千里别鹤。”唐太宗李世民《秋日即目》将别鹤与离猿并提，悲声格外凄清，“别鹤栖琴里，离猿啼峡中。”唐代陈季卿《别妻》借别鹤操典，抒发与妻离别意，黯然神伤的诗人月夜吟诗借酒浇愁，“月斜寒露白，此夕去留心。酒至添愁饮，诗成和不禁。”唐代张籍《琴曲歌辞·别鹤》中“双鹤出云谿，分飞各自迷。空巢在松杪，折羽落江泥。寻水终不饮，逢林亦未栖。别离应易老，万里两凄凄”诗句，描写一双鹤因环境迷乱而离散，不得相聚各自哀伤的情形。唐代白居易与元稹有以别鹤操之唱酬，元稹《听妻弹别鹤操》中发出“别鹤声声怨夜弦，闻君此奏欲潸然”的哀伤感叹，白居易《和微之听妻弹别鹤操，因为解释其义，依韵加四句》对典故中夫妻被迫分离的凄恻情景进一步描绘，“义重莫若妻，生离不如死。誓将死同穴，其奈生无子。……夫妻中夜起。起闻双鹤别，若与人相似。……裴回去住云，呜咽东西水。写之在琴曲，听者酸心髓。……怨抑掩朱弦，沉吟停玉指。”二诗所发悲伤之音引人共鸣，令听者心酸，弹者止弦。

一曲《别鹤操》，悲风四起，哀怨浸心，令多少文人墨客闻之断肠，后诗人直接用别鹤琴曲来抒发夫妻别离言语难诉的忧伤。庾信《鹤赞》所言“琴中永别”即用此典。南北朝陶渊明《拟古》曰：“上弦惊别鹤，下弦操孤鸾。”南北朝刘删《赋得独鹤凌云去》曰：“怨别凄琴曲，凌风散舞衣。”南北朝萧道成《别鹤》曰：“值雪已迷群，惊风复失侣。”唐代杨巨源《别鹤》曰：“海鹤一为别，高程方杳然。”唐代韩愈《别鹤操》曰：“雄鹤衔枝来，雌鹤啄泥归。……更无相逢日，安可相随飞。”唐代王建《别鹤》曰：“主人一去池水绝，池鹤散飞不相别。……万里虽然音影在，向心终是死生同。”唐代陈季卿《别妻》曰：“离歌凄凤管，别鹤怨瑶琴。……幸免生别离，犹胜商陵氏。”唐代骆宾王《鹤赋》曰：“离歌凄妙曲，别操绕繁弦。”唐代杜牧《别鹤》曰：“分飞共所从，六翮势催风。声断碧云外，影孤明月中。”唐代陈子昂《鸳鸯篇》曰：“乌啼倦永夕，鹤鸣伤别离。”唐代张籍《别鹤》曰：“双鹤出云溪，分飞各自迷。……别离应易老，万里雨凄凄。”唐代李中《鹤》曰：“归当华表千年后，怨在瑶琴别操中。”宋代李复《别鹤曲》曰：“因君试写别鹤吟，拂弦欲动悲风起。”宋代陈造《七夕》曰：“后夜玉琴弹别鹤，独应乾鹊梦魂惊。”宋代张炎《徵招听袁伯长琴》曰：“别鹤不归来，引悲风千里。”宋代吴淑《鹤赋》曰：“动商陵之悲操，舞晋平之清征。”宋代释显万《别鹤操》曰：“哀鸣失俦侣，俯啄何苦心。”元代戴良《和沈休文双溪八咏》曰：“寥寥度霄汉，嗷嗷伤别离。”明代刘基《独不见》曰：“有人抱瑟上高阁，坐对妆台弹《别鹤》。”明代何景明《赠王文熙》曰：“泠泠朱丝弦，听我《别鹤操》。”明代郑渊《次韵宋学士见寄》曰：“取琴弹《别鹤》，弦寒不成声。”

当代 剪纸 周爱军《相依》 北京市

诗人进而以“寡鹤羁雌”等词语来象征夫妇或恋人分隔异地之遥相思念。汉代王褒《洞箫赋》曰：“孤雌寡鹤，娱优乎其下兮。”汉代东方朔《七谏》曰：“鹍鹤孤而夜号兮，哀居者之贞诚。”南北朝陆厥《李夫人及贵人歌》曰：“寡鹤羁雌飞且止，雕梁翠壁网蜘蛛。洞房明月夜，对此泪如珠。”南北朝王筠《春月》

曰："青骹逐黄口，独鹤惨羁雌。"唐代白居易《松下琴赠客》曰："寡鹤当徽怨，秋泉应指寒。"一些别鹤之咏或为女子所为或以女子口吻，表达对远游或远征夫君的思念之情，显得格外柔弱与哀怨。南北朝柳恽《捣衣诗》曰："鹤鸣劳永叹，采桑伤时春。"南北朝薛绎《燕歌行》曰："沙汀夜鹤啸羁雌，妾心无趣坐伤离。"唐代杨炯《原州百泉县令李君神道碑》曰："琴前镜里，孤鸾别鹤之哀。"唐代织绡女《与萧旷冥会诗》曰："愁见玉琴弹别鹤，又将清泪滴真珠。"元代胡奎《别鹤操》曰："妾心直如琴上弦，为君一弹别鹤篇。"清代徐灿《水龙吟·春闺》曰："想冰弦凄鹤，宝钗分凤，别时语，无还有。"清代纪昀《阅微草堂笔记》曰："今君别鹤离鸾，自合为君料理。"

发生在扬州平山堂的双鹤故事格外凄美动人。平山堂坐落于扬州西北郊大明寺内西侧，为宋代文学家欧阳修所建。清光绪十九年，两淮副转运使徐星槎重葺平山堂后，放两只鹤在堂前水池里。主僧星悟和尚精心加以养护，两鹤自在欢娱。但不久，一鹤因足疾死去，另一只鹤悲伤至极，巡绕哀鸣，最后竟绝食以殉。星悟和尚深为感动，将双鹤瘗埋于平山堂西侧的第五泉景观东墙边，谓之"鹤冢"，并立石刻文曰："无意羽毛之族，尚有如此情义，而世有不如羽禽之道义，乃可悲可愧乎？"建冢后，星悟和尚又请著名诗人、书法家李郁华为鹤冢作序撰铭。李郁华为同治年进士，曾任都察院河南道监察御史等职，有《听松涛诗集》等著述传世。他果然不负星悟和尚之望，挥笔写下了脍炙人口的《双鹤铭》并序，序先交代双鹤"一鹤病足毙，一鹤巡绕哀鸣，绝粒以殉"之感人事由，然后为铭曰："有鸟有鸟鸣在阴，翩然比翼怀好音。胡为羽化趾相寻，义不独生明素襟。露高松兮滴沉沉，琴夜月兮响愔愔。生并栖兮中林，死同穴兮芳岑。相彼羽族兮而贞烈其心，世之不义愧斯禽。"故事所述简明精道，其中"生并栖兮中林，死同穴兮芳岑"一句，所含情义格外深重感人。李郁华之书法圆润浑厚，宗法颜真卿楷书之格调，受到人们的青睐。《双鹤铭》勒石高50厘米、宽160厘米，每字上下高约6厘米、宽约5厘米，嵌于大明寺大雄宝殿的东廊内墙壁上，至今仍存。游大明寺景区，便可寻见鹤冢、鹤池和《双鹤铭》刻碑。

清代 书法 李郁华《双鹤铭》勒石局部

第三节　惜别怀远

1．别朋思友

“别鹤”的特殊情境与特殊含义，在喻夫妻情深的词义之外，又派生出对朋友惜别思念的内涵。魏晋南北朝诗人多用此义，以别鹤典入诗，把对朋友思念之情写到了极致，带有鲜明的时代特点，读之令人潸然。诸如，江淹《无锡县历山集诗》云：“愁生白露日，思起秋风年。窃悲杜蘅暮，擥涕吊空山。落叶下楚水，别鹤噪吴田。”江总《别袁昌州诗》云：“客子叹途穷，此别异西东。关山嗟坠叶，歧路悯征蓬。别鹤声声远，愁云处处同。”何逊《寄江州褚谘议诗》云：“分手清江上，念别犹如昨。…… 早秋正凄怆，余晖晚销铄。……因君奏采莲，为余吟别鹤。”三首怀友诗，均以别鹤喻别离，选取“愁生白露日”“早秋正凄怆”的秋景作衬托，面对秋风、秋叶、秋水，把“别鹤声声远”“愁云处处同”的离愁别绪抒发得淋漓尽致。而南北朝鲍照《与荀中书别》则将与友人的离别写得深沉动人，“劳舟厌长浪，疲旆倦行风。连翩感孤志，契阔伤贱躬。亲交笃离爱，眷恋置酒终。敷文勉征念，发藻慰愁容。思君吟涉洧，抚己谣渡江。惭无黄鹤翅，安得久相从。愿遂宿知意，不使旧山空。”担心朋友旅途中车马劳顿，又恨无黄鹤之翅翱翔云天，与远行的朋友相追随，因而悲伤不已。鲍照咏别鹤诗句较多，如《绍古辞》中的“访言山海路，千里歌别鹤”，《代别鹤操》中的“双鹤俱起时，徘徊沧海间”，《阳岐守风诗》中的“飞云日东西，别鹤方楚越”，均用别鹤之典，形象地抒发了一个“才秀人微，取湮当代”诗人压抑下的别离之意。此外，陶渊明《拟古》“上弦惊别鹤，下弦操孤鸾”诗句，谢朓《同咏乐器·琴》“是时操别鹤。淫淫客泪垂”诗句，庾信《咏怀》中“抱松伤别鹤，向镜绝孤鸾”诗句，以及《伤王司徒褒诗》中“回鸾抱书字，别鹤绕琴弦”诗句均为咏别鹤之名句。

历代诗人皆愿以别鹤抒发与友朋的离情别意。唐代戎昱《送李参军》云：“好住好住王司户，珍重珍重李参军。一东一西如别鹤，一南一北似浮云。月照疏林千片影，风吹寒水万里纹。别易会难今古事，非是余今独与君。”把自己与好友比喻为两只如云飘浮的鹤，分别后远隔千山万水，思念却如林中的影、水中的纹，无法停止波动。唐代陈羽《小江驿送陆侍御归湖上山》云：“鹤唳天边秋水空，荻花芦叶起西风。今夜渡江何处宿，会稽山在月明中。”听到天边传来的鹤唳声，看到在西风中摇曳的芦荻，于萧瑟场景中不禁想起远行在外的友人，以

明代 版画插图《别友》选自《太霞新奏》

明代 绘画刻本 唐代卢照邻《西使兼送孟学士南游》“徘徊闻夜鹤，怅望待秋鸿”诗意

有问无答的“何处宿”设问，来表达深切的关怀与无尽的思念。唐代李端《与道者别》云：“闻说沧溟今已浅，何当白鹤更归来。旧师唯有先生在，忍见门人掩泪回。”诗人听闻北方的大泽进入冬天水位变浅，期盼着无法停留的白鹤快些飞回到南方的故乡来，巧借白鹤的迁徙来抒发对故人的思念之情。唐代陈陶《送谢山人归江夏》曰：“黄鹤春风三千里，山人相期碧江水。携琴一醉杨柳堤，日暮龙沙白云起。”诗人在平淡的语句中寄寓了深沉的离别之情。以黄鹤喻友人，记挂他一去数千里路途遥远，但也欣慰友人所到之处有山青水碧之美，有抚琴豪饮之乐。唐代卢照邻《西使兼送孟学士南游》曰：“相看万余里，共倚一征蓬……徘徊闻夜鹤，怅望待秋鸿。”各自所去的地方都有万里之遥，此次分别我俩都像飘蓬一样行踪不定。往返回旋能听到鹤在夜里鸣叫，怅然若失地望着大雁秋来能带去信息。表达了诗人的羁旅之愁与送别友人之悲交织在一起的复杂之情。宋代胡仲弓在《寄戴石屏》诗中则将自己喻为伸颈遥望友人的鹤，“子入天台我入闽，归来又见六番春。雁书乏便通巡道，鹤颈长延望叔伦。吃药未逢医国手，听琴谁见赏音人。年业屡作江湖梦，细嚼君诗当问津。”知音难见，只得以诗篇琴曲来抒发思念之情。

此类以鹤意象抒离情别绪诗句颇多。唐代赵嘏《别李谱》云：“今日别君如别鹤，声容长在楚弦中。”唐代常建《送楚十少府》云：“因送《别鹤操》，赠之双鲤鱼。鲤鱼在金盘，别鹤哀有余。”唐代刘禹锡《郡内书情献裴侍中留守》云：“心寄华亭一双鹤，日陪高步绕池塘。”唐代杨衡《宿吉祥寺寄庐山隐者》云：“风鸣云外钟，鹤宿千年松。相思杳不见，月出山重重。”又《送彻公》云：“败蕉依晚日，孤鹤立秋墀。”唐代皎然《贻李汤》云：“愿随黄鹤一轻举，仰望青霄独延伫。”唐代司空图《寄郑仁规》云：“万里云无侣，三山鹤不笼。”唐代慧南《退院别庐山》云：“旧友临江别，孤舟带鹤登。”唐代虚中《寄华山司空图》云：“岳信僧传去，仙香鹤带归。”唐代元孚《送李四校书》云：“朱丝写别鹤泠泠，诗满红笺月满庭。”唐代陈陶《送谢山人归江夏》云：“黄鹤春风二千里，山人佳期碧江水。”唐代鲍溶《山中怀刘修》云：“响象离鹤情，念来一相似。”唐代贾岛《辞二知己》云：“一双千岁鹤，立别孤翔鸿。”宋代杨万里《林景思寄赠五言》云：“别时花开今已落，思君令人瘦如鹤。”宋代黄庚《赠王琴所》云：“君诗即是琴中操，底用离鸾别鹤声。”宋代刘克庄《怀友》云：“老鹤孤飞久失群，天涯怀友寸心勤。”宋代徐照《题丁少瞻林园》云：“欲识怀君意，时闻鹤一鸣。”元代倪瓒《上巳日感怀》云：“漠漠春云飞别鹤，潺潺夜雨杂鸣蛙。”明代溥洽《送金上人·古上人制满同还南翔》云：“还山为问南翔鹤，秋影何时下碧虚？”明代雪浪法师《答王百穀虎丘送别》曰：“尝就浮丘听，难禁别鹤弹。”清代黄君稷《送耿京兆》云："自怜孤鹤常为侣，愁听离歌又送行。"晚唐诗人李洞在送赠唱酬诗中多以鹤为喻抒发思念别友之情。如，《送知己》云："药气来人外，灯光到鹤边。"《和知己赴任华州》云："鹤身红旌拂，仙掌白云遮。"《春日即事寄一二知己》云："朱衣入水人归县，白羽遗泥鹤上天。"《赠青龙印禅师》云："居人昨日相过说，鹤已生孙竹满地。"《题慈恩友人房》云："鹤宿星千树，僧归烧一坡。"《赠宋校书》云："闲身不计日，病鹤放归云。"

2. 怀旧思乡

随之，"别鹤"词义又引申出思乡怀旧之含义。思乡是人的基本情感，人不管走到哪里都会思念故乡，而以鹤意象来表达思乡之情则更为意浓情切。如，南北朝何逊《日夕出富阳浦口和朗公诗》云："独鹤凌空逝，双凫出浪飞。故乡千余里，兹夕寒无衣。"何逊以鹤之独处比喻离乡在外的自己，饥寒交迫中无比思念千里之外的家乡。宋代曾巩《舞鹤》云："蓬瀛归未得，偃翼清溪阴。忽闻瑶琴奏，遂舞玉山岑。舞罢复嘹唳，谁知天外心。"诗人代鹤感叹，本来被驯养不能再返回仙乡，瑶琴声又响起，不禁引起共鸣，心中的惆怅只能用舞姿排解，但高远之心不能泯灭。宋代张蕴《次韵月中闻鹤》云："月明华表语霜清，万籁沉沉静有声。一自别来璚树长，几回飞梦到曾城。"描写客梦初回时分，听到有鹤在鸣叫，辗转难眠，思量万千，人与鹤一起充满了未得回归的深沉感慨。宋代王珪《和人闻雁二首》云："岑寂夜将半，一声来枕前。无风起群籁，有月在中天。行子梦初断，故乡书未传。不须闻别鹤，危涕已潸然。"把一个行旅在外之人长夜难寐思念故乡盼望家书痛彻心扉之状描摹得活灵活现。

古画 苏东坡《沁园春·赴密州早行，马上寄子由》孤馆灯青旅枕梦残词意图

而以鹤喻游子诗咏乡愁者甚多，其情深切，读来令人潸然。正如明代朱静庵《双鹤赋》中所言："感游子之踯躅，使迁客之无聊。"南北朝刘溉《秋夜咏琴诗》云："寄语调弦者，客子心易惊。离泣已将坠，无劳别鹤声。"唐代贯休《送少年禅师》云："万水千

山一鹤飞，岂愁游子暮何之。”唐代于濆《古离别》云：“黄鹤有归日，荡子无还时。”宋代曾协《送裘父侄还乡》云：“尘外情怀得自由，便推琴鹤上归舟。”宋代卫宗武《清明行役过淀湖至吴》云：“雉媒空古迹，鹤唳动乡情。”宋代吴潜《谒金门》云：“想得故山猿共鹤。笑人身计错。”又《贺新郎・用赵用父左司韵送郑宗丞》云：“我亦故山猿鹤怨，问何时、归棹双溪渚。”宋代赵光义《缘识》云：“乌啼别鹤何凄凉，秖闻断续手挥忙。”元代王旭《大江东去・离豫章舟泊吴城山下作》云：“海外三山何处是，黄鹤归飞无力。”

而《世说新语・尤悔》所载“华亭鹤唳”逸事，则把游子的乡关之思演绎到了极致。“陆平原沙桥败，为卢志所谗，被诛。临刑叹曰：‘欲闻华亭鹤唳，可复得乎？’”陆平原河桥兵败后，遭到卢志的陷害，被成都王所诛。临刑前他环顾左右而叹道，今日想听听故乡华亭鹤之鸣，哪里能再听得到呢？陆机，吴郡吴县人，历任太傅祭酒、吴国郎中令等职，曾为平原内史，世称“陆平原”，与其弟陆云俱为西晋著名文学家。任后将军、河北大都督时率军讨伐长沙王司马乂，大败七里涧，最终遭谗遇害。华亭地处吴郡吴县东部，为鹤栖息地。临刑之际，含冤赴死的陆机不能忘怀的是家乡那动听的鹤鸣声。如此深沉的故国之思，深切的白鹤之爱，至死不渝的君子节操，是惊天地泣鬼神的！后常以华亭鹤唳喻为遇害者死前感慨生平之词。庾信即多次引用此典抒发心中之隐痛：“华亭鹤唳，岂河桥之可闻？”“华亭别泪，洛浦仙飞。”（《鹤赞并序》）因庾信早年出入于梁朝宫廷，梁元帝时出使西魏，梁亡后被强留在北方，先后得到西魏和北周的优待，官至骠骑大将军、开府仪同三司。虽备受重视，位望通显，但他内心却充满了矛盾，这些在他的诗赋中常有所表露，无论是采用白描，还是援引典故，都是有感而发，注入了浓厚的寄宦与思乡之苦，流露出孤独、哀戚与落寞之情，与陆机的极度思乡之情感同身受。历代文人志士亦无不为陆机临刑之憾而悲伤感叹。唐代李白《行路难》曰：“华亭鹤唳讵可闻，上蔡苍鹰何足道？”唐代李商隐《曲江》曰：“死忆华亭闻唳鹤，老忧王室泣铜驼。”唐代朱长文《陆宝山》曰：“痛尔临刑思鹤泪，输他谢病食江鲈。”唐代胡曾《咏史诗・华亭》曰：“惆怅月中千岁鹤，夜来犹为唳华亭。”宋代吴琚《春日焦山观瘗鹤铭》曰：“华亭鹤自归，长江只东注。”宋代苏轼《宿州次韵刘泾》曰：“为君垂涕君知否，千古华亭鹤自飞。”宋代刘辰翁《沁园春》曰：“但鹤唳华亭，贵何似贱。”宋代刘克庄《仲晦昆仲求近稿戏答》曰：“余忿燕泥能道否，遗言鹤唳可闻乎？”又《船子和尚遗迹在华亭朱泾之间圭上人即其所诛》曰：“士衡止在东家住，恨不同听鹤唳声。”元代郭翼《行路难》曰：“不见陆机华亭上，寥寥鹤唳讵可闻。”明代冯梦祯《五十篇》曰：“陆机西入洛，听鹤乃无期。”明代许自昌《水浒记・败露》曰：“向云阳伏法何尤，你华亭鹤唳听难久。”宋代姜特立《寄华亭黄用之》曰：“陆机不听华亭鹤，张翰还思吴郡鲈。”明代瞿佑《旅舍书事》曰：“东门黄犬华亭鹤，举世无人悟此机。”清代曾国藩《次韵何廉昉太守感怀述事》曰：“鹤原横贾第三人，鹤唳华亭不复春。”清代纳兰性德《拟古》曰：“嗟载华亭鹤，荣名反以辱。”清代洪亮吉《华亭鹤》曰：“华亭鹤，云间哭。声何悲，悲二陆。”清代袁枚《笑赋》曰：“鹤唳思闻，莼羹想餐，不已傎乎?”近代柳亚子《巢南书来，谓将刊长兴伯吴公遗集》曰：“江左龙飞误，华亭鹤唳闻。”

清代曹雪芹在《红楼梦》中，多次取用离群独鹤意象暗喻离乡居外人物的孤苦命运。在大观园中有鹤饲养，书中可见多处咏鹤诗句，如，“苔锁石纹容睡鹤，井飘桐露湿栖鸦。”（贾宝玉《四时即事诗》）“松影一庭惟见鹤，梨花满地不闻莺。”（贾宝玉《秋夜即事》）“鸾音鹤信须凝睇，好把唏嘘答上苍。”（贾宝玉灯谜诗）这些诗句多写栖鸦睡鹤，情调较为平和，但第76回“凸碧堂品笛感凄清 凹晶馆联诗悲寂寞”中的咏鹤诗句含义却大有变化。当天，贾家的中秋家宴已显露出落寞悲凉气氛，为了排遣孤寂，黛玉与湘云离席，至大观园池塘边的凹晶馆赏月并吟诗联句。进行到23轮联诗的末联，湘云先出上联为“寒塘渡鹤影”，黛玉思忖良久才想出下联为“冷月葬诗魂”。一只白鹤的影儿从萧寒寂静的池塘上面一掠而过，中秋的冷冷月光淹没了月下吟诗者的灵魂。上下联共同勾勒出一番意境：上联意境清奇，一个渡字写出了鹤之孤逸及环境之冷清，作者以“鹤影”隐喻湘云将来远嫁孤居的结局；下联意境优美，黛玉既是花的精灵，也是诗的化身，暗示了其悲剧命运及最后的香消玉殒。就连刚巧赶来的博学多才、向来目空一切的栊翠庵尼姑妙玉都赞不绝口。这是黛玉、湘云两人最后一次对诗，孤鹤、冷月暗示了两个父母双亡寄人篱下的女孩连同妙玉最终的悲惨结局。曹雪芹此番描写正是古诗词中月夜孤鹤凄冷意境的延续。诸如，“月明孤屿云，一鹤唳清夜。”（宋代陈鉴之《题陈景说诗稿后》）“一声清鹤唳，片月在沧浪。”（宋代张尧同《嘉禾百咏·跨塘桥》）

清代 绘画《寒塘渡鹤影》汪圻《红楼梦》册页

第四节　诚信忠孝、知恩图报

1. 崇孝守义

鹤的典故还多有褒扬孝道亲情之义的，这与儒家所倡忠孝两大基本传统道德行为准则有关。西周时孝道伦理观念正式提出，《易经》已涉及“孝”，于汉初传出的《孝经》到唐代被尊为经书，南宋以后被列为十三经之一，意在彰显行孝事迹，推广孝行。随之，关于人的孝行与仙化之鹤的互动传说多了起来，从而演绎出一部部感天动地的人鹤传奇。其中白鹤来助、白鹤来吊多是被人物的善行与孝行感动所至，类似的传说其一可见于《搜神记》，为玄鹤献珠：“哙参，养母至孝，曾有玄雀，为弋人所射，穷而归参，参收养，疗治其疮，愈而放之。后雀夜到门外，参挑烛视之，见雀雌雄双至，各衔明珠以报参焉。”哙参非常孝敬母亲。一天，有只玄鹤被人射伤不能飞行，挣扎着来到哙参的家门口。哙参收留并精心为其疗伤，待鹤痊愈就把它放飞了。不久后的一个夜晚，听到屋外有鹤鸣之声，哙参拿着烛火一照，原来是鹤带着伴侣，口中各衔一颗明珠，报答他的救命之恩来了。其实，早在汉代焦赣《易林》中已有了关于“白鹤衔珠，夜食为明，膏李优渥，国岁年丰……白鹤衔珠，夜宝反明。怀我德音，身受光劳”的载记，后来将此与孝行结合起来，便愈加感人。古人多引此典，南北朝陈叔宝《飞来双白鹤》曰：“傥逢哙参德，当共衔珠来。”唐代王昌龄《留别司马太守》曰：“黄鹤青云当一举，明珠吐著报君恩。”唐代沈佺期《黄鹤》曰：“明珠世不重，知有报恩环。”明代王稚登《哭袁相公》曰：“鹤飞蝉兑总成尘，欲报明珠未得伸。”明代汤显祖《疗鹤赋》曰：“念酬环其莫展，欲衔珠而未去。”当代人用卡通漫画的形式来描绘此典故传说，显得生动活泼，又通俗易懂。其二可见于《晋书》，为鹤吊陶母：“后以母忧去

当代 漫画 朱冬青《玄鹤献珠》

职。尝有二客来吊，不哭而退，化为双鹤，冲天而去，时人异之。”《世说新语》亦有所载。陶侃是个尽孝道之子，他作江夏太守时，还将母亲接到官舍赡养，受人好评。因母亲病逝，陶侃辞官在家守丧。一日，来了两个吊丧者，没有哭便走了。陶侃觉得奇怪，于是跟在他们后面，只见那两人变为双鹤，冲天而去。是陶侃的孝心感动得仙鹤前来吊唁。唐代李商隐《过姚孝子庐偶书》诗中“鱼因感姜出，鹤为吊陶来”句，宋代刘克庄《贺新郎·实之用前韵为老者寿》词中“鹤发萧萧无可截，要一杯、留客惭陶母”句，宋代吴淑《鹤赋》诗中“陶侃之墓头吊客，周穆之军中君子”句，宋代宋庠《赠太子太保晁文公挽词》诗中“岁晏巢𪅅逝，天秋吊鹤来”句，宋代王铚《陆左丞夫人郑氏挽辞》诗中“出门寻吊客，惟有双鹤飞”句，均直接引用此典。

之后典意延扩，以“鹤吊”或“吊鹤”指代吊丧。六朝时期的墓志铭中已可见以鹤象征死亡句。庾信《周车骑大将军赠小司空宇文显墓铭》曰：“门通吊鹤，功臣身殒，会图麟阁。”唐以降亦多借“鹤吊”挽祭逝者。唐代李白《自溧水道哭王炎》曰：“海内故人泣，天涯吊鹤来。”唐代皎然《哭吴县房耸明府》曰：“倾云为惨结，吊鹤共联翩。”唐代骆宾王《乐大夫挽词》曰：“宁知荒垄外，吊鹤自裴徊。”唐代李商隐《过姚孝子庐偶书》曰：“鱼因感姜出，鹤为吊陶来。”唐代李德裕《寄题惠林李侍郎旧馆》曰：“只应双鹤吊，松路更无人。”唐代张贲《奉和袭美伤开元观故道士》：“几度吊来唯白鹤，此时乘去必青骡。”宋代司马光《故相国颍公挽歌辞》曰：“鹤飞来吊客，牛卧卜连冈。”宋代公度《挽赵若愚母》曰：“双鹤蹁跹来吊客，一牛赑屃得佳城。”宋代刘攽《挽胡元夫母寿安县太君》曰：“苍山松梓暮，吊鹤去翩翻。”宋代杨万里《徐氏太淑人挽辞》曰：“喜入乌巢舍，惊傅鹤吊坟。”宋代刘克庄《挽郑郎公卫夫妇》曰：“鸾离暮年恨，鹤吊冻云迷。”又《挽刘母王宜人》曰：“鹤吊孤峰顶，牛鸣半驿中。”宋代郑刚力《黄义卿知郡母夫人挽章》曰：“江鱼来处使君去，吊鹤飞时孤子归。”明代雪溪映《挽玄珠上人》曰：“廿载形骸孤鹤吊，一生心事故人知。”清代曹寅《哭陈其年检讨》曰：“得似辽东鹤，重来吊故丘。”

此外，一些传奇亦多载有类似故事，旨在褒扬百善孝为先的传统美德。其一，《晋书·吴隐之传》载：“吴隐之，年十余，丁父忧，每号泣，行人为之流涕。事母孝谨。及其执丧，哀毁过礼。家贫，无人鸣鼓，每至哭临之时，恒有双鹤警叫。及祥练之夕，复有群雁俱集。”吴隐之年幼丧父时，痛哭流涕，感动了无数路人，后来其母去世，隐之更是悲伤不已。因家贫，没能雇人鸣鼓示哀，正当他悲号难抑时，忽然听到有双鹤为之鸣叫。其二，《元史·孔思晦传》载：“思晦卒之日，有鹤百余翔其屋上，又见神光自东南落其舍北。”孔思晦对其母至孝，被荐为孝廉。游学于京师时，有人举荐其为官，他以老母年高为由谢绝；母病重时，他昼夜守候在病榻旁边照料；母去世，他悲痛欲绝，五日滴水未进。所以孔思晦去世后才能得到鹤的祭奠。其三，唐代李延寿《南史·庾域传》载："怀宁太守庾域，母好鹤唳，域在位营求孜孜不怠，一旦双鹤来下，论者以为孝感所致。"庾域母亲爱听鹤鸣，虽公务繁忙，他也为母孜孜不倦地寻找鹤。一日双鹤自来，人以为是受其孝心所感。其四，《南史·刘霁传》载，刘霁母胡氏病卧在床，"霁年已五十，衣不解带者七旬"，为其母颂经数万遍。六十余日母亡后，"霁庐于墓，哀恸过礼，常有双白鹤循翔庐侧。"年已半百的刘霁侍候病卧在床的母亲，并为之诵经，母亡后有双鹤来吊。其五，清代觉罗石麟《山西通志》载，郭安"前后庐墓六年，有白鹤旋绕之异。"郭安守墓六年，也有白鹤来伴。以上双鹤鸣叫、"双鹤来下"、鹤翔屋上、"白鹤循翔"、双鹤来吊、"白鹤旋绕种种"，无一不是对极富孝行者的赞美。

汉代 画像砖 《鹤立凤阙》 河南省新郑出土

2. 知恩图报

重然诺、守道义的诚信思想，亦是以儒家思想为主的传统文化推崇的重要内容；于是，如此美好品德崇高境界皆被赋予鹤。人爱鹤护鹤，鹤仿佛与人的情感相通，会对人知恩图报。于是，一个个鹤对人遵守信诺知恩图报的故事传说便形成了。其一，《神仙传》载，介象，字元则，三国时代方士，会稽人，后学道入东山。吴王征至武昌，拜其为方术老师。介象不愿被束缚，为了尽快脱身，便托病假死，吴主埋葬了他，他便成仙飞升而去。"介象死后，吴先帝以其住屋为庙，经常祭祀，便见有白鹤集于座上。"那白鹤，即是介象的化身，他每每"集于座上"，就是为感谢吴主知遇之恩而来。南北朝虞信《小园赋》中"坐帐无鹤，支床有龟"句，宋代吴淑《鹤赋》中"翔集既闻于介象，感召复传于萧史"句，宋代龙泓洞有《江上咏介元则》中"夕阳何处介君祠，江水江云我所思"句，皆引用的介象之典。其二，唐代项斯《病鹤》云："曾游碧落宁无侣，见有清池不忍飞。纵使他年引仙驾，主人恩在亦应归。"写白鹤为报主人之恩，不忍弃之而始终陪伴事。其三，《太平御览》载："禧，字彦祥，除敦煌令。尝有鹤负矢集禧庭，以甘草汤洗之，传药留养十余日，疮愈飞去，月余衔赤玉珠二枚置禧厅前。"

言人给鹤疗伤，鹤愈飞去，后衔珠以报恩事。其四，明代汤显祖《疗鹤赋》云，大司徒王北海于行旅途中遇到一只伤鹤，给予救治，使其“弱骨重坚，殷斑再合”，而鹤虽渴望“霞肆群翔，云天永戛”，但为王公“实秉心之维恕”的仁爱之心所感动，最终以“愿终惠于阶屏，永毕生兮容豫”。写鹤回报主人疗伤之恩事。其五，宋代潘若冲在《闻融与鹤相继而亡感赋绝句》载：“南岳僧来共叹吁，风亭月榭已荒芜。先生去世未十日，留伴高吟鹤亦徂。”主人去世才十日，鹤亦悲伤过度亡而殉之。言鹤殉主人事。其六，清代张潮《虞初新志》载：“卢仁畜二鹤，甚驯。后一创死，一哀鸣不食。卢仁勉力饲之，乃就食。一旦，鹤鸣绕卢侧。卢曰：‘尔欲去，吾不尔羁也。’鹤振翅云际，徘徊再三，乃去。卢老病无子，后三年，归卧乡间。晚秋萧索，曳杖林间，忽见一鹤盘空，鸣声凄切。卢仰曰：‘若非我侣也?’果是，即下之。鹤竟翩翩而下，投于卢怀中，以喙牵衣，旋舞不释。卢遂引之归。卢视之如赤子，鹤亦知人意，侍卢若亲人。后卢仁殁，鹤终不食而死，族人葬之墓左。”卢仁养了两只鹤，一鹤亡，对另一只尽力喂养并放飞。卢仁年老回乡间养病，一日忽见一鹤盘旋于空并悲切地鸣叫。卢仁一打招呼，鹤竟然飞下来投到卢仁怀里。回家后，人与鹤亲密相伴。后来卢仁死了，鹤亦绝食殉葬而死。写鹤报人恩以死相殉事。其七，清代吴任臣《十国春秋》载：“谭紫霄年百余岁卒于庐山，栖隐洞人谓之尸解，归葬日有祥云白鹤绕之。”言高寿之人卒后有鹤来悼事。这些传说故事的教化意义在于，无论你是什么时代的人，只要修炼得正统高洁，有所作为，都会感动仙鹤。而鹤为报答主人，怀恩不弃，终身陪伴，甚至以死相殉，显示出牺牲自我信守承诺的高贵品格。这正是南北朝吴均《主人池前鹤》诗中所分析鹤之心理，“怀恩未忍去，非无江海心”。鹤不是不向往翱翔云天的自在生活，而是为向主人报恩才不忍离去的。

汉代 画像石 人物与鹤纹

也有人对鹤救助的仁爱故事，《太平广记》引《逸史》载：“李相公游嵩山，见病鹤，亦曰须人血。李公解衣即刺血。鹤曰：‘世间人至少，公不是。’乃令拔眼睫，持往东都，但映眼照之，即知矣。”李卫公见一只病鹤说需要人血治疗，便解衣刺血治好了鹤伤。鹤感谢他，说他就是将来的宰相便高飞而去。后李卫果得相位。宋代方回《再赠周国祥言相》一诗即用此典：“纷纷世上少全人，鹤睫分光照始真。李相头颅君莫笑，神仙犹现羽禽身。”实质说的还是一个鹤知恩图报的故事。

清代 绘画 张风《仙人饮鹤图》

3. 乐于助人

清代王夫之《双鹤瑞舞赋》云："不谓人心所灼见者，而鹤能传之也。"世人赋予鹤超常智慧，人不能为者，往往由鹤代之；鹤知情达意，助人做事尽心竭力。魏晋孔晔《会稽记》载有一则鹤为仙人取箭传说。白鹤为寻找仙人所遗箭喙啄爪刨，刮土寻找不止，以至于推堆出一座白鹤山；白鹤得失箭后一诺千金，为答谢郑弘还箭之德，果然使若耶溪早吹南风暮吹北风，以遂郑弘溪上便行之愿。鹤真诚助人之品行受到历代诗人的赞叹：唐代骆宾王《畴昔篇》曰："仙镝流音鸣鹤岭，宝剑分辉落蛟濑。"唐代罗隐《圣真观刘真师院》曰："支床龟纵老，取箭鹤何慵。"唐代徐铉《题画石山》曰："羽客藏书洞，樵人取箭风。"唐代张说《玄武门侍射》曰："雪鹤来衔箭，星麟下集弦。"宋代陆游《会稽行》曰："修梁看龙化，遗箭遣鹤取。"再《自九里平水至云门陶山》曰："庙后故梁龙吟去，山前遗箭鹤衔来。”三《小雨泛镜湖》曰：“龙化庙梁飞白雨，鹤收仙箭下青芜。”宋代吴淑《鹤赋》曰：“游卫国而乘轩，向耶溪而取箭。”宋代秦观《游龙瑞宫次程公韵》曰：“鹤衔宝箭排烟去，龙护金书带雨来。”明代汤显祖《疗鹤赋》曰：“或取仙人之箭，或寄仙人之札。”明代唐时升《和受之宫詹悼鹤诗》曰：“初疑带箭还山早，正值衔书赴陇年。”清代吴伟业《题朱子葵鹤洲草堂》曰：“仙人收箭云归浦，道士开笼月满天。”

明代 插图 刊本《西厢记》

极富灵性的鹤，还被赋予如听令、助人、看屋、守丹等多方面能力。宋代薛嵎《下第归故园》曰：“猨鹤认名听号令，淦樵报礼叙寒温。”宋代连文凤《寄送介夫城居》曰：“移家重入市，引鹤自挑书。”再《题陆介夫隐居图》曰：“惟有鹤看屋，更无人到门。”三《送王道士入燕》曰：“学跨青牛朝玉阙，语留白鹤守金丹。”元代周权《张氏闲居》曰：“昂藏老鹤守书堂，更有闲云护短墙。”如识字捡书之能。明代陶宗仪著《说郛》载：“卫济川养六鹤，日以粥饮啖之，三年识字，济川捡书皆使鹤衔取之，无差。”这只鹤驯养三年就能识字，主人需要哪本书，它

宋代 玉雕 双鹤衔草纹 北京市房山长沟峪石椁出土

就会衔取来。如代人送信之能。明代冯梦龙《情史类略·情通卷》载："晁采畜一白鹤，名素素。一日雨中，忽忆其夫，试谓鹤曰：'昔王母青鸾，绍兰燕子，皆能寄书达远，汝独不能乎。'鹤延颈向采，若受命状。采即援笔直书三绝，系于其足，竟致其夫，寻即归。"晁采所养鹤，能将她的信送达其夫再飞回。此举正似宋代汪莘《沁园春·自题方壶》词中所期"尘寰外，被鸣鸾报客，飞鹤传书"。如此可爱高能之鹤，怎不叫人喜爱又敬重！

当代 壁画 古塔飞鹤（局部）杭州市雷峰塔

神话人物白鹤童子助白娘子寻仙草是赞许鹤深明大义的一个传说。民间故事《白蛇传》中，蛇妖白素贞，巧施妙计结识许仙并嫁与他，但不小心现出原形将许仙吓死。为救活许仙，白娘子赶赴昆仑山南极宫盗得灵芝仙草，返回时却被看护仙草的鹤童与鹿童发现，当白鹤伸出长长的喙正要啄杀她时，白鹤的师傅南极仙翁赶到，说她一片真心救夫，劝阻鹤鹿二仙放她走。善解人意的白鹤童子便放过了白娘子。白娘子用仙草救活了许仙，夫妻又过上了幸福生活。最后为救许仙，白娘子被镇在杭州西湖之畔雷峰塔下。雷峰塔初建于北宋年间，屡颓屡建，1924年倒塌，2002年重建竣工。新塔外形是一座八面、五层楼阁式塔，塔内有三个楼层用于展览，其中两层均有鹤形象的艺术展现。一个楼层以木雕形式表现白娘子故事梗概，在《盛会思凡》《昆仑盗草》单元里皆有群鹤雕刻。木雕镂空剔透，细腻精美，鹤之翎羽丝毛毕现。前者从左向右共雕刻了13只鹤，鹤群与主人公均处于表层，横贯画面，里层是连绵的仙山圣水祥云；两只在左前方为主人公白娘子引路，11只护送其飞行。后者雕刻了6只鹤随主人从左向右回飞，护白娘子安全返程。另一个楼层以壁画形式表现吴越王钱弘俶建塔的故事。其中两幅主画均有鹤形象，该层正门楣上的一幅画以鹤为主角，10只鹤从左右两侧向中间的雷峰塔相向而飞；另一幅画为吴越王与大臣筹划建塔事宜，5只鹤分别从两侧向君王飞来。那些制作精美的雕画飞鹤成了雷峰塔艺术表现的主体；群鹤翩翩然从远古翔来，给雷峰塔带来袅袅仙气，烘托出《白蛇传》极为浓郁的神话色彩。

鹤还具有宽宏大量不计前嫌的品格。唐代青城山道士徐佐卿以化鹤之身，风局高古精粹，为道众所倾慕。唐代薛用弱《集异记》载其一则逸事，一日徐自外归，行至山中为飞箭所中，遂标记上岁月，挂箭于壁上，言等箭的主人来了还给他。后唐玄宗果然到了四川，到庙中游览，认出了壁上之箭正是自己所射那支。对于鹤的这种包容人类之心，历代诗人赞不绝口。宋代苏轼《白鹤峰新居欲成》曰："佐卿恐是归来鹤，次律宁非过去僧。"宋代黄庭坚《黄鹤生歌》曰："君不见眉山道士徐佐卿，化为黄鹤朝太清。"宋代洪皓《重九》曰："箭穿化鹤君何在，书寄宾鸿使未还。"宋代曾丰《道人彭永年来番禺》曰："逃劫莫如徐佐卿，山行未免飞矢中。"明代王世贞《徐炼师道场致双鹤作歌赠之》曰："青城道士徐佐卿，自言师事浮丘生。"明代何乔新《十楼怀古其四黄鹤楼》曰："我闻羽士徐佐卿，化为黄鹤朝太清。"明代王鏊《复生》曰："挥环且非羊叔子，折矢乃若徐佐卿。"清代查慎行《酬徐茶坪兼题其诗集次竹垞赠徐旧韵》曰："猥烦徐佐卿，远致一只鹤。"清代张百熙《青城山歌题易中实观察旧游图册》曰："栖真古有丈人观，化鹤今谁徐佐卿。"宋代宋无以《徐佐卿》为题赞扬鹤之美德："化作辽东羽翼回，适逢沙苑猎弦开。宁知万里青城客，直待他年箭主来。"元代李俊民在《一字百题示商君祥·鹤》诗中连用四个鹤典，将徐佐卿之行为与那些著名的鹤传说相提并论，"去家丁令威，化身徐佐卿。不恋乘轩宠，九皋堪一鸣。"

汉代 棉布蜡染 新疆民丰县尼雅遗址东汉墓出土

第五章　美逸之鹤

第一节　形神鹤美

鹤是美的象征：外形上，羽毛洁白、身躯纤挺、舞步灵动、飞翔飘逸，站立行走举手投足皆美；内涵上，长寿祥瑞、洁身自好、高贵典雅、忠贞行义，超凡脱俗遗世独立诸德皆美。圣贤、君子认为鹤秉天地之正气而生，是灵气秀美之物，为此盛誉其为灵鹤，及无与伦比的仙灵之美。如，唐代孔昌胤《遇旅鹤》曰："灵鹤产绝境，昂昂无与俦。群飞沧海曙，一叫云山秋。野性方自得，人寰何所求。"唐代刘沧《赠隐者》曰："临水静闻灵鹤语，隔原时有至人来。"唐代许浑《闻释子栖玄欲奉道因寄》曰："仙骨本微灵鹤远，法心潜动毒龙惊。"再《晨自竹径至龙兴寺崇隐上人院》曰："毒龙来有窟，灵鹤去无窠。"唐代于鹄《寄续尊师》曰："年年望灵鹤，常在此山头。"宋代赵佶《白鹤词》曰："灵鹤翩翩下太清，玉楼金殿晓风轻。"宋代陈岩《崇圣院》曰："清磬一声僧定起，松间灵鹤舞蹁跹。"宋代范仲淹《鹤联句》曰："上霄降灵气，钟此千年禽。"《云笈七签》曰："青童采药，清渠濑石，灵鹤翔空。"元代元好问《二月十五日鹤》曰："年年二月降灵鹤，来无定数有定期。"元代杨维桢《玄妙观重建玉皇殿诗》曰："彩烟绮雾陛九重，灵鹤万舞来从东。"当代王向峰《题王秀杰新作〈千秋灵鹤〉》曰："灵鹤千秋入梦频，生花妙笔屡从巡。"

鹤文化于唐宋进入大发展大繁荣时期后，对鹤之文化表达便大大增多，文学领域的诗词曲赋等各种门类都有充分体现。总览中华数千年文学史册，其中专题咏鹤诗赋近200篇、咏鹤诗句近万处，而唐宋两朝之吟咏占绝大部分。古往今来的文人墨客视鹤如高尚之人般在眼前，如知心之友般在心中，所创作美鹤诗篇名句，有的端详细品，有的概写括论，各有千秋，总能感人。如，咏鹤神姿仙态、姿形无双的外在形象之美，唐代李白《赋得鹤送史司马赴崔相公幕》曰：“慕尔瑶台鹤，高栖琼树枝。”唐代杨巨源《别鹤》曰：“皎然仰白日，真姿栖紫烟。”唐代李九龄《鹤》曰：“天上瑶池覆五云，玉麟金凤好为群。”唐代薛能《陈州刺史寄鹤》曰：“临风高视耸奇形，渡海冲天想尽经。”宋代林逋《荣家鹤》曰：“清形已入仙经说，冷格曾为古画偷。”宋代王禹偁《谢柴侍御送鹤》曰：“骨含仙气生来瘦，羽插天风过处寒。”宋代叶颙《云巢睡鹤》曰：“檐稍深处稳栖翎，标格孤高迥出群。”宋代张嵲《咏鹤》曰：“非干位置异鸡群，自是昂藏绝世纷。”宋代释文珦《月夜听琴歌》曰：“玄鹤抃舞节奏同，延颈舒翼多仪容。”宋代刘过《寄吕英父》曰：“骨格昂藏云鹤瘦，吟哦凄断雪猿悲。”宋代陈襄《和咏鹤》曰：“神仙骨法人难相，除向瑶台玉简编。”宋代程必《沁园春》曰：“公有仙姿，苍松野鹤，落落昂昂。”宋代魏野《上知府李殿院十韵》曰：“相亲容似鹤，不拜许如僧。”元代方夔《鹤》曰：“辽海有黄鹤，翛然出尘姿。”清代李彦章《道光壬辰十月既望》曰：“鹤兮鹤兮仙人姿，一双来降庭之垂。”清代曹振镛《道光庚寅秋七月朔》曰：“园中双白鹤，矫矫姿出尘。”“清形”“仙姿”“迥出群”的仪容是如此超凡脱俗，“冷格”“出尘”“绝比俦”的气质是如此遗世独立。鹤形象无与伦比之美，真是叫人难以道尽。

汉代 画像砖 立鹤纹

鹤之外形美，除飞舞唳鸣诸动态外，站立之美亦大受赞赏。鹤站立时，挺胸昂首，器宇轩昂，谦谦君子派头十足，“三长”优势尽显，尤其颈项或高昂或低俯，皆能呈现出别样的娴静之美。汉代应璩《与广川长岑文瑜书》曰：“土龙矫首于玄寺，泥人鹤立于阙里。”魏晋曹植《洛神赋》曰：“竦轻躯以鹤立，若将飞而未翔。”南北朝谢朓《纪功曹中园》曰：“倾叶顺清飚，修茎伫高鹤。”唐代白居易《鹤》曰：“谁谓尔能舞，不如闲立时。”唐代杜甫《八哀诗·故右仆射相国张公九龄》云：“仙鹤下人间，独立霜毛整。”唐代戴叔伦《松鹤》曰：“独鹤爱清幽，飞来不飞去。”唐代张众甫《寄兴国池鹤上刘相公》曰：“独立秋天静，单栖夕露繁。”唐代张仲素《鹤叹》曰：“清唳因风远，高姿对水闲。”唐代李咸用《独鹤吟》曰：“碧玉喙长丹顶圆，亭亭危立风松间。”宋代方回《瑞云院大树林中二首》曰：“数僧潇洒相逢处，一鹤昂藏独立时。”宋代袁说友《壁画竹鹤》

曰："南墙看俨立，华表认归来。"宋代金涓《山庄》曰："人行秋叶滑，鹤立晚松凉。"宋代戴复古《鄂州戎治静憩亭》曰："伴人双鹤立，多事一蝉吟。"宋代陈允平《西湖暮春》曰："松关鹤立吟坛静，竹院僧眠丈室空。"宋代蒋捷《玉漏迟》曰："青屿小，鹤立淡烟秋晓。"元代张养浩《庆东原》曰："鹤立花边玉，莺啼树杪弦。"元代刘敏中《清平乐·九月回至隆兴》曰："鹤绕苍苔行又立，不见高堂素壁。"元代周巽《山居乐为吉州文世杰赋》曰："萝壁卧闲云，松巢立孤鹤。"元代李齐贤《鹧鸪天·过新乐县》曰："野田立鹤何山意，驿柳鸣蜩是处声。"宋代谭处端《咏鹤》曰："停停独立对秋风，黑白分明造化功。"明代宋匡业《亭梅》曰："瘦应同鹤立，清似畏人知。"明代蓝仁《题雪景》曰："饥鹤翅寒飞不去，伴人闲立看梅花。"清代康熙帝玄烨《鹤》曰："立同薛稷画，舞忆鲍昭文。"清代杨夔生《疏俊》曰："卓卓野鹤，超超出群。"清代陈功《少穆大前辈》曰："昂然独立寿千岁，胎禽弗与凡禽同。"

描写鹤立之美，还多将鹤放到水畔，清水白羽，修颈长腿，轻躯耸立，水禽鹤的清幽娴静之形姿美尽显。唐代储光羲《池边鹤》曰："舞鹤傍池边，水清毛羽鲜。……立如依岸雪，飞似向池泉。"唐代刘禹锡《鹤叹》曰："爱池能久立，看月未曾栖。"唐代王昌龄《送韦十二兵曹》曰："独立浦边鹤，白云长相亲。"唐代朱庆馀《台州郑员外郡斋双鹤诗》曰："情悬碧落归何晚，立近清池意自高。"唐代韦庄《独鹤》曰："夕阳滩上立徘徊，红蓼风前雪翅开。"唐代张仲素《缑山鹤》曰："清唳因风远，高姿对水闲。"唐代张籍《送越客》曰："水鹤沙边立，山鼯竹里啼。"唐代杜牧《鹤》曰："清音迎晓日，秋思立寒蒲。"唐代刘得仁《题景玄禅师院》曰："汲泉羸鹤立，拥褐老猿愁。"宋代苏轼《庚辰岁人日作》曰："春水芦根看鹤立，夕阳枫叶见鸦翻。"宋代辛弃疾《鹤鸣亭绝句四首其一》曰："溪流自有无声处，鹤舞不如闲立时。"宋代赵希迈《夜分》曰："一鹤来何处，相从立水湄。"宋代姚勉《莲竹鹤》曰："水边立良久，林外复高蹈。"宋代欧阳修《鹤》曰："万里秋风天外意，日斜闲啄岸边苔。"宋代徐照《题芗林》曰："立鹤高过槛，欹花半在池。"宋代张耒《舟行五绝》曰："沙边水鹤待鱼立，石底暗蛩夜先明。"宋代顾逢《孤山梅后》曰："飞来如靖鹤，相对立前滩。"宋代寇准《和赵监丞赠隐士》曰："门接水村多野色，鹤当莎径立残晖。"宋代岳珂《舞鹤》曰："九皋仙子老芝田，小立清池阿那边。"宋代张弋《舍州岁暮》曰："野鹤忽来桥上立，山僧独向水边行。"宋代张镃《湖上呈虞仲房》曰："浅泺鸥盘思腐啄，孤汀鹤立念遐征。"明代徐渭《画鹤赋》曰："凝伫矫矫，波间亭亭。"明代唵囕香公《山居》曰："松眠绝壑心俱死，鹤立空潭影亦闲。"明代阙名《晴皋鹤唳赋》曰："孤飞而天宇澄旷，独立而霜皋砥平。"

鹤所拥有的高迈雅致、卓尔不群的内在素质与品性之美，是中华鹤文化的精髓所在，也是文人墨客喜爱推崇鹤的深层次原因。诗人往往借咏鹤之精神，或借景抒情，或托物言志，来抒发心灵深处的美好愿景。如吟咏鹤高远不俗心性之诗句，魏晋曹植《白鹤赋》曰：“冀大纲之解结，得奋翅而远游。”南北朝鲍照《舞鹤赋》曰：“钟浮旷之藻质，抱清迥之明心。”唐代杜甫《遣兴》曰：“蛰龙三冬卧，老鹤万里心。”唐代白居易《感鹤》曰：“鹤有不群者，飞飞在野田。”唐代贾岛《游仙》曰：“天中鹤路直，天尽鹤一息。归来不骑鹤，身自有羽翼。”唐代方干《书桃花坞周处士壁》曰：“自学古贤修静节，唯应野鹤识高情。”唐代杨巨源《和卢谏议朝回书情》曰：“超遥比鹤性，皎洁同僧居。”又《酬崔博士》曰：“青松树杪三千鹤，白玉壶中一片冰。”唐代许浑《寄殷尧藩先辈》曰：“青山有雪谙松性，碧落无云称鹤心。”唐代孟郊《送李尊师玄》曰：“松骨轻自飞，鹤心高不群。”唐代钱起《晴皋鹤唳赋》曰：“懿夫秉心清迥，禀质贞素。”宋代林逋《荣家鹤》曰：“种莎池馆久淹留，品格堪怜绝比俦。”宋代范仲淹《鹤联句》：“端如方直臣，处群良足钦。”宋代魏野《送太白山人俞太中之商于访道

明代 绘画 张翀《椿萱鹤竹图卷》沈阳故宫博物院收藏

友王知常泊归故》曰："水声山色为声色，鹤性云情是性情。"宋代胡仲弓《次云心韵赠臞仙》曰："清修如野鹤，心性在云间。"宋代林尚仁《鹤》曰："华表千年事，青天万里心。"宋代赵蕃《次韵元衡送别》曰："老马千里志，老鹤万里心。"宋代文天祥《第一百七十九》曰："威凤高其翔，老鹤万里心。"元代王冕《琴鹤二诗送贾治安同知》曰："旷哉万里怀，皓月同蹁跹。"明代张含《开怀》曰："松心鹤性清如水，逗雪盘云共老怀。"明代梁有誉《黄司马青泛轩》曰："鹤性在烟霞，凤想存寥廓。"明代邵宝《鹤舞》曰："风羽九逵能抗晚，野心万里欲横秋。"清代姚椿《饲鹤行题应少穆先生命》曰："鹤性清高能警露，远翥盘空更迴顾。"鹤之心性是如此"清迥""冲霄"，摩云高远，怎不令人仰慕追寻！正如唐代张籍《赠李杭州》诗中所云"惠化州人尽清净，高情野鹤与逍遥"，宋代白玉蟾《菊花新》词中所云："云心鹤性，死也要冲霄，乘风去。"

如吟咏鹤高洁豪迈精神之诗句，唐代白居易《想东游五十韵》曰："精神昂老鹤，姿彩媚潜虬。"唐代李九龄《鹤》曰："不须更饮人间水，直是清流也污君。"宋代苏轼《数日不出门偶赋》曰："看鹤松阴赏高洁，疏泉石罅得清甘。"又《次韵王郁林》曰："鹤作精神松作筋，街庭兰玉一时春。"宋代陆游《寄赠湖中隐者》曰："万顷烟波鸥境界，九秋风露鹤精神。"宋代翁卷《赠陈管辖》曰："一拂清风一袖云，紫阳容貌鹤精神。"宋代彭汝砺《再呈通判承议》曰："长松根脚龙蛇蛰，老鹤精神玉雪清。"宋代方岳《山中》曰："只合空山着此身，野猿骨相鹤精神。"宋代王灼《呈陈崇青求娱亲堂三大字》曰："健笔横飞鸾体态，单颜长炼鹤精神。"宋代陈振甫《赠冲虚斋朱道士》曰："玉室金堂世有人，龙眠龟息鹤精神。"宋代白玉蟾《觉非居士东庵甚奇观玉蟾曾游其间醉吟一篇》曰："苍松筋骨鹤精神，谓之觉非老居士。"宋代僧道潜《东坡先生挽词》曰："精神炯炯风前鹤，操节棱棱雪后松。"宋代李清照《新荷叶》曰："鹤瘦松青，精神与、秋月争明。"明代朱静庵《双鹤赋》曰："惟仙禽之高洁，禀玉雪之贞姿。"明代张羽《赠郑邴文》曰：

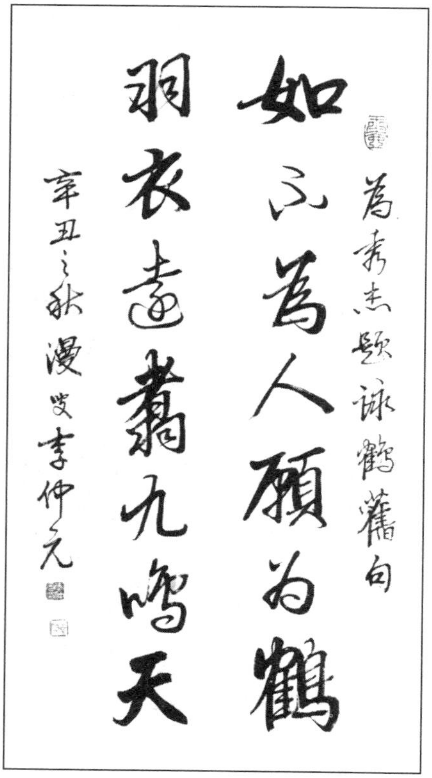

当代 书法 李仲元《咏鹤》

“两鬓星星小幅巾，苍松气节鹤精神。”如此寒松清流般如日如风、如龙如鸾、如猿如龟、如雪如玉的“鹤精神”，怎不令人倾心膜拜！难怪唐代王氏女《临化绝句》中坦陈“此心不恋居尘世，唯见天边双鹤飞”，唐代寒山《诗三百三首》中表白“守死待鹤来，皆道乘鱼去”，宋代何梦桂《和仙诗友鹤吟》中申明“下天上天随君去，不与人世同悲欢”，明代刘基在《旅兴》中直呼“我愿化为鹤，不愿化为猿”，当代李仲元在《咏鹤》中明言“如不为人愿为鹤，羽衣远翥九鸣天”。

第二节　人鹤情美

清代 篆书 邓石如 野鹤巢边松最古，仙人掌上雨初晴

1. 亲鹤友鹤

鹤对人，知情尽理；人爱鹤，情深义重。甚而有人为了护鹤无畏忘我，不怕牺牲。早在西周时期，秀美俊逸的鹤即被作为珍稀礼物用于国家之间的馈赠。《拾遗记》载：“周昭王时，涂修国献青鸾修丹鹤各一雄一雌，以潭皋之粟食委之，以溶溪之水饮之。”东周时期却发生了一则献鹤逸事。《史记》载，齐王派淳于髡献鹤给楚国，途中过于水上，他不忍心鹤渴，放出笼让其饮水，鹤却飞走了。如此重大失误，令淳于髡对两王均无法交差，还有可能被杀头。但他向齐王坦白后，其爱鹤之举却得到了同样爱鹤的齐王的赞许。清代碑学书家巨擘，震古烁今的书法大家邓石如也是一个爱鹤友鹤之人，为鹤甚而有无畏之举。邓石如性格耿介，不慕富贵，崇尚自然，与鹤之感情极深，如其《白氏草堂记》中所言，“用鹤、恋鹤、训鹤、祝鹤，吾何得忘情于鹤?”他养有两只鹤，一日雌鹤死去，他不忍见雄鹤整日孤鸣悲戚的样子，便将鹤寄养到环境宽敞的集贤关佛寺。从此他每月往返30里地担粮饲鹤，坚持不懈。一日得传报，鹤被安庆知府看中抓回了府中。为客扬州的他即刻启程赶回安庆，怀着满腔不平，不畏官府之威，写下洋洋千余字措辞严厉的《陈寄鹤书》，向知府索还鹤。文中历数得鹤、养鹤、寄鹤之悲欣往事，以“大人之力可移山，则山民化鹤、鹤化山

民所不辞也”作结，显示出他已将生死置之度外的如虹气势。知府无言以答，随即将鹤送还佛寺。传说，邓石如死后，那只鹤悲鸣数日，人鹤互化融为一体，然后朝碧空青霄飞去，邓石如亦实现了其记中“他日碧水苍山偕游观于冥漠”的心愿。

许多诗人以诗词来抒发对鹤的喜爱之情，篇篇句句皆韵美情深、生动感人。如爱鹤伴鹤诗句，唐代白居易《问秋光》曰：“淡交唯对水，老伴无如鹤。”宋代卫宗武《和丹岩以青溪至有作》曰：“野鹤正思寻老伴，盟鸥亦竞喜朋来。”宋代戚纶《送张无梦归天台山》曰：“有伴指期玄鹤老，无心高羡白云飞。”宋代王炎《两鹤》曰：“正为白头违世路，要须丹顶伴闲身。”宋代郑清之《戏调和鸣鹤》曰：“瘦鹤云霄志，相从伴独清。”宋代杨万里《筠庵》曰：“随身无长物，只跨一只鹤。”宋代刘克庄《古意二十韵》曰：“晚岁历九州，导从惟一鹤。”宋代吴泳《鹊桥仙·寿崔菊坡》曰：“二童一马，素琴独鹤，长与仙翁为伴。”宋代张邵《横江》曰：“横江一片碧，携鹤上鱼船。”宋代王迈《贤牧堂》曰：“来日清泉濯，归时只鹤随。”宋代释智圆《赠郝逸人》曰：“伴吟唯有鹤，高趣别无仙。”宋代柴童《山居》曰：“老来无一事，僮与鹤相随。”宋代柴随亨《偶题》曰：“人世阴晴了未知，一僮一鹤自相随。”元代倪瓒《寄卢士行》曰：“照夜风灯人独宿，打窗风雨鹤相依。”元代侯善渊《西江月》曰：“鹤引鸾随甚处，家童笑指寥阳。”明代陈衎《题邵大行薰亭》曰：“蝶趁侍儿登佛阁，鹤随门客上渔船。”如亲鹤友鹤诗句，唐代徐铉《和元少卿送越僧》曰：“遥羡高斋吟望处，孤云野鹤是亲朋。”唐代李中《云》曰：“静与霞相近，闲将鹤最亲。”唐代马戴《宿阳台观》曰：“心知人世隔，坐与鹤为群。”宋代辛弃疾《题鹤鸣亭》曰：“百年自运非人力，万事从今与鹤谋。”宋代张镃《入园闻鹤唳》曰：“长闲便是延年法，鹤不同谋更与谁。”宋代陆游《晚雨》曰：“琴料凭僧问，巢居与鹤谋。”宋代林尚仁《清真观》曰：“拟办隐心终老此，便须归与鹤商量。”宋代蒲寿晟《依韵寄呈林城山》曰：“知心海上千年鹤，极目云间五色楼。”宋代薛嵎《别鹤》曰：“昨夜月明如失友，故园笼在且休扃。”明代半峰斌公《王十岳金平渊山寮避暑》曰：“小隐空山绝四邻，野云孤鹤自相亲。”明代李濂《沔阳秩满北上汉水舟中感旧书怀却寄污郡诸寮》曰：“双鹤如我友，飞鸣意相求。”现代冯超然《梅妻鹤子》题识：“梦醒罗浮世外春，一生惯与鹤相亲。”

明代唐寅是个文人画家，不仅将亲鹤情致以诗咏之，还以画绘之。《款鹤图》是其与苏州精英阶层雅集，与朋友切磋诗画时为王观（别号款鹤）所作。此画题目呼应的是受画者之名号，内心却是在表达隐士高洁淡雅隐逸之理想境界。在远近景河流山石树木的映衬中，人与鹤浑然呼应，相得益彰：人物神态儒雅，悠闲惬意；仙鹤身姿坚柔相济，婉转婀娜。其意境正如唐寅《友鹤图》所言“名利悠悠两不羁，闲身偏与鹤相宜”。

明代 绘画 唐寅《款鹤图》局部 上海博物馆收藏

爱鹤诗人进而将鹤拟人化，把鹤当作能听懂人语，看明人心思、人所为，并能与人交流互动的朋友；知书达理的鹤之形象被表现得愈发生动可爱，也让诗人诗兴大发。如，唐代李白《宣州长史弟昭赠余琴溪中双舞鹤诗以言志》曰：“顾我如有情，长鸣似相托。”唐代王建《题东华观》曰：“鹤雏灵解语，琼叶软无声。”唐代鲍溶《寄峨嵋山杨炼师》曰：“道士夜诵蕊珠经，白鹤下绕香烟听。”宋代周端臣《咏鹤》曰：“觅来雏鹤养经年，认得呼名傍客前。”宋代徐照《会饮鲍使君池》曰：“叶满地黄随步履，鹤于人熟听吟哦。”又《哭鲍清卿》曰：“酒醺驴到载，吟苦鹤曾闻。”宋代叶適《郭伯山挽词》曰：“讲灯常照鹤窥坐，坛杏半红猿拣枝。”宋代顾逢《寄田润斋道录》曰：“柳下犬迎客，花边鹤听经。”宋代王之道《还通上人卷》曰：“所得岂容人继和，朗吟应被鹤听闻。”宋代葛庆龙《谢理得惠书》曰：“不教落在红尘耳，读与青松白鹤听。”宋代周文璞《赠虎丘僧道辉游天台》曰：“入定山猿见，吟诗海鹤闻。”宋代懒渔《龙华山》曰：“老龙收雨藏香钵，野鹤听经绕法台。”元代许有壬《南乡子》曰：“尘梦黍方炊，白鹤空中漫诵诗。”又《南乡子》曰：“暑室困蒸炊，呼鹤前来听咏诗。”元代王冕《素梅》曰：“半夜鹤归诗思好，清香吹满水南轩。”明代童佩《送盛朝用读书方山》曰：“花气惟春识，书声只鹤闻。”明代陈鸿《过曹能始石仓园》曰：“莺唤曲栏春卧稳，鹤窥深户夜吟孤。”明代成鹫《寄西宁张明府》曰：“政洽看鹰化，心闲有鹤知。”明代沈周《赠西山老僧》曰：“游僧久住同衣食，畜鹤长随识性情。”清代释敬安《梦洞庭》曰：“一鹤来从戒，群龙来听经。”

还有一个个人鹤情感故事亲切生动，格外感人。宋代张镃《玉照堂观梅》中“喜客能挥白玉琴，此花端解古时音。只防老鹤来偷听，引起翻云万里心”诗句

近代 绘画《放鹤》 选自王念慈鉴选《近代名画大观》

表达得十分俏皮，为了防止所养之鹤高飞远走，甚而防备老鹤偷听他们的谈话，可见其爱鹤之心细致入微。宋代辛弃疾《临江仙》中“偶向停云堂上坐，晓猿夜鹤惊猜。主人何事太尘埃。低头还说向，被召又重来”，戏说自己是应猿鹤之召而归，风趣地借人与猿鹤的对话互动显示出相近相知之情，也抒发他一生力主抗金、壮志难酬的悲愤。元代张之翰《沁园春·送鹤寄可与郎中》写送鹤与人后的回忆。想起似懂人意之鹤陪伴他共度的美好时光，鹤如知心好友般看他写字，听他吟诗。“鹤汝前来，与余相从，近乎一年。每座隅举目，看挥大字，窗前侧耳，听诵佳篇。”然后与鹤作深情告别，“长鸣罢，似知余雅意，两翅翩翩。”在随之所作《沁园春·用送鹤乐府韵，寄可与亦督和之》词中，在与友人相叙离情时仍在关注那只鹤：“自别君来，日如三秋，夜如一年。”“鹤去多时，甚无一语，回到高沙烟雨边。”诗人对鹤眷恋不舍，无法忘怀。

2．悼鹤瘗鹤

爱鹤之人历朝历代有之，而晚唐的皮日休的爱鹤之举尤为突出。皮日休，字袭美，为晚唐著名诗人、文学家，其诗文兼有奇朴二态，且多为同情民间疾苦之作，对于社会民生有深刻的洞察和思考，有《皮日休集》等多部。皮日休爱鹤，且常在诗作中咏鹤，如，《太湖诗三宿神景宫》云：“素影警微露，白莲明暗池。”《题支山南峰僧》云：“池里群鱼曾受戒，林间孤鹤欲参禅。”在《临顿为吴中偏胜之地陆鲁望居之不出郛郭旷若……奉题屋壁》十首中竟有五首提到了鹤，诸如，“鹤来添口数，琴到益家资。”“鹤静共眠觉，鹭驯同钓归。”“玄想凝鹤扇，清斋拂鹿冠。”“砌下翘饥鹤，庭阴落病蝉。”“云态不知骤，鹤情非会征。”他平常喜欢以鹤自喻，在与友人的酬唱中更喜欢写鹤，如，《奉和鲁望独夜有怀无体见寄》云：“病鹤带雾傍独屋，破巢含雪倾孤梧。”《七爱诗·白太傅（居易）》

云："处世似孤鹤，遗荣同脱蝉。"皮日休与陆龟蒙交友，二人齐名，世称"皮陆"。皮日休《伤开元观顾道士》有"鹤有一声应是哭，丹无余粒恐潜飞"句，陆龟蒙《和袭美伤开元观顾道士》有"何事神超入杳冥，不骑孤鹤上三清"句，张贲《奉和袭美伤开元观顾道士》有"几度吊来唯白鹤，此时乘去必青骡"句。

而皮日休与陆龟蒙等人的悼鹤之举更显示了鹤在文人墨客心目中的崇高地位。喜欢鹤很久的皮日休直至吴中华亭鹤栖息地任苏州军事判官职务时，才花五百钱买了一只鹤来养。从白居易《从同州刺史改授太子少傅分司》中的"月俸百千官二品，朝廷雇我作闲人"诗句看，唐代鹤的价钱不菲，二品官位的白居易月俸才百千，刚刚入职从八品判官的皮日休月俸能有多少钱呢？看来，为买鹤皮日休是舍得的。一年后，因喂食不当，鹤却在一个夜间死去了。早上起来看到死去的鹤坠落的羽毛还在池水塘边飘转，他不禁泪落衣襟，写下《悼鹤》诗："莫怪朝来泪满衣，坠毛犹傍水花飞。辽东旧事今千古，却向人间葬令威。"缠绵悱恻，心中的哀伤却无法排解，便写下《悼鹤并寄友请和》诗并序，寄给各地好友"请垂见和"，以分其忧。序中先说明失鹤经过，然后赋诗曰："池上低摧病不行，谁教仙魄反层城。阴苔尚有前朝迹，皎月新无昨夜声。菰米正残三日料，筠笼休碍九霄程。不知此恨何时尽，遇著云泉即怆情。"苔迹依稀可见，在阒寂无声的月夜，没有鹤的日子无时无处不令其深深"怆情"，更"不知此恨何时尽"。

同样爱鹤的好友纷纷和诗。很快，东吴陆龟蒙的《和袭美悼鹤》诗寄来了："酆都香稻字重思，遥想飞魂去未饥。争奈野鸦无数健，黄昏来占旧栖枝。"意犹未尽，陆龟蒙接着再寄一首七律《和袭美先辈悼鹤》："一夜圆吭绝不鸣，八公虚道得千龄。方添上客云眠思，忽伴中仙剑解形。但掩丛毛穿古堞，永留寒影在空屏。君才幸自清如水，更向芝田为刻铭。"不禁质疑淮南八公相鹤经里鹤寿千年的说法，悲吟葬鹤，愤慨占枝野鸦的健在，一再抒发对世道不公、高洁美好之物之人不得意的郁闷之情。陆龟蒙曾任湖州、苏州刺史幕僚，后隐居松江甫里，编著有《甫里先生文集》等。浙东李縠《和皮日休悼鹤》诗有"人间华表堪留语，剩向秋风寄一声。……料得王恭披鹤氅，倚吟犹待月中归"句。李縠为浙东观察推官，兼殿中侍御史，与皮日休交好。诗言鹤已亡，主人却在等待其回归，发出了希望与现实往往相悖的愤懑之声。毗陵魏朴《和皮日休悼鹤》诗句更是直抒愤懑不平："直欲裁诗问杳冥，岂教灵化亦浮生。……霜晓起来无问处，伴僧弹指绕荷塘。"试问高远之苍天，为什么让灵秀的生命如梦般短暂？魏朴是唐末吴中名士，才高志旷，工诗文，与皮日休、陆龟蒙等人之交甚笃，诸人唱和之诗辑为《松陵集》。南阳张贲一次寄来两首和诗。一为七律《奉和袭美先辈悼鹤》，其中"莎径罢鸣唯泣露，松轩休舞但悲风。……云减雾消无处问，只留华发与衰翁"

句尽显悲痛之情。一为七绝《悼鹤和袭美》："渥顶鲜毛品格驯，莎庭闲暇重难群。无端日暮东风起，飘散春空一片云。"两诗皆将鹤亡喻为风吹云散，抒发人对茫茫世事无能为力之叹。张贲早登大中进士第，为广文博士，尝隐于茅山，后寓吴中，与皮、陆交游。这些好友知己知友，知人知鹤，心灵相通，情深义重；这些和诗，松风寄语，裁诗问天，悼鹤慰人，同伤共悲。一鹤之死引起五位诗人的唱酬慨叹，抒发共同的茫然、孤清、悲怆之情。收到和诗，皮日休的伤痛之心定然得到慰藉，但对亡鹤始终不能忘怀，一年后，又有诗句凭吊之："豹皮茵下百余钱，刘堕闲沽尽醉眠。酒病校来无一事，鹤亡松老似经年。"（《初冬偶作》）

明代 绘画 沈周《桐阴玩鹤图》局部

对鹤怀有深情者颇多，北宋诗人魏野尤甚。他自筑草堂于陕州东郊，乐耕勤种，不求仕进，如鹤般清高自守，不随波逐流，为人称道。宋真宗西祀时曾派使臣征召他，却被他以病辞。其诗格清苦，诗风朴实，有《草堂集》，与寇准、王旦等往来酬唱。友人赠鹤与他，他十分高兴。"殷勤亲惠鹤，迢递自江渍。"（《谢冯亚惠鹤》）"喜得华亭鹤，看承过所宜。"（《和何学士见咏新得鹤》）他乐与鹤相伴相守，写下许多咏鹤诗篇。"犹赖华亭鹤，林间伴所居。"（《秋怀王专》）"相亲容似鹤，不拜许如僧。"（《上知府李殿院十韵》）"三峰同鹤住，半俸与僧分。"（《赠华山何学士致仕》）"成家书满屋，添口鹤生孙。"（《闲居书事》）"不断仙舟来往处，狎鸥载鹤听渔歌。"（《送王国博赴江南提刑》）魏野在代表作《书逸人俞太中屋壁》一诗中写出了"洗砚鱼吞墨，烹茶鹤避烟"的精绝诗句。诗人到流泉洗砚，使得那里的鱼儿总是吞咽黑黑的墨水；点火煎茶，炉边极有灵性的仙鹤，怕羽毛被熏黑赶紧避开。连鹤都知道保护自己羽毛的洁白，可见主人品性之高洁；诗句既写出了隐士生活的恬淡自由，又表现了心境的高雅闲逸。此典情趣雅致，为后人乐用。如，宋代林希逸《烹茶鹤避烟》曰："山僧吹火急，野鹤避烟行。"明代郭登《赠才师用素轩沐公韵》曰："山瓶水冷龙藏雨，石鼎茶香鹤避烟。"明代谋堚《秋夕袁太守招集衙斋》曰："灯明草阁惊虫响，烟逼茶铛阻鹤行。"清代林则徐《嶰筠赠鹤》曰："孤山处士还相对，松下风多且避烟。"清代汤鹏《少穆方伯正句》曰："有时对竹还思句，何处烹茶欲避烟。"

后来魏野所养一只鹤折足而卒，令他十分痛惜，不仅写诗悼之，还亲自起冢葬之。“君去华亭鹤又殂，眼前空见众禽雏。”（《又次前韵兼乞鹤》）“谁折仙禽足，经旬致枉终。仇宜天与报，恨使我难穷。风月犹疑惨。园林顿觉空。殷勤亲起冢，只在草堂东。”（《悼鹤》）诗人的落寞之感与对鹤的哀怜之情融汇交织，“空”字的反复使用，更强化了失鹤后的人之孤独无着与黯然神伤。

人与鹤的情感如此难解难分的事例颇多。魏晋湛方生早有《吊鹤文》，失去“惟海嵎之奇鸟”的鹤，令他昼思夜想，“顾樊笼而心惊，独中宵而增思”。明代张瀚《归鹤篇》中写友人赠送的一只驯鹤随野鹤飞走后，他虽能理解鹤之心思，“客既眷故乡，鸟亦适故林”，但相处日久生情，终难以忘怀，故欲追寻鹤而去：“去矣物无累，怀哉谊已深。愿比云霄翼，常同万里心。”明代孙一元《失鹤》序云：“余蓄一鹤，一夕开笼调舞，忽尔高逝，长望不还……因用首尾作诗五首。”他以第二人称呼鹤，亲切而自然：“此时还忆汝，学舞小庭中。”“此时还忆汝，伴我夜吟诗。”但鹤“只在秋江上，高飞竟不还”。诗人对飞离之鹤“欲赋招难返，长怜思不群”，只能发出“何处访蓬山”的无奈感叹。宋代吴锡畴在《悼鹤》中，深情缅怀死去之鹤，表达深切之痛，并刻铭文于石以纪念。“乘化归辽海，双笼一不开。坠翎留片雪，遗迹印荒苔。月朗怜孤唳，琴闲忆共来。瘞铭为琢石，鸡鹜不须猜。”从元明一些专题以《悼鹤》为题诗篇可见，失鹤而悼之的诗人无一不心情悲伤哀痛，难以自已。如元代张雨云：“欲撰瘞铭修故事，寄书先报九华山。”明代朱诚泳云：“汉江楼上月明时，吹引天风裂山石。”明代佚名云：“愁杀山人眠蕙帐，夜深谁伴野猿吟。”明代郭谏臣云：“凭阑怅望西风下，零落霜毛真可哀。”明代孙承恩云：“遂令草堂失幽致，从此老夫乖赏心。”明代刘祖满云：“珠树三花落更开，乘轩无复登此台。”

更有人为亡鹤写传并刻在山石上以悼。刻于江苏镇江焦山西麓崖壁的《瘞鹤铭》是一处著名的摩崖石刻。瘞是埋葬之意，瘞鹤铭，即葬鹤的铭文；“瘞鹤”有如葬花，是一桩韵事，应是隐士所为。宋代《欧阳修全集·瘞鹤铭》云：“碑无年月，不知何时？”对此碑刻，均认为是唐前石刻。关于作者有二说：一说为东晋擅长行书的王羲之所书，唐人孙处玄所撰《润州图经》有载，故而宋代黄庭坚等学者认同此说；一说为南北朝隶书、行书俱佳的陶弘景所书，宋代黄长睿有所考证。但倾向后者居多。陶字通明，道教思想家、道教茅山派代表人物之一，晚号华阳隐居。宋代刘克庄《贺新郎·二鹤》诗有所提及：“假使焦山真羽化，待华阳贞逸铭方瘞。”唐宋之际，碑石因山体遭受雷击引起滑坡而崩裂，随山石一起坠入长江。至北宋初年，镇江太守钱子高从江中获得一块《瘞鹤铭》残石，便将其与另外三块晋唐时期的石碑一起置于焦山之上，是为焦山碑林。此后《瘞鹤铭》便一直沉在江底，直至清初才由镇江知府陈鹏年募工从江中捞出。现存的

南北朝 碑刻 陶弘景《瘗鹤铭》局部 江苏焦山

残石共有5块93字，属稀世之珍。全文如下：“鹤寿不知其纪也，壬辰岁得于华亭，甲午岁化于朱方。天其未遂，吾翔寥廓耶？奚夺余仙鹤之遽也。乃裹以玄黄之巾，藏乎兹山之下，仙家无隐晦之志，我等故立石旌事篆铭不朽词曰：相此胎禽，浮丘之真，山阴降迹，华表留声。西竹法理，幸丹岁辰。真唯仿佛，事亦微冥。鸣语化解，仙鹤去莘，左取曹国，右割荆门，后荡洪流，前固重局，余欲无言，尔也何明？宜直示之，惟将进宁，爰集真侣，瘗尔作铭。”驯养之鹤不久病死，主人用彩色的丝绸将其包裹起来，埋葬在山脚并写下铭文。文中以寥寥数语呼天抢地、情真意切地表达了人对鹤的深切悼念之情。“老天啊，你还没有满足我驾鹤游天的愿望，为什么这么快就将我的仙鹤招去？”《瘗鹤铭》不仅文字感人，且还是著名的摩崖刻石之书法精品，原始碑刻拼接后现存于镇江焦山墨宝轩中，书法字体奇峭飞逸，呈萧疏淡远、沉毅华美之韵致。此书法艺术为隋唐以降楷书之典范，具有不朽艺术价值，宋代黄庭坚在《以右军书数种赠邱十四》中誉之为“大字无过瘗鹤铭”。清代王晫《今世说》载，程康庄登焦山，因见《瘗鹤铭》遗迹“缺蚀不完，别购善本，磨悬崖而刻之”，并拉王世祯同游，并各赋诗记其事。

历代均有咏焦山《瘗鹤铭》景观的。宋代贺铸《金山化成阁望焦山作》曰：“岿然瘗鹤山，屏截横流中。”宋代韩元吉《隆兴甲申岁闰月游焦山》曰：“江翻断崖石破碎，瘗鹤千年有遗迹。”宋代黄彦平《重过京口》曰：“寄声瘗鹤岩头字，莫厌龙蛇万里深。”宋代林景熙《焦山寺》曰：“洞深瑶草无人采，瘗鹤残碑浸碧浔。”宋代王大受《焦山》曰：“何人瘗鹤无踪迹，犹有残碑没浪痕。”又《题法帖》曰：“瘗鹤字犹看不见，黄庭小楷付来生。”宋代吴琚《春日焦山观瘗鹤铭》曰：“古刻难细读，断缺苍藓护。”宋代李廌《自山中归至登封遂讽高宰令取峻极中院厨前后》曰：“吴砧已碎乐生论，京江昔沈瘗鹤铭。”宋代林奕之《答稚春送瘗鹤铭》曰：“烹鱼蒙尺牍，瘗鹤有残碑。”宋代洪适《满庭芳·辛丑春日作》曰："盘洲怨，盟鸥闲阔，瘗鹤立新碑。"明代道原法师《子熙两和诗寄再用韵以答》曰："水落楚江寻瘗鹤，草荒吴苑问蒸鱼。"明代甘瑾《题洞泉观》曰："剑沉旧井龙湫废，碑断阴崖鹤冢存。"亦有赞碑刻之文笔内容的。宋代释绍昙《灵叟小师悟垓侍者求语》曰："瘗鹤铭辞匪同调，寒山诗句非知音。"宋代戴复古《为石云悼鹤》曰："瘗鹤有故事，花边结小茔。"又《焦山》曰："藏压蟠龙宅，潮淙瘗鹤铭。"更多是赞《瘗鹤铭》书法艺术的。宋代方岳《感怀》曰："异人曾授相牛经，奇字初传瘗鹤铭。"宋代王琮《汉荆王墓》曰："落落庙碑摹瘗鹤，阴阴宰木宿神鸦。"宋代晁公武《游焦山》曰："游僧谁渡降龙钵，过客争摸瘗鹤铭。"明代张掞《乐圃林馆》曰："书铭临《瘗鹤》，弦调寄啼乌。"明代徐渭则将多个鹤典一起使用更显知识渊博手法高超，其《画鹤赋》曰："尔其焦山瘗铭，桂阳避弹；道林纵归，扬州缠贯。"

3．失鹤忆鹤

人与鹤相聚时享受美好，离别后追忆美好，那些吟咏失鹤的诗篇诗句尤其深沉感人。唐代刘得仁《忆鹤》曰："自尔归仙后，经秋又过春。白云寻不得，紫府去无因。此地空明月，何山伴羽人。终期华表上，重见令威身。"诗人对卒鹤之思念绵延了春夏秋冬四季，情真意切，令人读之恻然。刘得仁长庆中即有诗名，出入举场三十年，终不第。他盼望知音，常以鹤喻己之清高、孤寂，有诸多咏鹤诗句。此篇以鹤为题，既表达了一派爱鹤深情，也抒发了一个不得志文人的落寞心情。唐代李群玉《失鹤》曰："瑶台烟雾外，一去不回心。清海蓬壶远，秋风碧落深。"李群玉为澧州人，极有诗才。早年杜牧游澧时劝他参加科举考试，并作诗《送李群玉赴举》，但他赴举二次不第而止，死后被追赐进士及第。诗中以鹤为友，用灵动的拟人手法，寄深情于鹤，以一句"一去不回心"，表达了对失鹤那种萦绕不去铭心刻骨的思念。唐代李远《失鹤》曰："秋风吹却九皋禽，一片闲云万里心。碧落有情应怅望，青天无路可追寻。来时白云翎犹短，去日丹砂顶渐深，华表柱头留语后，更无消息到如今。"李远，夔州云安人，大和五年进士，官至御史中丞，是一位淡泊功名、文名远播的高雅之士。从"一片闲云万里心"句，可见他对失鹤之思念远至千万里；两个"无"字的运用，则将他的惆怅送至近乎绝望之地步。宋代释智圆《失鹤》曰："双鹤忽飞去，清音更不闻。远应寻凤侣，闲恐避鸡群。岸静休临水，庭空罢舞云。唯余旧踪迹，篆字印苔纹。"诗人睹物思鹤，对失鹤充满牵挂，喃喃自语嘱咐鹤注意安全，字里行间流露出内心深深的哀伤。元代张养浩以《惜鹤十首》对一只鹤的生前相伴与死后相忆的过程进行了深切回顾。以"千金"买只鹤，带鹤学飞，"前舞""后随"，相处日久，有了感情，成了倾心之"知己""莫逆"，"云雨手翻覆，纷纷知己谁。

玄裳真莫逆，皓首誓相期。把酒或前舞，游山时后随。会当作人语，细与话瑶池。”（《惜鹤十首其二·友鹤》）鹤伤病后，诗人忧虑不安，给予精心医治养护。“病两月毙，惜哉！因取其始末作十诗，将以慰其不幸云尔。”（《惜鹤十首·序》）鹤死后，诗人用一首首诗篇来追忆与鹤如同家人般相处的时光，表达沉痛的思念之情，把人对鹤的情感演绎得催人泪下。“当年林处士，泉下定相亲。”（《惜鹤十首其五·挽鹤》）用林逋爱梅鹤之典，言说要与鹤相期于“泉下”。“歌彻楚人些，冥冥恨益增。”（《惜鹤十首其六·招鹤》）百般惆怅的诗人借楚辞《招魂》之意为亡鹤招魂。“忍令一抔土，埋尽九皋心。致奠摅幽愤，为名著德音。”（《惜鹤十首其七·瘗鹤》）写最后将鹤安葬并致奠，为铭，还栽松为记。“玉立昂藏态，山中我与君。几年游赏共，一夕死生分。徐步闲窥沼，高飞远带云。为谁重起舞，倚杖立斜曛。”（《惜鹤十首其八·忆鹤》）深情回忆鹤生前之站行、飞舞等不凡仪姿。“岫幌灯昏处，依稀见瘦躯。……枕上行云绕，松梢落月孤。”（《惜鹤十首其九·梦鹤》）思念入梦，梦中得见，言鹤瘦而孤，情境逼真感人。“百计无从见，明窗吮笔图。研朱染霞顶，屑玉抹云襦。”（《惜鹤十首其十·图鹤》）思念不已，只好将鹤之形象画为图画，以作永久纪念。十首诗一气呵成的系列描绘，把诗人对鹤的深沉的喜爱与伤感之情进行了淋漓尽致的表达，感人至深。

明代 绘画 杜堇《友鹤图》局部

4. 美鹤誉鹤白居易

鹤形神之美逸，皆与文人的雅致情愫相通，令其与之结下不解之缘。初唐盛世繁荣的社会生活，更为滋养了人们的爱鹤情怀。鹤被更多地引入各种文艺形式中来，从而被艺术化。皇帝爱鹤，朝臣爱鹤，文人士大夫亦爱鹤，而白居易是倾情赞美鹤的代表人物，是古往今来立题成篇咏鹤最多的人，又是以白描手法真实刻画鹤之形神的第一人。白居易，字乐天，为唐代中期著名诗人，爱鹤、养鹤、咏鹤、誉鹤贯穿了他的一生，鹤成了他生命历程的一种记录和映像；无论是兼济天下得以施展之时，还是独善其身退守田园之日，他对鹤的挚爱情感始终未变，对鹤的倾情吟赞始终未停，鹤是其诗篇中最常出现、寓意最为丰富的鸟类意象。

汉代 画像砖 《庭院》 四川省成都市博物馆收藏

周到的养护，细心的观察，长久的相处，使白居易对鹤的姿容品性有了较为精确的把握，方能将鹤之意象与自己的雅致情愫相融汇。他的赞誉是全面的，鹤之丹顶、白羽，站立、行走，飞舞、翱翔之美，皆入其笔端，对后人描摹鹤意象产生重要影响。从822年始，白居易历任杭苏二州刺史时，已接触到著名的华亭鹤。在杭州，他的济世之情占主导地位，在《登龙昌上寺望江南山》中写下“因咏松雪句，永怀鸾鹤姿”的豪迈诗句。杭州任满被诏回，他带回两块天竺石与一只鹤，“身兼妻子都三口，鹤与图书共一船。”（《自喜》）“万里归何得？三年伴是谁？华亭鹤不去，天竺石相随。”（《求分司东都寄牛相公》）“三年典郡归，所得非金帛。天竺石两片，华亭鹤一只。……岂独为身谋？安吾鹤与石。”（《洛下卜居》）路过洛阳时他决计于此买房定居，标准是除了适宜人之居住，还要兼顾鹤之水栖需要，“贞姿不可杂，高性宜其适。遂就无尘坊，仍求有水宅。”（《洛下卜居》）钱不够，他卖马换钱，最终在洛阳城东南履道里买下一处有池水的房宅。

得益于“有水宅”，白居易对鹤的动态有更为细微的观察，鹤之诸般美妙姿态在他的笔下均有细腻描摹。如，《池上》云：“独立栖沙鹤，双飞照水萤。”《予自到洛中》云：“乐观鱼踊跃，闲爱鹤徘徊。”《玩止水》云：“净分鹤翘足，澄见鱼掉尾。”他描写一年四季鹤的不同风姿。《春暖》云：“莺留花下立，鹤引水边行。”《晚夏闲居》云：“晴引鹤双舞，秋生蝉一声。”《立秋夕》云：“回灯见栖鹤，隔竹闻吹笙。”《雪中即事》云：“舞鹤庭前毛稍定，捣衣砧上练新铺。”他还开咏鹤浴之先河，“枕前看鹤浴，床下见鱼游。”（《府西池北新葺水斋，即事招宾，偶题十六韵》）

刚刚安顿下来，朝廷又安排白居易到苏州任刺史。在苏州刺史任上他还回忆洛阳居所中的鹤，“醉教莺送酒，闲遣鹤看船。”（《忆洛中所居》）在苏州郡斋中，他与鹤形影不离，“共闲作伴无如鹤，与老相宜只有琴。”（《郡西亭偶咏》）一个冬雪天，郡斋庭院里一只驯养的鹤随迁徙野鹤飞走了。他很失落，以《失鹤》为题，写下“失为庭前鹤，飞因海上风。……郡斋从此后，谁伴白头翁”诗

明代 绘画 黄凤池《唐诗画谱·白居易·自述》

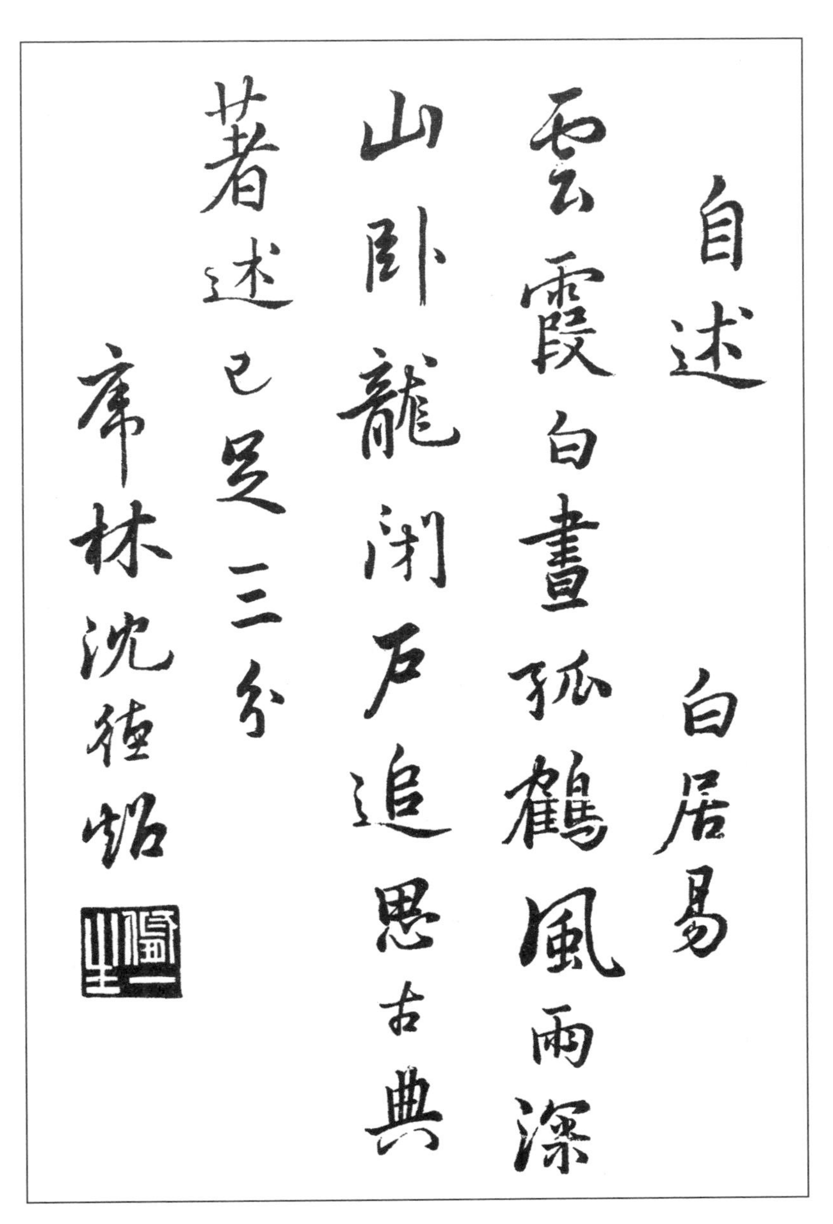

明代 书法 黄凤池《唐诗画谱·白居易·自述》

句，表达孤独悲伤之情，祈盼鹤的归来。好在产鹤之吴市即有鹤可买，他买下一双鹤雏驯养。鹤伴读书的清雅闲适使他的退隐之意增加，正如他在《寄庾侍郎》诗中所云："一双华亭鹤，数片太湖石。……庭霜封石棱，池雪印鹤迹。幽致竟谁别，闲静聊自适。"任满后，他携双鹤两袖清风回归洛阳，并如愿以偿为太子宾客分司东都，他喜欢这个闲职。他把自己比作鹤，始终以鹤的高洁美好品行自喻。如《代书诗一百韵寄微之》云："寡鹤吹风翮，鳏鱼失水鳍。"《和微之诗二十三首·和我年三首》云："一黜鹤辞轩，七年鱼在沼。"做人的标准应如耸立的高高华表，只有品行高尚的君子才能与神姿仙态的鹤相匹配。《和李相公》云："影定栏杆倒，标高华表齐。烟开虹半见，月冷鹤双栖。"他感谢鹤的朝夕相伴，"又惭云林间，鸥鹤不我疏。"（《和〈朝回与王炼师游南山下〉》）只要能够保持心灵的纯净，宁愿如君子般清贫自守。《自述》曰："云霞白昼孤鹤，风雨深山卧龙，闭门追思故典，著述已足三分。"与鹤相随，他的精神风骨弥坚，著述颇丰。明代黄凤池将后一首诗编入《唐诗画谱》，由当时的书画名家画之、书之。

在仕与隐矛盾中挣扎的白居易，对鹤的境遇与状态能够感同身受，与鹤同病相怜，时时以咏鹤诗句抒发其心中之意。《病中对病鹤》云："同病病夫怜病鹤，精神不损翅羽伤。……唯应一事宜为伴，我发君毛俱似霜。"《叹病鹤》云："右翅低垂左胫伤，可怜风貌甚昂藏。"两年后再次辞去都城官职再回东都任职令他高兴无比，在《解任出公府》云："解任出公府，斗薮尘土衣。百吏放尔散，双鹤随我归。归来履道宅，下马入柴扉。马嘶返旧枥，鹤舞还故池。"此后，在洛阳，白居易所创作的闲适诗中咏鹤诗逐渐增多。在阐述其"独善其身"理想的诗中，鹤成了其人生操守的参照物，那些咏鹤诗，包含着逸美、高洁的深厚内蕴，寄托着风流、旷达的丰富情感，最为贴切地反映了他的精神状态和闲适诗的艺术特色。

白居易还以鹤为媒介，寻朋结友，谱写出一篇篇友谊的华章，其中与元稹（字微之）、刘禹锡（字梦得）关系密切，咏鹤唱和最多。同为爱鹤之人，他们常以鹤之美好品性相互勉励，演绎出别样的鹤意诗情。白居易出任杭州时，在夔州的刘禹锡作《始至云安寄兵部韩侍郎中书白舍人二公近曾远守故有属焉》寄之，"故人青霞意，飞舞集蓬瀛。昔曾在池鹤，应知鱼鸟情。"元稹赴任途中经杭州，白居易作《同微之赠别郭虚舟炼师五十韵》云："朱顶鹤一只，与师云间骑。云间鹤背上，故情若相思。"

在与白居易的交集中，刘禹锡见证了白居易养鹤爱鹤的历程。苏州刺史任上的白居易以眼疾免郡事，卸任北上返洛。路过扬州时，与转任和州刺史的刘禹锡不期而遇。二人酬唱不已。刘禹锡写下了著名的《酬乐天扬州初逢席上见赠》。白居易带了两只雏鹤，二人携之同归洛阳。刘《遥贺白宾客分司初到洛中，戏呈冯尹》诗云："冥鸿何所慕，辽鹤乍飞回。"把白回洛任职喻为辽东鹤之返归故里。不久白被召入长安任职，只好把鹤留在洛阳家园，刘则仍在洛阳家中待命，由此竟引发出一段佳话。一日，刘去白家中造访其家人，从扬州一起返洛的双鹤对其到来"轩然来睨，如记相识，徘徊俯仰，似含情顾慕填膺而不能言"。激动的刘禹锡即作《鹤叹二首》寄与白居易。诗中描摹鹤的情态："徐引竹间步，远含云外情。……丹顶宜承日，霜翎不染泥。"当时，身在朝廷心系故园的白居易见到诗亦很激动，即以《有双鹤留在洛中，忽见刘郎中依然鸣顾刘因为鹤叹……答之》答和之。先赞双鹤"惭愧稻粱常不饱，未曾回眼向鸡群。……荒草院中池水畔，衔恩不去又经春"，接着分析了鹤见刘亲热的原因是"见君惊喜双回顾，因为吟声似主人"，两人因为鹤这个媒介，感情更为深厚了。

刘禹锡不久亦至长安任职，同朝为官的白刘交游唱和更为方便了。其间，还发生了裴度与白居易之乞惠鹤逸事，引起多位诗人唱和，一时传为美谈。唐宋时期，文人间流行以鹤作为惠赠之礼，基于鹤特有的高雅清逸品性与友人间人品的相互认同，鹤作为情谊的媒介，在文人交往中表达的是一份特别雅致的心意。裴度于宪宗等四朝出将入相，以功业著称，亦勤为诗文，还同样爱鹤。当他遭污受挫时，刘禹锡曾以"兵符今奉黄公略，书殿曾随翠凤翔。心寄华亭一双鹤，日陪高步绕池塘"（《郡内书情献裴侍中留守》）安慰之。其时，到东都任职的裴度在与白居易宅第一路之隔的集贤里新建了规模阔大的西园，当听说白居易家中有双鹤，便提笔向其写下《乞鹤》诗："闻君有双鹤，羁旅洛城东。未放归仙去，何如乞老翁。"白居易虽敬重裴度，但对在苏州即相伴相随的双鹤实难割舍，便作《答裴相公乞鹤》诗，以"白首劳为伴，朱门幸见呼。不知疏野性，解爱凤池无"婉言相拒。刘禹锡忙作《和裴相公寄白侍郎求双鹤》诗帮裴度说情，"留滞清洛院，裴回明月天。何如凤池上，双舞入祥烟。"好友张籍亦和《和裴司空以诗请刑部白侍郎双鹤》相劝："丞相西园好，池塘野水通。"最后，白居易只好忍痛割爱，并像对待至爱亲朋一样，在《送鹤与裴相临别赠诗》中与鹤叮咛作别："夜栖少共鸡争树，晓浴先饶凤占池。稳上青云勿回顾，的应胜在白家时。"刘禹锡甚为高兴，又作《和乐天送鹤上裴相公别鹤之作》诗，也以对鹤的口吻劝鹤更是劝慰白居易："朱门乍入应迷路，玉树容栖莫拣枝。双舞庭中花落处，数声池上月明时。"

829年3月，宦情消沉的白居易辞去刑部侍郎，回东都任职。刘禹锡作《刑部白侍郎谢病长告，改宾客分司，以诗赠别》："它日卧龙终得雨，今朝放鹤且冲天。"安慰好友，居洛是暂时的，定会有鹤飞冲天被重用之时。白居易回到洛阳，征尘未洗，急忙询鹤，《问江南物》诗曰："归来未及问生涯，先问江南物在耶？……别有夜深惆怅事，月明双鹤在裴家。"他对送人双鹤的感情可想而知。

裴度深怀歉意，寄诗再次表达谢意。白居易酬答之，“一双垂翅鹤，数首解嘲文。总是迂闲物，争堪伴相君。”（《酬裴相公见寄二绝》）

两年后，刘禹锡转任苏州刺史。赴任经洛阳与白居易赋诗饮酒，尽欢半月。同年元稹病逝。此后，白居易与刘禹锡的唱和愈多起来。白居易《立秋夕有怀梦得》中有“回灯见栖鹤，隔竹闻吹笙”句，刘禹锡《酬乐天七月一日夜即事见寄》中有“故苑多露草，隔城闻鹤鸣”句，表达好友间的思念之情。苏州刺史任上的刘禹锡还寄送一只鹤给白居易，也是对四年前劝其送鹤给裴度的一份补偿。白居易作《刘苏州以华亭一鹤远寄，以诗谢之》：“老鹤风姿异，衰翁诗思深。素毛如我鬓，丹顶似君心。松际雪相映，鸡群尘不侵。殷勤远来意，一只重千金。”赞颂共同拥有的如鹤般英姿与纯美心性，及纯洁的君子之交。翌年，夺人所爱的裴度到东都任职后，也买了一匹好马回赠白居易。宝马抵双鹤，可见裴度与白居易的交情之深及鹤在当时的珍贵。

人生最后的13年，以“独善其身”为主导理念的白居易再也没有离开过洛阳。扶竹引鹤，倾心于鹤，情思于鹤，誉美于鹤，其多数咏鹤诗篇于此时写就。白对鹤的热爱自始至终，正如《池上篇》之表白：“灵鹤怪石，紫菱白莲；皆吾所好，尽在我前。”他熟知那些鹤的传说典故。如，用卫鹤乘轩典，《题谢公东山障子》云：“鹰饥受绁从难退，鹤老乘轩亦不还。”《观稼》云：“饮食无所劳，何殊卫人鹤。”《初加朝散大夫》云：“得水鱼还动鳞鬣，乘轩鹤亦长精神。”用华亭鹤典，《苏州故吏》云：“不独使君头似雪，华亭鹤死白莲枯。”《求分司东都，寄牛相公十韵》云：“华亭鹤不去，天竺石相随。”用辽东鹤典，《望洛城，赠韩道士》云：“冢墓累累人扰扰，辽东怅望鹤飞还。”《吴七郎中山人，待制班中，偶赠绝句》云：“第三松树非华表，那得辽东鹤下来。”而白居易也是将鹤从神坛上请下来之人，他恢复了鹤作为自然界动物之身，把鹤变回了伸手可及、开口可述衷肠的好朋友；鹤的凌云之志、稻粱之谋、伤病之痛、囚禁之苦，他都心领神会。年逾花甲后白居易的诗作逐渐减少，咏鹤诗句却未见减少，因为鹤与他朝夕相处寸步不曾离。如，《新池》云：“深好求鱼养，闲堪与鹤期。”《西风》云：“薄暮青苔巷，家童引鹤归。”《舟中夜坐》云：“秋鹤一双船一只，夜深相伴月明中。”《家园》云：“何似家禽双白鹤，闲行一步亦随身。”《自题小草亭》云：“伴宿双栖鹤，扶行一侍儿。”

刘禹锡66岁时亦回洛阳任职，一到洛阳即投入与白居易的交游唱和之中，而鹤是二人吟咏最多的题材。鹤之美丽高雅仍不断激发着他们的夕阳情怀。白居易向刘禹锡发出邀请：“晴引鹤双舞，秋生蝉一声。无人解相访，有酒共谁倾。……只应刘与白，二叟自相迎。”（《晚夏闲居，绝无宾客，欲寻梦得，先寄此诗》）刘禹锡即刻应和：“步因趋鹤缓，吟为听蝉高。……老是班行旧，闲为乡里豪。经过更何处，风景属吾曹。”（《酬乐天晚夏闲居，欲相访，先以诗见贻》）刘禹锡71岁去世，与之同岁的白居易备感孤独，从其《偶作》诗句“雀罗谁问讯，鹤氅罢追随”可见。刘禹锡在《醉答乐天》诗中曾以翔鹤来比拟朋友间的生离死别：“莫嗟雪里暂时别，终拟云间相逐飞。”云间鹤背上，诗人间结成的友情是生死不渝的。

唐代 螺钿铜镜 花鸟人物纹
河南省洛阳出土 国家博物馆收藏

唐代 螺钿铜镜 花鸟人物纹局部摹本

白居易一生热爱鹤赞美鹤，74岁全年所作5首诗中就有一首誉鹤之诗。“雪作须眉云作衣，辽东华表鹤双归。当时一鹤犹希有，何况今逢两令威。”（《九老图诗并序》）他在精神上是与鹤偕老了的，多次表达过追随鹤而去的愿望，“飘然世尘外，鸾鹤如可追。”（《早冬游王屋自灵都抵阳台上方望天坛偶吟成章寄温谷周尊师中书李相公》）“始知驾鹤乘云外，别有逍遥地上仙。”（《从龙潭寺到少林寺，题赠同游者》）。他在最后一首诗《予与山南王仆射起、淮南李仆射事历五朝，逾三纪，海内年辈，今唯三人，荣路虽殊，交情不替，聊题长句，寄举之、公垂二相公》中亦云“故交海内只三人，二坐檐廊一卧云。……阿阁鸾凰野田鹤，何人信道旧同群”，最后，白居易与野田鹤一起去追逐他的同群老友了。

在当代，也有一个爱鹤女孩徐秀娟，1964年出生的她是中国第一个驯鹤姑娘，也是第一个献身自然环境保护事业的烈士。她17岁进入齐齐哈尔扎龙自然保护区，自愿挑选最苦最累的养鹤工作，为丹顶鹤倾注了全

当代 雕塑 徐秀娟与鹤

部爱心，被赞誉为“养鹤小专家”。王克举所拍的云鹤、梦鹤即是徐秀娟在扎龙保护区工作时亲手繁育养大后放归自然的。1985年，她应邀到刚成立的江苏盐城保护区任鹤场场长兼技术员，高度负责的她使丹顶鹤半散半放饲养方法获得成功，后来她为寻找飞失的天鹅而落水遇难，时年23岁。人们无不痛惜她的英年早逝，思慕她的美好品德，以她为原型，音乐人解承强写了《一个真实的故事》的歌词，陈雷、陈哲作曲，这首歌被广泛传唱。“走过那条小河，你可曾听说，有一位女孩她曾经来过；走过这片芦苇坡，你可曾听说，有一位女孩她留下一首歌。为何片片白云悄悄落泪，为何阵阵风儿轻声诉说？……还有一群丹顶鹤，轻轻地轻轻地飞过。”感人的词语、哀伤的曲调，抒发了人们对这位爱鹤女孩无尽的思念。这说明，所有爱鹤之人，心灵都如同鹤一般美丽，会被人永远赞美与怀念。

第三节　艺术美鹤

自然野鹤逐渐减少，难以得到，文艺之鹤却在诗词曲赋、绘画、陶瓷、雕刻等形式中越来越多地被表现。鹤形象被艺术化的时间，几乎与文学化相同；除诗词曲赋等文学形式表现鹤之形神之美外，鹤造型的独特之美亦为诸种艺术形式所表现。只不过有些艺术品不如纸质的文学典籍那样便于集中保藏，但亦能够从得以发现并留存下来的绘画、雕刻、刺绣、陶瓷、漆器、剪纸、音乐、舞蹈、建筑、装饰等诸类艺术品中，看到鹤之美被表现得如此精彩绝伦，美不胜收。

1. 图画美鹤

中国绘画从新石器时期彩陶上的花纹起始，经秦汉时帛画，至清代的绘画流派，前后绵延六七千年的历史，鹤等禽鸟便同时步入绘画等艺术领域。汉代帛画上已可见对鹤形象的描绘，但画迹寥寥；直到隋唐，伴随着养鹤蔚然成风，花鸟画也开始独立成科，出现了专门从事花鸟画创作的画家，鹤才成为中国花鸟画科中最常见的题材之一，从唐代的一些咏画诗篇中可见画鹤已成风气。唐代卢纶《和马郎中画鹤赞》曰：“高高华亭，有鹤在屏。”唐代窦群《观画鹤》曰：“华亭不相识，卫国复谁知。怅望冲天羽，甘心任画师。”从晚唐一幅佚名画作《药师净土变相图》可见唐代鹤画所达水准。一只鹤从莲池刚刚上到岸边，正展开双翼尾羽抖落身上的水珠。以线勾出鹤之轮廓及羽毛，以墨点睛并留出高光，喙及胫爪着色淡然。此画虽用笔简洁，但准确自然，造型生动，极富神采。

史上精于画鹤者，唐宋有薛稷、宋徽宗等，明清有边景昭、任伯年等。薛稷，曾任参知机务、礼部尚书等职，擅长花鸟、人物及杂画，尤以画鹤最为精妙。其鹤画多淡墨细勾，重彩渲染，以富丽、浓艳、工细为主调，曲尽情状，尽写其真、生动而传神。多位与薛稷同代人均给予其高度评价，如张彦远撰《历代名画记》云：薛稷，“尤善花鸟、人物、杂画。画鹤知名，屏风六扇鹤样，自稷始也。”宋代官撰《宣和画谱》亦对其盛赞不绝。作为一代画鹤先师，薛稷的画作多有分布在寺庙厅堂，没有流传下来。但从同代人李白、杜甫等诗人的评价及后人的追慕中可管窥到薛氏鹤画之风貌。李白《金乡薛少府厅画鹤赞》曰：“紫顶烟赩，丹眸星皎。昂昂伫眙，霍若惊矫。形留座隅，势出天表。”杜甫《通泉县屋后薛少保画鹤》曰：“薛公十一鹤，皆写青田真。画色久欲尽，苍然犹出尘，低昂各有意，磊落如长人。”宋代梅尧臣《和潘叔治题刘道士房画薛稷六鹤图》曰：“六鹤皆不同，初生薛公笔。”宋代陆游《题宇文子友所藏薛公鹤》曰：“宫保妙笔穷化机，缟衣玄裳真令威。”宋代米芾《题薛稷二鹤》曰：“从容雅步在庭除，浩荡闲心存万里。”可见，诗人们赞美不止的，乃是薛稷笔下所描绘出来的鹤的那种“势出天表”“苍然犹出尘”“昂藏真气多”“从容雅步”的美丽脱俗风采，这比一般意义上吉祥富贵之寓意更深刻。薛稷画鹤甚而成了典故，唐以降赞鹤画多有援引。宋代黄庭坚《次韵雨丝云鹤》曰：“几片云如薛公鹤，精神态度不曾齐。”宋代程俱《题太守钱侍郎所藏薛少保独鹤图和韵》曰：“紫青之骥下阊阖，昂然野态犹高骞。”元代虞集《薛公少保昔画鹤》曰：“薛公少保昔画鹤，毛羽萧条向寥廓。”

薛稷的画鹤技艺在其身后200年间无人可企及，直至五代时期南唐徐熙与西蜀黄筌的崛起。徐、黄两位的花鸟画法分别开创了“没骨法”和“勾勒法”，为徐派、黄派发轫。《宣和画谱》记录的鹤画，徐氏所作《鹤竹图》一件，黄氏所作共九件，为《竹鹤图》三件、《六鹤图》二件、《双鹤图》《独鹤图》《梳翎鹤图》《红蕉下水鹤图》各一件。徐熙的画质朴简练，如，《鹤竹图》以线条墨色为主，轻色淡染中的鹤神情俊逸，与丛竹浑然一体，寄托了画家高迈、放达之风骨。黄筌的画富丽工巧。《图画见闻志》卷五“鹤画”载，孟蜀广正甲辰淮南送来生鹤数只，蜀主命任职后蜀画院待诏的黄筌在殿壁上画鹤，黄筌在偏殿壁上绘鹤之“唳天、警露、啄苔、舞风、梳翎、顾步”情态六种，名之《六鹤图》，偏殿由此得名“六鹤殿”。画成之后，竟被真鹤误以为同类而与之相亲近，其写实本领之高强可见一斑。宋徽宗赵佶曾在《竹鹤图》上亲笔题字：“黄筌竹鹤图，描写如生，渲染甚妙，神品上上。”后人甚而将黄筌与薛稷放到一起赞赏，北宋画家、诗人文同在《李生画鹤》诗中将二人并提，“稷筌如复生，相与较独步。”赞美李生才华可与薛稷黄筌相媲美。正是两宋的画院制度保证了花鸟画高手迭出，佳作累累。

至明代，名画家辈出。早期花鸟画高手边景昭擅花果翎毛，设色沉着而妍丽，其鹤画更显示出深厚的功底。《竹鹤图》是其传世之经典：溪水边两只白鹤

明代 绘画 边景昭《竹鹤图》

悠然自得，情态各异，一只垂首下喙觅食，一只转项回首理羽；三棵老竹劲挺于仙鹤间，环境清幽洁净。渲染出鹤轩昂高洁的气质，使画面富有和谐的韵律感和清爽明丽的气息。而后明代著名花鸟画家还有吕纪，其长于翎毛花卉，多画凤鹤之类，以工笔重彩为主，同时兼能水墨写意。吕纪与边景昭、林良齐名，三人的鹤题材等花鸟画作为明代院体花鸟画的代表，显示出明代花鸟画高峰期的水平。

在清代，鹤画受到普遍重视，佳作频出。清中期的沈铨鹤画很多，其《松鹤图轴》对双鹤的描绘敷色浓艳，工秀绝伦。任伯年，名颐，是清末一个全才型画家。其擅长写照，画风丰姿多采、新颖生动，尤擅画鹤，如《牡丹仙鹤图》《松鹤寿柏图》《梅边携鹤图》等，幅幅精美独到。如《松鹤竹石图》，画面上独鹤缩颈入肩，凝眸休息，神态悠闲，别具格调。而《群仙祝寿图》最为精彩。图画由12幅画连成通景屏，屏高200余厘米，总宽700余厘米，表现的是群仙共赴王母寿筵的盛大场景，共描绘了西王母、小姐、宫女、群仙46位人物，人物的情态处处生动。尤其对上下遥相呼应的两只鹤的刻画，格外鲜活灵动；空中两个仙女骑着一只白鹤飞临，地上一只白鹤忙着跨上白玉栏杆，附身向前，回首仰望，展翅欲舞，呈拍手欢迎态。此画以宽广、奇特的表现手法，完整体现了任伯年超凡的想象力及超绝的绘画水平。来自意大利的郎世宁亦是位画鹤高手。他27岁来中国，在清内廷专事绘画50年。其画作参酌中西画法，别具一格。如著名的《花荫双鹤》，绘有双鹤及其双雏。画面左下方一只大鹤正迈步行走，忽曲颈回首作凝思

清代 绘画 任伯年《群仙祝寿图》局部之一

状，与旁边追唤而来的雏鹤相呼应；另一雏鹤正右行，驻足回头注目，另一只大鹤处于右上方，一足独立回首观望鹤群。画面亲切自然，有夺真之感。

清代 绘画 任伯年《群仙祝寿图》局部之二摹本

清初和清末的两位僧人画家朱耷（号八大山人）和虚谷，都是画独鹤的高手，而朱耷的大写意独鹤是具有开创性的，以至于影响了画坛几代人。其松鹤画构图极简约，寥寥数笔便勾勒出清冷奇俊之意境；多画一松一鹤，矍铄独鹤傲然立于松上或松下，表现出一个明末遗民与清廷的一副不合作态度。虚谷是“海上画派”代表人物。其擅画松鹤等传统题材，多用干笔、偏笔，笔断气连，若即若离。他的《竹林双鹤》《梅鹤图》等都呈现出新奇、隽雅之风格。如《梅鹤图》，线条顿挫，设色清淡，以湿笔淡墨写出梅树，再以干墨加以勾点；用浓墨写鹤头尾之羽，以朱红重色点顶。整幅画清虚质朴，苍劲松秀，气韵生动。

鹤的美丽高雅始终获得历代画家的青睐。现当代，书画界高手继往开来，均以精湛的技艺展示出鹤舞、鹤立、鹤翔等美丽形态。现代齐白石、徐悲鸿、王震、潘天寿、李苦禅、吴作人、孙其峰、黄永玉等都在鹤画创作方面成就斐然。这些画家继承了中国画传统，又受到西方绘画的影响，在表现技法和题材选择上都有所创新，并形成鲜明特色。徐悲鸿，画家兼美术教育家，学贯中西，其中国画创作题材广泛，虽以画马驰名，但亦有多幅鹤图名画。林风眠，早年赴法勤工俭学，其画风近乎壁画与年画之间，但又有油画、瓷器画等韵味，形成了中西绘画艺术风格相结合的现代中国画，被画界推崇。潘天寿，为“新浙派”杰出代表，擅长写意花鸟和山水，布局敢于造险，用笔洒脱精练，如其《鹤与寒梅共

清代 绘画 朱耷《松鹤图》

华》绘一只鹤一枝梅寒天里相依互守，气节凛然。李苦禅，早年曾从徐悲鸿学习素描，1923年拜齐白石为师，作品继承传统又独辟蹊径，以大写意花鸟著称于世。画风粗豪质朴，晚年愈加苍劲奔放。如《白鸟鹤鹤》中，用寥寥数笔勾画出翅膀轮廓，轮廓内却不着点墨，留有大片虚白供观者自己去想象鹤羽之白，而为卧鹤造像的《白梅鹤为俦》更是别具一格。孙其峰，天津美术学院终身教授，绘画以花卉、翎毛、山水著称，领略古法而行新奇，书画艺术修养全面。在其《鹤寿不知其纪》中，一株梅树繁花点点，双鹤徜徉其下，悠然自得，形神毕现。黄永玉，曾于中央美术学院任教，其鹤画造型轻盈灵动，用笔凝重洗练，画风奇丽多姿又尖锐泼辣。他曾设计多种鹤类邮票，获得好评。虽然现当代倾向水墨写意者居多，但工笔重彩技法也同样后继有人。陈之佛、吴作人等都是中国工笔画的杰出代表。吴作人，1929年赴欧洲留学，回国后任教于中央大学美术系。《鹤舞千年》画作中双鹤抬足鼓翼而鸣，嘹亮彻耳，体现了作者深厚的写生功底和纯熟技艺。传说，吴作人早期曾以为鹤之尾羽是黑色，后来到扎龙保护区写生，看到芦苇荡中张开翅膀的真鹤，才发现原来尾羽是白色，遂纠正了自己的错误。

当代 绘画 吴作人《鹤舞千年》

当代亦出现了一批画鹤高手，如云南丁绍光、江苏喻继高、辽宁杨德衡、吉林邓文欣等。他们既运用传统的工笔写意花鸟画技法，民族韵味浓厚；又在色调的晕染上参着西法，画面不露白。丁绍光尤为擅长重彩工笔。他的很多鹤画人鸟并重，共同烘托人与自然和谐相处的主题，富有时代气息。如《人与自然》强调线条，造型夸张变化，三名少女向上伸出双手，仿佛托着希望放飞，七只仙鹤一字排开向前飞去。《鹤与阳光》构图饱满，色彩绚丽，一道阳光上下贯穿，一少女合十而立，七只鹤形成一个人字，呈振翅飞翔姿态。

当代 绘画 丁绍光《鹤与阳光》

古代鹤画中一直被有意屏蔽的“苇鹤图”在当代大量出现。清代以前几乎看不到苇鹤同图的作品，概因芦苇自古便被赋予了卑微寓意。《世说新语》中“蒹葭玉树”之比提出甚早且影响深远。蒹葭，芦苇古称。文中认为芦苇是价值低微的水草，形象微贱而丑陋，与美貌高贵的玉树极不相称，从而奠定了芦苇无法与美丽仙鹤为伍的基调。此典多用于隐喻地位低者依附地位高者，画界多取此意，不将苇鹤绘于一图。但诗界却从未停止将鹤与芦苇并咏，从而留存下自然界万物相依相生的清新面貌。“鹤唳蒹葭晓，中流见楚城。”（唐代卢纶《送永阳崔明府》）“鹤唳天边秋水空，荻花芦叶起西风。”（唐代陈羽《小江驿送陆侍御归湖上山》）“梦断三更鹤，芦边系短篷 。”（宋代张蕴《上海》）“蒹葭靡宿露，观鹤盘朝阳。”（宋代贺铸《送张商老西上》）“苇岸秋声合，莎亭鹤影孤。”（宋代寇准《水村即事》）“猿依松影看丹灶，鹤与芦花入钓舟。”（宋代张继先《还山》）“转侧芦汀飞鹤鹭，亡机林壑混樵渔。”（宋代释正觉《偈颂二百零五首》）“蒹葭苦恋滩涂广，鸥鹤旋回忆念深。”（当代王秀杰《辽河吟》）

汉代 瓦当 逐日

其实，在自然界生物链中，芦苇荡沼泽湿地是鹤等大型水禽繁衍生息赖以生存的真正家园：芦苇是鹤类的保护神，庇护着一代代鹤类繁衍生息；鹤的一生都在芦苇荡里度过，筑巢育雏，觅食栖息，练习本领。当代画家纷纷到芦苇荡中写生，观察大自然中鹤之生存状态，在浓郁古意松鹤图的基础上，描绘出苇与鹤互不可缺、相偕共存的意象，让苇鹤图也生机盎然起来，展示出人与自然和谐共生主题。东北是鹤的故乡，地域风情为艺术家提供了创作资源，以鹤画见长的画家较多。杨德衡是画鹤高手，虽也画松风翔鹤，但更多的是画草野芦荡中的鹤，将苇鹤融入一个画面，让鹤返璞归真。育雏、练飞、采食、嬉戏、飞翔，一年四季中鹤在芦苇荡里多彩的生活被他以工笔细腻绘出。其《高秋图》给芦苇以主要地位，让朵朵芦花占据四分之三的画面，四只鹤则隐逸闲适在一角。邓文欣的创作还鹤于芦荡雪野。其《塞外银花》绘皎洁的月光下，白雪皑皑的原野上，绽放雪白芦花的苇丛中，一对

当代 绘画 邓文欣《塞外银花》

丹顶鹤正舒展双翼引颈对歌，呈现出自然界万物相生相爱的洁净之美。沈阳军区画家聂义斌、盘锦画家胡泽涛等也都擅画苇鹤图。

纵观连绵不断的中国鹤画史册，林林总总的鹤画作品中，历朝历代均不乏名家精品。在了解到鹤画的起源、流派、发展、兴衰的同时，也可体会到不同朝代、不同阶层人们的情感追求。中国鹤画能够久远地流传、发展，自成体系与风格，大致有以下原因：一是意境上，与鹤本身的寓意吉祥美好有关，正符合中华民族所崇尚大吉祥的审美观念。二是手段上，鹤全身羽毛黑白两色分明，单纯素雅，更适宜重线条、重墨法的中国画水墨勾勒。从各式鹤画中可以看到，画家往往以淡墨晕染白色羽翎，用浓墨勾勒颈部与翅膀等轮廓，效果极佳。但鹤画被人们喜爱的根本原因，是鹤作为自然界飞禽精灵的天生丽质。人类应进一步加强对鹤类等野生动物的保护。只有大自然中存有活生生的野鹤，艺术家才有源源不断的观察写生之物，各种文艺形式中的鹤形象才能更加准确生动传神。

中国书法是中华文明的重要的艺术表现形式之一，从先秦时期的甲骨文、金文萌生，经过历朝历代的创新发展，形成了名家辈出、蔚为大观的景象；古朴的篆书、精博的隶书、严整的楷书、流畅的行书、恣肆的草书异彩纷呈。从本书所选鹤字句的书法作品中，便可管窥到书法艺术与民族传统文

唐代 书法 颜真卿《麻姑仙坛记》中“鹤”字

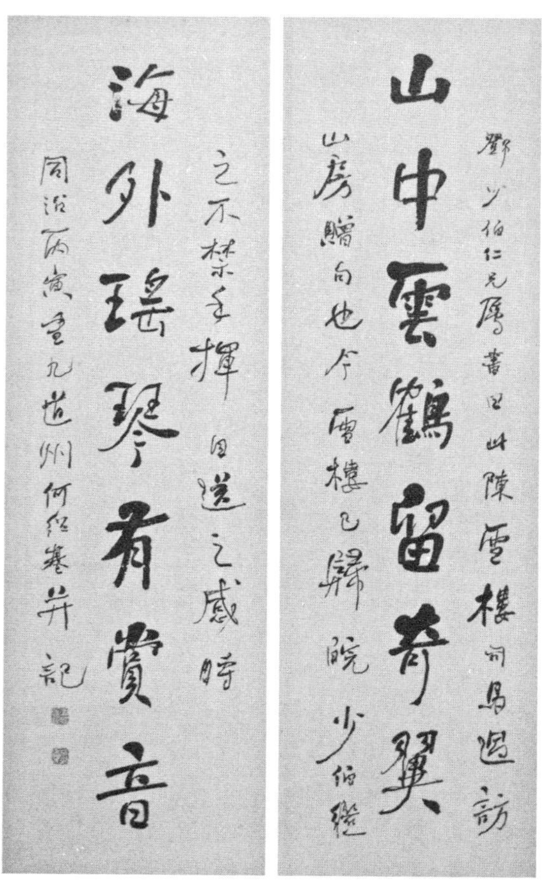

清代 书法 何绍基 对联

化吉祥观念之间的绵远联系。从唐代颜真卿《麻姑仙坛记》坚实雄媚的楷书，到宋代米芾《蜀素帖》，清代何绍基率意放纵、俊迈飞动的行书，无不在笔势提按折挑中，以曲尽变化的书风显示出鹤之多彩风姿。

2. 工艺美鹤

鹤超凡脱俗的高雅秀美很早便被宫廷贵族所认可，可登大雅之堂，并成为礼器所使用的重要纹样。中国最早的礼器出现在夏商周时期，主要包括玉器、青铜器及服饰。不过，秦及先秦之前，绝大多数的鹤造型还没有被赋予过多寓意，属于自然物阶段，风格均较为写实。

商代 玉雕 双鹤 河南省安阳商王武丁配偶妇好墓出土

玉礼器有璧、琮、圭、璋等，妇好墓一对鹤雕便是玉雕工艺的代表作。妇好为商代后期商王武丁之配偶，亦是中国第一位女将军，其墓于1976年由中国社会科学院考古研究所发掘，属距今3300多年的殷墟二期。墓中共发掘出土玉器755件，均为皇家级礼器制作，而鹤形玉雕为其中上品，造型、设计、工艺技巧都极为精美，显示了商王朝的兴旺和手工业的较高水准。玉鹤高9.8厘米，宽6厘米，尖喙圆眼，长颈下弯，尾下垂，翅微展，呈优雅的站立之状；鱼鳞纹饰颈部，行云纹刻尾部，回纹琢翅膀轮廓，线条圆滑，双阴挤阳，为典型的西周纹饰。

青铜礼器工艺精美，在礼器中数量最多，鹤形象很早便在食器、酒器、乐器等青铜礼器中被艺术地呈现，“莲鹤方壶”和“鹿角立鹤”便是青铜器造型艺术中的代表作。“莲鹤方壶”1923年于河南省新郑李家楼春秋中期郑国国君大墓出土，为一对青铜制盛酒或盛水器。方壶通高122厘米，宽54厘米，造型宏伟气派，装饰典雅华美，被专家誉为“青铜时代的绝唱”。至为精彩的是，在方壶的顶部绽放的双层莲瓣中央，作为壶盖部分的铜板上，傲然挺立着的那只鹤，双翼舒展跃跃欲试，单足引颈体态轻盈，形神俱佳清新俊逸。一件实用青铜器具被打造得迷离耀眼妖娆多姿，寄托了作者的生命诉求、时代美学与工艺理想。这一方面说明2700余年前郑国的青铜器之奇特造型和精湛工艺领先于世，也说明仙鹤与莲花清新高洁形象的尊贵无比。此两尊方壶是中国首批禁止出国（境）展览之文物。

“鹿角立鹤”1978年出土于湖北省随州市战国早期曾侯乙墓。这尊通高140余厘米、重38千克的青铜礼器，将神鹿、仙鹤合为一体，构思巧妙，制作精良，

春秋 青铜器 莲鹤方壶 北京故宫博物院、河南省博物馆收藏

春秋 青铜器 莲鹤方壶局部 壶盖立鹤

奇特的造型风格具有极高的审美价值。底座之上是立鹤之身，高腿硕足，饱腹拱背，长颈圆首，翅展尾垂，尖嘴上翘作钩状；上部鹤头两侧插一对朝上内卷呈圆弧状的鹿角；鹤首又像一小鹤之身躯，两只鹿角又像小鹤之双翅。这件青铜器置于主棺之东，明显是一件用鹿鹤仙灵之物来沟通人、鬼、神的媒介之器，旨在引领主人升天，祈求神灵之护佑。如此用意体现了早在2500年之前鹤鹿之吉祥寓意已萌发，为视为“鹿鹤同春”构图的先声。鹿鹤一体的鹿角立鹤，作为随州市城市标志被制成巨大雕塑矗立于市区广场，也成为2007年湖北省举办的第八届中国艺术节吉祥物“楚楚”的原型。

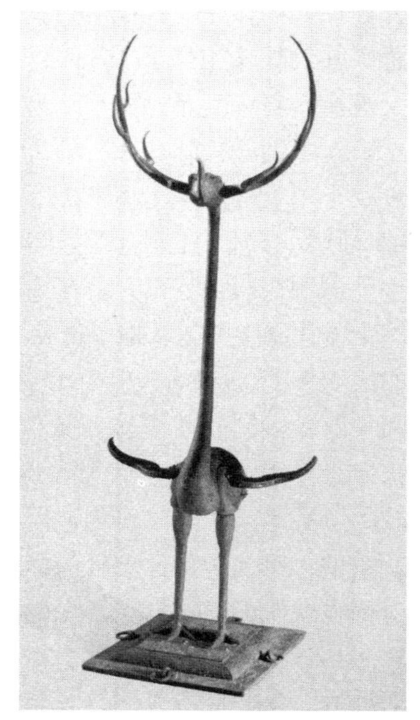

战国 青铜器 鹿角立鹤 湖北省随州市擂鼓墩出土 湖北省博物馆收藏

秦始皇陵青铜鹤亦为青铜器之杰作，2000年7月于青铜水禽陪葬坑出土，坑中共清理出土青铜鹤6件，而7号坑铜鹤形象尤为俊逸。其高77.5厘米，长112厘米，宽18厘米，几近与真鹤等大，而将水禽陪葬坑安放到离皇陵远至3里之外的河

道两侧，也是秦人对鹤类水禽栖息环境的如实还原。以铜鹤陪葬，表现出追求长生不死的始皇帝欲死后离尘乘鹤为仙的意蕴。与一般铜鹤抬头挺胸的姿势不同，这只铜鹤呈长长曲颈下俯至地面觅食，用嘴抓到泥鳅后刚刚向上扬头之状；腿爪细长，站立于对角的镂空云纹踏板上，翅端羽毛垂落于尾后，通体残留有少量白色彩绘；追求写实风格，注重细节刻画，造型艺术大气娴熟，呈现出2000年前的大秦美学，既是秦人“事死如事生”观念的反映，又是慕仙意识与现实塑造相连通的实证。

随着铁器时代的到来，青铜器明显衰退，但铜铁等金属雕塑仍在继续。现当代金属塑鹤最为著名者为法籍华人熊秉明，他在西南联大学的是哲学，后获巴黎大学博士学位，1949年才转习雕刻，其作品是中西合璧的产物，从中可看出中国书画线条、虚无的痕迹，同时也采用了西方某些抽象雕刻的技法，从而形成了高度简练而清新的雕塑风格。他用铁丝、铁板、铁棍代替实体，《铁丝小鹤》用七八根铁丝，上1/3捆在一起，为鹤的喙、首、颈；中间1/3分散蓬松开，宛如鹤身，连同收敛的鹤翅及微微翘起的鹤尾；后1/3是一双直立的鹤胫及呈爪状的双足。《铁线小鹤》用3根金属线，一根从头到爪挺立，两根做翅兼胫。《铁片小双鹤》，用两根铁棍、两块铁片，两块铁片焊接两根铁棍的中部，是两鹤共用的身躯和双翅；铁棍的上半部是鹤的颈、首、喙，一只昂扬其首，一只低俯其颈，铁棍的下半部是两鹤共用的胫与爪。熊先生所塑简约之鹤达到了极致，赢得了广泛的声誉，其焊铁《鹤》被选入汉城奥运会雕刻公园长期陈列；1999年，他的那些铁鹤雕塑随着《熊秉明的艺术——远行与回归》在国内多个城市做过巡回展出；2003年12月25日，纪念熊秉明先生逝世一周年展览在昆明举行，雕塑作品《鹤》赫立其间。

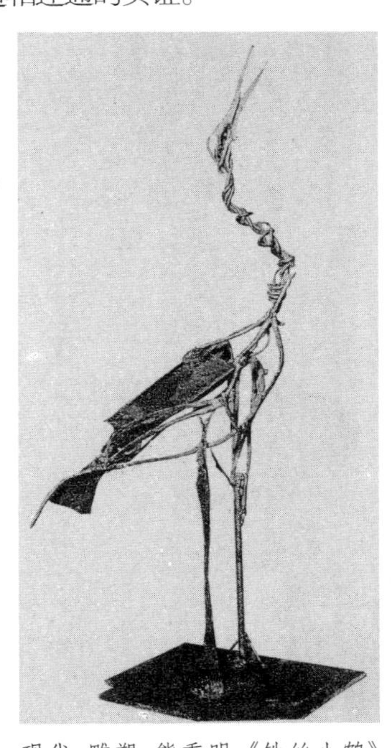

现代 雕塑 熊秉明《铁丝小鹤》

处在中国封建社会上升期的汉代工艺有一种朝气蓬勃的生命力，在汉代受到普遍喜爱的鹤纹样充分体现了沉雄博大的时代气质。造型艺术中的鹤形象多在瓦当、画像砖石中保留下来。瓦当为屋檐顶端的盖瓦头。现存陕西历史博物馆的汉代双鹤纹瓦当堪称秦汉瓦当之精品。在一个同心圆里刻有双鹤：一鹤双足直立，回首凝望；一鹤略抬一足，昂首观望。形态各异又相互呼应，笔法简练却极为生动。汉代画像砖石是有浅浮雕或阴线画像在砖石上雕刻的壁画，多用以装饰墓室、祠堂建筑四壁等。画像砖一般用空心砖制作，用早已准备好的印模捺印在未干的砖坯上，画像石是在石块上雕刻图纹。由于工具、材料的限制，绝大多数画像砖石还做不到细腻的刻画，因此笔触简练是画像砖石的最大特点，民间工匠会扬长避短，经过提炼，抓住物象的基本特征，以简练概括的线条，靠动作、情节来表现一种气势之美。你看，汉画像砖《仙鹤》如同简笔画般，鹤的形象却美丽传神；丹顶用一横笔勾勒，羽毛用三朵云卷纹绘出，最令人叫绝的是下颌以一直线连带而过。汉画像石《行鹤》之刻画简练而生动：两笔毛羽代表丹顶，三笔、四笔画出行走有力的双足，一根曲线画出昂扬向上的颈项；以其不事细节修饰的粗犷外形和夸张的姿态造就了一只丹顶仙鹤的力量与动感。中国传统艺术之一的篆刻与肖形印均为雕刻印章的艺术，其从秦印、汉印起源，至明、清两代出现众多篆刻流派。当代的艺术家加以继承和创新，在方寸之间尽显鹤之字形的神异灵动。

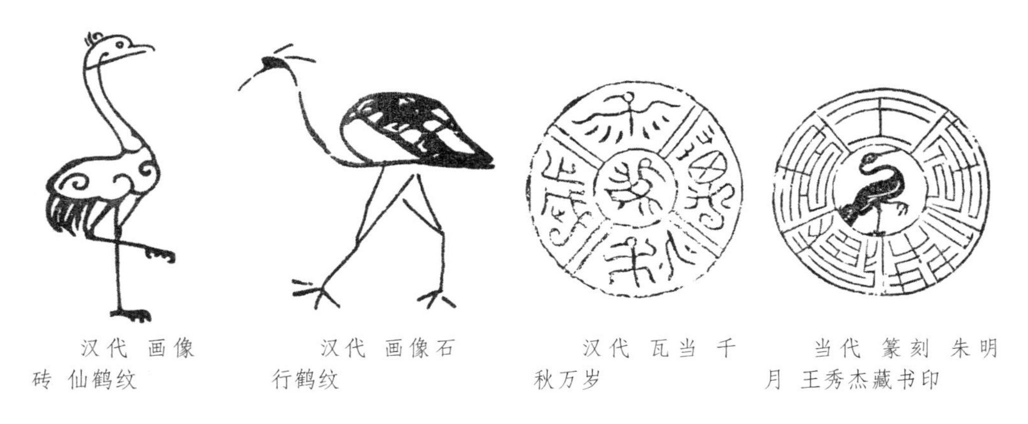

汉代 画像砖 仙鹤纹　　汉代 画像石 行鹤纹　　汉代 瓦当 千秋万岁　　当代 篆刻 朱明月 王秀杰藏书印

中国是名副其实的陶瓷的故乡，历史上各朝代的陶瓷制作拥有不同的艺术风格与技术特点，而鹤在各个朝代的陶瓷制品中都能闪亮登场，与陶瓷佳艺一起大放异彩。在商代和西周遗址中已发现青釉器，东汉至魏晋多为青瓷，南北朝萌发了白釉瓷器，宋元时期出现了耀州窑、磁州窑、景德镇窑、龙泉窑等很多名窑。青瓷是龙泉窑最为著名的品种，以釉色取胜，釉呈浅青色，装饰手法主要为划花、刻花、印花及贴塑等；青釉露胎贴花云鹤纹盘即为元代龙泉窑所制，是鹤纹样在龙泉窑代表作中的美丽呈现。元代中期，景德镇窑场推出了青花瓷，装饰题材在以往常用的花草树木外增加了许多水禽，鹤纹样亦更多地进入青花瓷中来。明代出现了斗彩、五彩等制作工艺，清代的粉彩、珐琅彩亦有闻名中外的精品。黄地粉彩云

清代 陶瓷 粉彩海水云鹤纹碗

鹤纹碗是清代宫廷各个时期都保留的统一形貌制品，而以雍正年间御窑厂的制作为最。此款粉彩海水云鹤纹碗深腹弧壁，造型规整，做工精致，构图严谨，色彩明丽，主题突出；碗外壁黄釉地子上以粉彩描绘出绿色海水与云朵纹饰，各式展翅之白鹤在其间飞舞，动感十足，颇具皇家威严典雅气派。

刺绣属民间巧妇之技艺，由尧舜发源，至明清兴盛至极，流派纷呈，明代出现了顾绣这一影响深远的刺绣流派，清代出现了苏、蜀、粤、湘等著名地方绣艺，均有精美绣品流传至今。刺绣图案多表吉祥、平安之意，风格呈拙朴自然之美，鹤纹样自然成为首选；鹤题材刺绣品被广泛使用，流传至今，仍深受人们喜爱。笔者在湘西集市地摊上，随手买到一双刺绣鞋垫，松干下一只立鹤，纹样简单却寓意深刻，保佑你行走在人生之路上永远平安。

当代 刺绣 民间鞋垫绣品

与刺绣相近的织锦与缂丝所表现鹤形象也十分精美。三种工艺中，刺绣是用绣针引彩线，将设计的花纹在纺织品上运针绣出，以绣迹构成花纹图案。而织锦和缂丝都是用木机一次性织成图案，工艺极其复杂，完成一件作品需要花费大量时间。但不同的是，织锦采用的是“通经通纬”，缂丝采用的是“通经回纬”；织锦只有一面图案，而缂丝在两面同呈一种图案。中国的织锦工艺历史可追溯至魏晋，至今已有1600年历史，至明清精美织物多为皇家服饰所用。如明代以吉祥美丽仙鹤为主体形象的织品皆技艺精巧，优美生动。云鹤纹妆花纱的黑色质地上，飞舞之白鹤上下左右均匀排列，间以五彩云朵，画面饱满，色泽亮丽，具有时代织物的特点及风格；绛色地云鹤纹暗花绸织造精密，花纹清晰，线条流利工整，鹤的主体形态动静自如，神气活现，富有大自然的活力与生机，为明代暗花江绸的极品之作。2009年，中国南京云锦与苏州缂丝织造技艺一起入选世界非物质文化遗产。

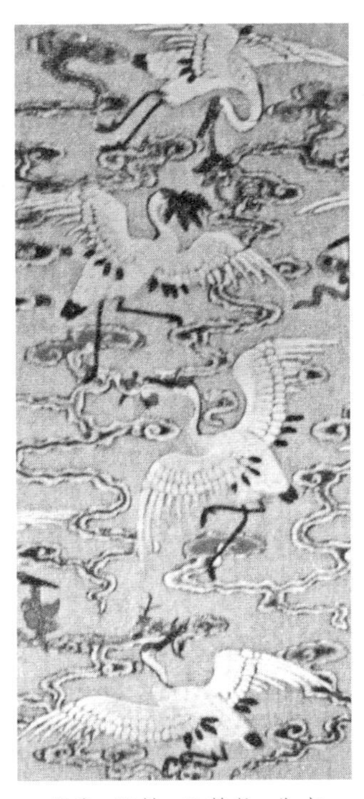
现代 织锦 云鹤纹 北京

中国缂丝工艺是传统丝织业中一门古老的手工艺术，缂丝是极具欣赏装饰性的丝织品，宋元以来常用以织造帝后服饰和摹缂名人书画，多为福禄寿吉祥题

宋代 缂丝《蟠桃献寿图》

旨的精美织作，鹤无疑成为画面的中心形象，并处于被人仰望的地位。如，宋代缂丝《蟠桃献寿图》中，仙人手捧蟠桃回首仰望红日下桃枝上飞翔的仙鹤，形象灵动；元代缂丝《八仙图》中八仙各执宝物，仰望云中骑鹤而来的仙人，神态飘然。这些精品均缂织精细，效果超过绘画手笔，显示了能工巧匠的高超技能。此外，鹤纹样在年画剪纸、漆器雕刻、布帛印染、服饰编织、皮影风筝等种种工艺中都大放异彩。

第四节　大美鹤舞

丹顶鹤特别善舞，是动物界的舞蹈天才。鹤舞的主要动作有展翅、行走、跳跃、抬头、跳踢、屈伸、弯腰、趋背、鞠躬等；舞蹈时，鹤先把长长的脖颈曲向脊背，尖喙朝天，接着双翅大展，慢慢向前扇动，同时双脚跳跃，旋转。几十个、几百个连续变幻的舞姿令人目不暇接，千回百转的舞姿美到极致令人无以言表。鹤舞其实是一种生理性反应，舞姿是鹤抒发情感的一种方式：处在繁殖期的雌雄鹤对舞是求偶的表现，雄鹤常在雌鹤周围扇动翅膀，翩翩起舞，以赢得雌鹤的好感；两只鹤面对面地对歌对舞便是求偶成功的欢愉表现。给食时的鹤舞表示的是满足与欢乐，孤鹤形只影单的独舞可能在抒发孤寂之情。鹤舞也是对安全、舒适环境的一种回报，在风和日丽的清晨或晚霞满天的傍晚，处于一片宁静而广阔的空间中，鹤便会欣然起舞。

1. 鹤舞诗咏

鹤舞是一种大美，于低回婉转的姿态中，所展现出的美妙与空灵妙不可言。对于令人如醉如痴的鹤舞之美，欣喜满怀的文人艺者总会不禁做出深情表达。约成书于战国的《穆天子传》中有最早的关于鹤舞的记载：“仲秋丁巳，天子射鹿于林中，乃饮于孟氏。爰舞白鹤二八，还宿于雀梁。”西汉至三国两晋南北朝时期，正是鹤文化兴起之时，那些带有神话色彩的鹤传说，引发了人们无尽的想象力。河南南阳汉画馆收藏的汉代画像砖《鹤舞》就是时人对双鹤舞姿的生动刻画。此期咏鹤诗赋亦频出，以追求文体铺陈、词句丰富华美为主要特征的赋体，来描摹高雅美丽的鹤意象，十分匹配。西汉路乔如的《鹤赋》，魏晋王粲的《白鹤赋》、曹植的《白鹤赋》与《失题》及南北朝庾信的《鹤赞》等，均从不同的角度赞美鹤之形神，尤其对鹤舞姿之美格外赞叹。如路乔如《鹤赋》，从鹤的角度立言，借鹤来自我表白，不愿为了荣华富贵而丧失节操及对梁王善待之恩致以谢意。赞美这只“白鸟朱冠”鹤的姿容，分别由其修长的腿、翅、颈、喙四种特征动态着笔，“举修距而跃跃，奋皓翅之翼翼。”伸举修长的爪掌跃跃欲飞，奋起洁白的翅膀希望快速飞动直上蓝天。“宛修颈而顾步，啄沙碛而相欢。”一会儿悠闲地迈着步子弯曲长颈举步四望，一会儿又俯下长颈在沙地里啄食追逐。“方腾骧而鸣舞，凭朱槛而为欢。”跳跃飞舞而鸣叫，靠着红色的栏杆尽情欢乐。全赋结构紧凑，辞藻华美，写鹤的动态之美描摹如画，被称为时豪七赋之一。清代王芑孙在《读赋卮言·韵例》中的评价更高：“赋有一韵而止者，汉路乔如《鹤赋》。”另如，明代汤显祖《疗鹤赋》云：“逞丹素以明姿，跐象虬而振步。”明代王世贞《二鹤赋》云：“状委蛇以相孙兮，又彷徨而惭侣首。”二赋将鹤舞姿之逶迤、舞步之节律亦摹写得形象而逼真。清代王夫之《双鹤瑞舞赋》曰：“亦既安而既平，宜载鸣而载舞。”把鹤边鸣边舞之美写得绘声绘色。

汉代 画像石 舞鹤纹

面对鹤舞之美，历代都有歌咏，所蕴内涵极为丰富。虽然观鹤舞时环境背景及人生处境不同，作者所表达的情感也有所不同，但对美丽鹤舞的喜爱之情是相同的，因此无人吝啬笔墨。舞鹤与人的情感仿佛相通，能喜乐与共。唐代李世民《喜雪》云：“蕊间飞禁苑，鹤舞忆伊川。”宋代苏辙《次韵孙户曹朴柳湖》云：“水干生草曾非恶，鹤舞因风忽自怡。”宋代吴芾《饭客看鹤赏梅遇雨有作》云：“鹤舞梅开总有情，小园方喜得双清。”宋代姚勉《莲竹鹤》云：“翩然侧翅舞，意喜佳客到。”宋代韩元吉《韩子师读书堂置酒见留》云：“鸣禽唤客知闲景，舞鹤迎人作好音。”宋代李处权《次韵四首》云：“情随野鹤云间舞，梦绕城乌月下啼。”明代邵宝《鹤舞》云：“长鸣似与高人语，屡舞谁于醉客求。”

不同背景下，鹤舞呈现出的美是多样的，诗人表达的心情亦不尽相同。

其一，鹤舞于青山绿水冬雪白云中，以山之碧、水之清、雪之白、云之逸烘托出鹤舞之意境美，表达的是一种清新自然之心境。南北朝阴铿《咏鹤》云：“依池屡独舞，对影或孤鸣。”唐代李白《赠嵩山焦炼师》云：“下瓢酌颍水，舞鹤来伊川。”又《登梅冈望金陵赠族侄高座寺僧》云：“谈经演金偈，降鹤舞海雪。”唐代刘禹锡《和乐天送鹤裴相公别鹤之作》云：“双舞庭中花落处，数声池上月明时。”唐代李绅《忆放鹤》云：“羽毛似雪无瑕点，顾影秋池舞白云。”唐代陈子昂《咏主人壁上画鹤寄乔主簿崔著作》云：“独舞纷如雪，孤飞暖似云。”又《与东方左史虬修竹篇》云：“低昂玄鹤舞，断续彩云生。”唐代张仲素《上元日听太清宫步虚》云：“舞鹤纷将集，流云住未行。”宋代梅尧臣《和潘叔治题刘道士房画薛稷六鹤图》云：“但看矫然姿，固于流雪异。”宋代曾协《王叔武示和人雪诗次韵》云：“玉糅重见娇飞燕，鹤舞初疑老令威。”宋代潘若冲《留鹤赠廖融》云：“侧耳听吟侵静烛，衔花作舞带斜晖。”元代王举之《折桂令》云：“飞膏雨龙归洞口，弄晴云鹤舞山头。”明代刘溥《斋居杂兴》云：“晓来双鹤舞，踏碎一庭霜。”清代许乃晋《少穆仁兄老前辈命题》云：“庭前双鹤舞，皎皎积雪光。”现代陈毅《沁园春·和咏雪词》云：“看霁雪初明泰岱腰，正辽东鹤舞。”

其二，鹤舞于微雨清风中，更助鹤翼翩然，表达的是一种怡荡飘逸之心情。唐代钱起《蓝田溪杂咏二十二首·田鹤》云：“田鹤望碧霄，无风亦自举。”宋代张镃《木兰花慢》云：“醉来便随鹤舞，看清风、送月过松梢。”宋代张抡《踏莎行》云：“残虹收雨耸奇峰，春晴鹤舞丹霄外。”宋代陆游《青羊宫小饮赠道士》云：“微雨晴时看鹤舞，小窗幽处听蜂衙。”宋代洪刍《因读梅圣俞六鹤诗或令余别赋之·舞风》云：“何必拊节和，御风自泠然。”宋代孟晋《游武夷山洞天》云：“翠云升送雨，白鹤舞凌风。”宋代刘敞《雪后》云：“跃鱼轻泮冻，鸣鹤舞和风。”宋代施枢《对雪》云：“风回冉冉霓裳舞，云暗纷纷鹤羽明。”元代张可久《百字令湖上，和李溉之》云：“鹤舞盘云，虹消歇雨，一缕南山雾。”元代王冕《题墨梅图》云：“白月夜分双鹤舞，清风时听万松吟。”明代张瀚《归鹤篇》云：“春风舞翩翩，秋月唳清音。”明代邓如昌《九仙招鹤》云：“楼对仙山九子峰，峰头仙鹤舞东风。”明代杨基《招鹤词为薛复善赋》云：“黄鹤如有意，起舞春风前。”

元代 纹样 舞鹤纹

其三，鹤舞于祥禽瑞兽吉物中，以祥瑞的化身，表达的是一种祥和吉庆之心意。唐代许浑《赠萧炼师》云：“吹笙延鹤舞，敲磬引龙吟。”唐代韩偓《梦仙》云：“鹤舞鹿眠春草远，山高水润夕阳迟。”宋代碧虚《贺新郎·寿毕府判》云：“龟鹤舞，蛟龙跃。”宋代洪咨夔《贺新郎·寿程于潜》云：“吹紫凤，舞黄鹤。”

宋代陈宓《和林堂长韵》云："捣药暇时来舞鹤，诵书声里答鸣鸾。"宋代苏轼《和陶东方有一士》云："岂惟舞独鹤，便可摄飞鸾。"宋代王禹偁《谢柴侍御送鹤》云："泪别绣衣声寂寞，舞随蓝绶意阑珊。"宋代葛长庚《菊花新》云："于中青鸾唱美，丹鹤舞奇。"宋代陈允平《游仙曲》云："翱翔鸾鹤舞，清彻云璈声。"明代王冕《琴鹤二诗送贾治安同知》云："翩翩玄鹤舞，幽幽孤凤鸣。"

其四，鹤舞于琴瑟之音的萦绕中，衬以音乐的律动之美，表达的是一种美逸空灵之襟怀。南北朝庾信《游山诗》云："唱歌云欲聚，弹琴鹤欲舞。"南北朝阴铿《咏鹤诗》云："乍动轩墀步，时转入琴声。"南北朝萧绎《飞来双白鹤》云："逐舞随疏节，闻琴应别声。"唐代孟郊《同茅郎中使君送河南裴文学》云："送君无尘听，舞鹤清瑟音。"唐代李端《宿荐福寺东池有怀故园因寄元校书》云："倚琴看鹤舞，摇扇引桐香。"宋代仇远《永仙观赏桂刘君佐黄景岩治酒》云："乘槎仙子清如鹤，一曲霓裳舞素鸾。"宋代李纲《次韵艾宣画四首·竹鹤》云："琴心试与弹三叠，从看婆娑舞羽衣。"宋代岳珂《舞鹤四绝》云："忽作霓裳羽衣舞，天机未信只鱼鸢。"又"曾见中庭舞素衣，夜凉桂殿玉笙吹。"宋代欧阳修《忆鹤呈公仪》云："归休约我携琴去，共看婆沙舞月明。"宋代张辑《瑞鹤仙·寿赵右司》云："向花前、三叠琴心，看苍鹤舞。"

其五，于青松绿林间鹤舞翩跹，表达的是一种追求旷达健美康乐之情怀。南北朝徐陵《双林寺碑》云："百纪游龟皆登莲叶，千龄寿鹤或舞松枝。"唐代孟浩然《游静思题观主山房》云："舞鹤过闲砌，飞猿啸密林。"唐代陈子昂《春日登金华观》云："鹤舞千年树，虹飞百尺桥。"唐代常建《张山人弹琴》云："玄鹤下澄空，翩翩舞松林。"宋代毛滂《小重山·家人生日》云："鹤舞青青雪里松，冰开龟在藻，绿蒙茸。"宋代欧阳修《鹤联句》云："独翅耸琼枝，群舞倾瑶林。"宋代洪咨夔《赠石室朱修行两绝》云："洞门黄鹤婆娑舞，留得松风待月明。"宋代黄庭坚《赵景仁弹琴舞鹤图赞》云："听松风以度曲，舞鹤而忘年。"宋代陈律《游洞霄山》云："云行翠岫鹤争舞，月落青林人未归。"宋代苏轼《和陶使都经钱溪》曰："仰看桄榔树，玄鹤舞长翮。"明代计成《园冶》云："竹里通幽，松寮隐僻，送涛声而郁郁，起鹤舞而翩翩。"明代解缙《白鹤颂》云："护瑶坛，绕翠边行，翩翩舞跹跹。"清代翁咸封《闻鹤鸣》云："松间梦初断，花下舞还轻。"清代陈荣试《辛丑春客岭南》云："鹤孙从鹤子，共舞乔树森。"清代阮元《道光十七年正月》曰："松阴留得作堂阴，双鹤翩跹伴客明。"

当代 特种邮票《吴冠中作品选·鹤舞》

宋代 漆画 飞鹤纹水运仪象台局部
国家博物馆收藏

当代画家杨德衡以画作展现鹤舞之美，其《舞恋》中的11只鹤，全部舒展双翼在沼泽湿地里舞之蹈之，将鹤舞之美展现无遗，亦抒发了画家对大自然之爱。

鹤的飞动之舞亦很美，那是翼展高天的翔动之美。唐代许浑《郑侍御玩鹤》云："碧天飞舞下晴莎，金阁瑶池绝网罗。"唐代阙名《鹤鸣九皋》云："升天如有应，飞舞出蓬蒿。"唐代常建《张山人弹琴》云："玄鹤下澄空，翩翩舞松林。"宋代金朋说《题吴表兄雪鹤山茶图》云："飘然六出舞长空，四顾楼台玉砌中。"明代朱元璋《雨洗山松》云："啼猿日悦跳还跃，舞鹤云归旋更翩。"明代陈凤梧《登黄鹤楼步秦公和李少师韵》云："矶头水急舟难泊，云外盘旋舞孤鹤。"明代舒頔《胡子坑》云："玄猿不惊籁寂寂，白鹤下舞花冥冥。"清代胡鸣皋《招鹤谣》云："拍手向君舞，乘云忽飞去。"追求空灵高远的宋人歌咏飞舞之鹤句尤多。郭应祥《万年欢》云："佳气葱葱，望长安日下，鸾鹤翔舞。"陈允平《游仙曲》云："翱翔鸾鹤舞，清彻云璈声。"向子諲《西江月·老妻生日》云："白鹤云间翔舞，绿龟叶上游戏。"张抡《踏莎行》云："残虹收雨耸奇峰，春晴鹤舞丹霄外。"无名氏《真珠帘》云："跨白鹤，云霄飞舞。"李处权《次韵四首寄德基兼呈侍郎公》云："情随野鹤云间舞，梦绕城乌月下啼。"程公许《一冬无雪和陆放翁梅诗陆句》曰："孤山飞鹤舞空去，诗家何曾绝正脉。"汪元量《青城山》云："翩翩野鹤飞如舞，冉冉岩花笑不来。"仲殊《满庭芳》云："更有天仙寄语，教皓鹤、双舞云空。"文天祥《听罗道士琴》云："紫烟护丹霞，双舞天外鹤。"任随《鹤》云："何年玉羽别昆丘，飞舞长亲十二楼。"岳珂《宫词》云："群臣称瑞频腾奏，又见祥云鹤舞空。"许景衡《贺人祖父生辰》云："松梢看舞鹤，荷叶隐巢龟。"裘万顷《松斋秋咏吹黄存之韵》云："西风黄叶扫空庭，舞鹤翩翩堕雪翎。"尹公远《尉迟杯·题卢石溪响碧琴所》云："迟琼楼、五色帘开，唤醒玄鹤飞舞。"

2. 鲍照《舞鹤赋》

历代咏鹤舞者多矣，而立题专门写鹤舞姿态之美，则以南北朝鲍照的《舞鹤赋》为最。鲍照，字明远，担任过前军参军一职，故世称鲍参军。鲍照工于诗，尤长于乐府，文学成就是多方面的，为"元嘉三大家"之一。清代何焯在《义门读书记》中评价："诗至明远，发露无余，李杜韩白皆从此出也。"这位令李白杜甫等后世诗人名家衷心仰慕的文学家，创造出了自己的诗歌品类风格，在诗坛享有很高地位。关于鹤舞的最初记载见于西周《穆天子传》所载："天子射鹿于林中，乃饮于孟氏，爰舞白鹤二八，还宿于雀梁。"战国《韩非子》亦有记载，"玄鹤二八""舒翼而舞"。但只见鹤舞之简略词语，不见鹤舞之具体姿态。鲍照则不然，《舞鹤赋》中，他下笔如有神助，全赋情节跌宕起伏，语言灵活多变，经典引据丰富，通过其艺术的超常想象与大胆夸张创作出一派高远意境中姿态优美动人的舞鹤形象。先是驰骋想象，穷鹤的传说于笔端，写生于帝乡之鹤从仙境降落人间，营造出清静超迈、缥缈旷远的仙界之景，为鹤披上了超凡脱俗的神仙色彩。接着重墨铺叙鹤之美妙舞姿："始连轩以凤跄，终宛转而龙跃。踯躅徘徊，振迅腾摧。惊身蓬集，矫翅雪飞。"将鹤始舞时行步跳跃动作形容如凤凰有节奏的步趋，终舞时如委婉曲折的龙跃；继而徘徊不进，却又奋起猛冲；体态轻盈如飞蓬聚集，矫健的翅膀如雪花纷飞。"将兴中止，若往而归。飒沓矜顾，迁延迟暮。逸翮后尘，翱翥先路。指会规翔，临岐矩步。"将赴又止，如去却还，庄重地注视，缓慢地后退；张翎奔跑扬尘于后，高展翅膀旋飞在前，飞翔合乎节奏，步法中规中矩。"态有遗妍，貌无停趣。"风姿具有余美，情貌没有停意，鹤舞的动作美而连续。"长扬缓骛，并翼连声。轻迹凌乱，浮影交横。众变繁姿，参差洊密。"扬头缓驰，并翅和鸣，轻盈凌乱，晃影交错；繁姿多变，参差重复，对舞时动作之低位与高位对应出现。"烟交雾凝，若无毛质。风去雨还，不可谈悉。"一团烟雾，若无毛羽；势如风去雨来，不可全部描绘；舞动之快，倏忽而过，令人无法看清，也无法尽言其状。结尾只以一句作结，戛然而止，抒发鹤及人不能自由的悲哀。全赋通篇借对鹤之舞态的传神描述，寄托了一个极有才华却怀才不遇之士对黑暗社会的耿耿情怀。

当代 绘画 杨德衡《舞态》

《舞鹤赋》中鹤舞动作，转颈昂首，弯腰跳跃，展翅行走，屈背鞠躬，笔笔精致；鹤舞姿态轻重疾缓，高低上下，浮影真容，灵动百变，处处精彩。鲍照将很难描摹的鹤舞之美写到了极致，作品激荡，动人心弦，空前绝后，至今无人超其右。历代都有诗人赞誉鲍照之斐然文采，表达对鲍照的推崇之情。诸如唐代杜甫《春日忆李白》中"清新庾开府，俊逸鲍参军"句，陆龟蒙《芙蓉》中"闲吟鲍照赋，更起屈平愁"句，唐代李群玉《言怀》中"白鹤高飞不逐群，嵇康琴酒鲍昭文”句，宋代吴淑《鹤赋》中“赋闻鲍昭之美，诗播齐高之善”句等。《舞鹤赋》篇幅较长，但历代都有著名书法家书之，以行书居多。如，明代董其昌、倪元璐，清代吴永都有《舞鹤赋》书法作品问世，均为传世精品。清圣祖康熙为彰显林逋的君子情态与隐士风范，亲自临摹董其昌之《舞鹤赋帖》，并命人刻写在孤山放鹤亭正中的条石合屏上，把林逋梅妻鹤子故事映衬得愈加高洁凄美，也是对《舞鹤赋》之赞美与推崇。

3．鹤舞翩跹

春秋时期鹤开始被宫廷驯养，作为尤物之舞，格外受君王欣赏。到了魏晋南北朝时，养鹤扩延到士大夫阶层，观赏无与伦比的鹤舞之美是一种大雅之举，主人多愿以鹤舞飨以友朋宾客。魏晋著名军事家、文学家羊祜亦是有名的养鹤者，常以自家鹤舞为傲。《世说新语》载：“晋羊祜镇荆州，于江陵泽中得鹤，教其舞动，以乐友朋。”此鹤虽善舞，但也有不舞之时，因而闹出了令羊祜尴尬的场面，“昔羊叔子有鹤善舞，尝向客称之。客试使驱来，氃氋而不肯舞。”一次，羊祜又请客人前去观看鹤舞之美，没想到鹤却松散着羽毛不肯舞。遂有“不舞之鹤”成语，亦称“羊公鹤”，以此引申喻徒有其名而无其实的人，也用来讥讽人无能，亦可用作自谦。诗咏此典如，唐代寒山《诗》曰：“恰似羊公鹤，可怜生氃氋。”宋代吴淑《鹤赋》曰：“羊公既讶于不舞，庾域尝惊于忽见。”宋代楼钥《鲍清卿病目不赴竹院之集诗寄坐客次韵》曰：“洞门不锁要客来，笑君大似羊公鹤。”清代蒲松龄《聊斋志异·折狱》曰：“竟以不舞之鹤，为羊公辱。”鹤之不舞或许畏怯生人，或许驯教方法不当。清代张问陶《梅花》曰：“对客岂无能舞鹤，赏心还是后凋松。”王安石所修《淮南八公相鹤经》曾授人以食诱鹤舞之术，“欲教以舞，候其馁，置食于阔远处，拊掌诱之，则奋翼而唳，若舞状。”如此，才能达到元代邓雅《重题黄伯原友鹤轩》所述“起舞能娱客，飞来不避人”之效果。

晋代 金片饰 对舞纹

唐代 铜镜 飞鹤衔绶纹镜

鹤舞之美令人难忘，或以桥名记之。元代伊世珍撰《琅嬛记》卷下载："姑苏城中皮日休市有小桥名鹤舞，父老相传，吴时有二鹤在其地对舞，已而飞集金昌门外青枫桥东，化为凤凰飞入云际，今凤凰桥是也，沈学士诗曰：'不如双白鹤，对舞石桥边。'"史上因鹤舞之美吸引人追随观看，竟酿成"吴市舞鹤"之惨剧。东汉赵晔撰《吴越春秋》载，春秋时吴王阖闾有女名滕玉，因吴王给她吃剩的蒸鱼，误认为受辱而自杀身死。吴王予以厚葬，"乃舞白鹤于吴市中，令万民随而观之"。吴王在吴市中命人舞白鹤，引诱百姓随从观看，然后将观看鹤舞之众都关入墓中，为其女殉葬。对此，唐代陆龟蒙《和袭美女坟湖（即吴王葬女之所）》诗感叹道："水平波淡绕回塘，鹤殉人沉万古伤。"这确是一桩令人愤慨之事，却反证了美丽异常鹤舞之强大吸引力，诗人多用此典来赞美令人倾倒之鹤舞。南北朝庾信《和咏舞》云："鸾回镜欲满，鹤顾市应倾。"南北朝萧绎《飞来双白鹤》云："紫盖学仙成，能令吴市倾。"南北朝萧纲《赋得舞鹤》云："振迅依吴市，差池逐晋琴。"唐代李白《金乡薛少府厅画鹤赞》云："舞疑倾市，听似闻弦。"唐代武三思《仙鹤篇》云："宛转能倾吴国市，裴回巧拂汉皇坛。"宋代叶茵《次潘紫岩虎丘韵》云："晋士已结庐，吴市犹舞鹤。"明代吴易《满江红》云："香水锦帆歌舞罢，虎丘鹤市精灵歇。"

鹤舞之美，早已令人羡慕并纷纷模仿之。中国民间保留下来一些传世民俗鹤舞，以珠海市金湾区三灶镇"三灶鹤舞"与延边朝鲜族自治州安图县新屯农乐舞中的"朝鲜族鹤舞"为佼佼者，二者均已列入国家级非物质文化遗产名录。后者发源于高句丽王朝时期，前者发源自宋朝。如今这种佩戴鹤假面、模仿鹤类肢体动作为主的特殊舞蹈形式，表演手法在承袭古老表演形式基础上又加以新的变化，通过抖振双臂、屈伸下肢，模仿鹤步、鹤飞翔、鹤搭颈、鹤啄鱼等舒缓动作，呈现出一种优美朴素的民俗生态特征，表现出世人之崇鹤信仰及对美与善的追求。另据历史学家的考证，现流传于全国各地的民间舞蹈——高跷秧歌的源起也与鹤有关，尧舜时以鹤为图腾的丹朱氏族，模仿鹤的长腿，截木续足，在祭礼中踩着高跷模拟鹤姿跳舞。这种高高立起的广场舞蹈形式，表演时鹤立鸡群般高出观众一截，便于观赏大概是其深受喜欢得以长久而广泛流传下来的主要原因。近年，有些专业文艺团体也创作出一些以鹤舞为题旨的大型舞蹈。2014年10月仁川亚运会闭幕式上，仿鹤之黑白羽毛，身着黑白两色传统服装的韩国男演员，跳起了传统舞蹈《鹤之舞》，在翩跹奋起的群舞中，显示出鹤之健美与力量。中央芭蕾舞团利用鹤"三长"姿态适合芭蕾舞表演的特质，以驯鹤姑娘徐秀娟为原型，与盐城保护区联合推出芭蕾舞剧《鹤魂》。创作团队用7年时间，赴几个鹤类自然保护区实地采风，围绕人鹤情缘进行创作，终于2015年9月在北京天桥剧

当代 舞蹈剧照 《鹤魂》中央芭蕾舞团

场进行了《鹤魂》首演。婀娜的身姿、修长的双腿、灵动的足尖，用芭蕾的艺术化语汇来演绎鹤之形神之美真是恰如其分；以独舞、双人舞、群舞的轻盈腾跃，舞动起一首天人合一生命永恒的青春赞歌。《鹤魂》中鹤舞飞扬，展大爱无疆，一举成为中国芭蕾舞剧的经典。黑龙江省和大庆市的重点文化项目大型舞蹈诗剧《鹤鸣湖》由大庆市倾力打造，大庆歌舞剧院创排、演出。以邪恶的“魔”企图毁灭这片美丽祥和的苇海，“庆”联手群鹤与之奋起抗衡，共同呵护“小鹤”，保护家园生存为故事情节，成为一部以科学发展观为主题的艺术精品。2023年9月，辽宁省盘锦市隆重推出原创歌舞诗剧《养鹤人》。该剧将音乐、歌舞、情景表演、多维影像等多种元素组合起来，用独特的艺术语言，讲述养鹤人30年扎根苇海，无私忘我保护、繁育丹顶鹤的动人事迹，展现了辽河口芦苇荡湿地上人与自然和谐共生的壮美画卷。此剧在辽宁省第12届艺术节展演，广受好评。

当代 剧目广告 歌舞诗剧《养鹤人》盘锦市歌舞团

结　语

鹤，作为一种大型涉禽，拥有十分和谐俊美的外形，体型高大，羽翼宽展，鸣声高亢，舞姿雅逸，翔飞高远，卓然之形充满了仙灵之气，使热爱与崇尚鹤的中华人民不断把长寿、吉祥、和谐、忠贞、美好、高洁、雅逸等诸多美好特质寄寓鹤一身，并以多种文艺形式加以表现。这种向往与祈盼美好的情感从古至今数千年绵延不断。

体色具有鲜明的红黑白三色的丹顶鹤格外受人青睐，由此成为中华鹤文化的顶级形象，所谓白鹤、仙禽、仙鹤、灵鹤、瑞鹤等无不是人们赋予丹顶鹤的美称。丹顶鹤最显著的标志是其头顶凸起的丹顶，在古人所撰各种相鹤文本中，所言鹤之上相标准中均有妍丽丹顶，如王安石所修《相鹤经》云："鹤之上相，瘦头朱顶。"还有人传授使鹤顶丹红的经验，如《花镜》所载："亦须间取鱼、虾鲜物喂之，方能使毛羽润而顶红。"古人也对半圆丹顶多有赞咏。唐代李咸用《独鹤吟》曰："碧玉喙长丹顶圆，亭亭危立风松间。"元代张雨《宴山亭》曰："鹤顶朱圆，丰肌粟聚，宝叶揉蓝初洗。"宋代王禹偁欣赏鹤之丹顶的同时并为其命名，《啄木歌》曰："淮南啄木大如鸦，顶似仙鹤堆丹砂。"《献转运副使太常李博士》曰："养成丹顶鹤，瘦尽雪花骢。"

当代 摄影 马国良 丹顶之鹤

古往今来，吟咏丹顶鹤多盛赞其顶色泽之美，如汉代路乔如《鹤赋》开篇便有"白鸟朱冠"句，宋代范成大《鞓红》有"红猩唇鹤顶太赤，榴萼梅肋弄黄"句。

丹者，红也。人或赞鹤顶之红，宋代胡仲弓《题通妙亭柱》曰："溅水鸭头绿，山茶鹤顶红。"宋代陈宓《山丹五本盛开》曰："北人见此应偷眼，未羡猩唇鹤顶红。"宋代王镃《山茶》曰："蜡包绿萼日才烘，放出千枝鹤顶红。"宋代葛立方《题卧屏十八花·山茶》曰："江南只惯收鹰爪，谁顾山前鹤顶红。"宋代刘学箕《月丹和鹤庄韵》曰："灵种飞来鹤顶红，谁云九转有仙功。"宋代魏了翁《次韵李肩吾读易亭山茶梅》曰："梅华鹤羽白，茶华鹤头红。"人或赞鹤顶之丹，唐代杜牧《鹤》曰："丹顶西施颊，霜毛四皓须。"唐代李涉《失题》曰："华表千年一鹤归，丹砂为顶雪为衣。"宋代苏轼《和子由柳湖久涸忽有水》曰："叶厚有棱犀甲健，花深少态鹤头丹。"宋代喻良能《闻庄鹏举山茶小盆葩华杂然有意举以见遗因作》曰："举赠诗翁知有意，要令饱看鹤头丹。"宋代吴泳《和制垣金泉山》曰："梦觉松花白，重来鹤顶丹。"宋代赵佶《白鹤词》曰："胎化灵禽唳九天，雪毛丹顶两相鲜。"宋代王炎《两鹤》曰："正为白头违世路，要须丹顶伴闲身。"宋代张元干《诉衷情》曰："星球何在，鹤顶长丹，谁寄南风?"明代刘基《雪鹤篇赠詹同文》曰："丹砂结顶煜有辉，咳唾璀错生珠玑。"明代赵贞吉《王乔洞》曰："骑来黄鹤丹砂顶，飞去青天白玉棺。"明代刘绘《元夕同杂宾里中观放烟火》曰："扶桑波上浴奔鲸，蕊珠树底翻丹鹤。"清代英和《龙沙秋日十二声诗·仙禽警露》曰："丹顶常晞日，商音共协律。"诗人亦将鹤顶之丹与红并赞，使鹤丹顶色泽愈加鲜明醒目：宋代苏轼《山茶》曰："掌中调丹砂，染此鹤顶红。"宋代张明中《桎桐》曰："鹤顶丹砂猩血服，试评却有此来红。"宋代苏籀《僧庵崖上榴花》曰："鹤顶磨丹明，猩唇染罗竟。"宋代金朋说《题吴表兄雪鹤山茶图》曰："却被两般来点破，鹤呈丹顶树头红。"宋代周麟之《西园堂榭落成种植毕工偶成口号十首呈参政张》曰："眼底便知红紫近，山茶先放鹤头丹。"

清代 刺绣 团鹤纹

至当代，丹顶鹤仍是最受喜爱与推崇的鹤种。在2004年中国野生动物保护协会、中国新闻社、新浪网联合全国20多家新闻网站共同举办的国鸟网上推荐活动中，丹顶鹤获得500万网民中64.92%的得票率，远远超过喜鹊、画眉等其他候选鸟类而名列榜首。

鹤文化的形成，基于中国是拥有鹤种类最多的国家，而丹顶鹤是在中国栖息生存的9种鹤的杰出代表，正所谓"仙人骐骥羽族宗"（清代陈功《少穆大前

明代 绘画 傅山《仙鹤千年》

辈》）。丹顶鹤多为在北方繁殖、南方越冬的候鸟类，每年按照固定路线迁徙，广泛分布于各大湿地环境中，繁殖地为东北地区的平原沼泽，越冬地为黄河、淮河、长江等流域水系纵横的江滨湖畔、沿海滩涂等，个别甚至可至福建、台湾、海南等地。关于丹顶鹤之分布，史籍有载，20世纪中叶前后各省市自治区地方志书上的记载更为详细。如唐代虞世南《飞来双白鹤》诗中“飏影过伊洛，流声入管弦”句，言今河南伊河、洛河流域有鹤经过，而宋代王安石《送惠思上人》诗中“黄鹤抚四海，翻然落中州”句则把翔鹤翻飞之地扩大到了整个中国。四海，尤言天下；中州，指中原，亦指九州。

古代著名的丹顶鹤栖息地，有辽东〔以襄平（辽宁辽阳）为郡府的东北方区域〕，东南沿海的华亭（今上海松江西）、青田（浙江青田）、吕四（今江苏省启东市北部）、盐城等，均为各种《相鹤经》版本所言“上相鹤”之产地。这些鹤的活动地也都成了中华名鹤的代名词，诗文的载记与吟咏皆为有力印证。关于辽东鹤，陶渊明《搜神后记》有丁令威化鹤典，南北朝庾信《鹤赞》有“南游湘水，北入辽城”语。隋代卢思道《神仙篇》有“时见辽东鹤，屡听淮南鸡”，唐代杜甫《卜居》有“归羡辽东鹤，吟同楚执珪”，宋代刘辰翁《法驾导引》有“辽东鹤，辽东鹤，无语鹤头斜”等句。关于青田鹤，南北朝郑辑之《永嘉郡记》载：“有洙沐溪，去青田九里，此中有一双白鹤，年年生子，长大便去，只惟余父母一双在耳，精白可爱，多云神仙所养。”唐代徐坚《初学记》中亦有载。唐代张柬之《东飞伯劳歌》有“青田白鹤丹山凤，婺女姮娥两相送”，宋代戴复古《金盏倒垂莲・依韵和次膺寄杨仲谋观察》有“野鹤飘飖，幽兴在青田”，明代张邦奇《夏日村居》有“池亭坐爱青田鹤，郊牧行牵宁戚牛”，清代曹寅《游仙诗三十韵》有“借得青田鹤一双，闲乘花月玩春江”等句。关于华亭鹤，《晋书》有“华亭鹤唳”典，《湖南八公相鹤经》有“今仙种恐未易得，惟华亭种差强耳”语，明代文震亨《长物志・鹤》有“华亭鹤窠村所出，其体高俊，绿足龟文，最为可爱。江陵鹤津、维扬俱有之”载记。唐代刘禹锡《和裴相公寄白侍郎求双鹤》有“皎皎华亭鹤，来随太守船”，唐代白居易《池上作》有“华亭双鹤白矫矫，太湖四石青岑岑”，唐代齐己《放鹤》有“华亭来复去芝田，丹顶霜毛性可怜”，明代杨基《与陈时敏别》有“回首华亭鹤，月白露凄凄”等句。关于扬州鹤，明代王象晋《群芳谱》载：“闻鹤以扬州吕四场者为佳，其声较它产者更觉清亮，举止耸秀，别有一番庄雅之态。别鹤胫黑鱼鳞纹，吕四产者绿色龟纹，相传为吕仙遗种。”吕四所产鹤古时以扬州鹤名之。宋代辛弃疾《满江红·和廓之雪》有“待羔儿，酒罢又烹茶，扬州鹤”，宋代文天祥《过邵伯镇》有“我有扬州鹤，谁存邵伯棠”，宋代胡仲弓《腰痛》有“已办扬州鹤，其如十万何”，明代王思任《谢鹤·见赐扬州鹤》有“见赐扬州鹤，何人不羡清”等句。古籍所载辽东、青田、扬州、华亭等丹顶鹤主要的地理分布基本是准确的，时至今日，丹顶鹤大抵仍活动于这些区域。

与鹤接触早的地区和民族，对鹤认识得早，鹤文化观念树立得也早。高句丽都城于汉平帝元始三年（公元3年）移至国内城（今吉林省通化市集安市），其地处辽东鹤活动区域，为丹顶鹤等鹤类的繁殖地，所以高句丽人自古识鹤爱鹤，很早便将丹顶鹤作为图腾加以崇拜。他们对鹤的认识与表现，体现了古人强烈的情感与信仰，及人类审美意识和艺术创作的萌芽状态。在集安附近出土的公元六世纪古墓壁画中多涉及鹤形象，著名的有四神墓《骑鹤仙人图》。在V字形壁画的左侧，依次画有两幅仙人骑鹤图。仙人梳着高高的发髻，细眉长脸，清癯有神。但二者姿势各异，前者抓住鹤的长颈，如舵手掌握着飞行的方向；后者右手拿着仙杖，回身向右侧的飞廉、飞虎、天马打着招呼，情节生动，极富想象力。此面与右侧的乘龙仙人壁画相对称，可见，高句丽人早已给予鹤与龙并重的地位。早期在黑龙江西北今齐齐哈尔嫩江流域鹤类繁殖区域居住的锡伯族也有崇尚仙鹤的习俗，在世代供奉的神主牌位之上，仙鹤凌空飞翔，陪伴着扬鞭策马的祖先，十分生动传神。自古有鹤栖息的齐齐哈尔市，爱鹤之情世代相传。嘉庆十五年（1810年），镇守将军斌静得两鹤，置园中饲养，因名“放鹤园”。20世纪30年代，齐齐哈尔龙沙公园驯养的一只丹顶鹤不幸死了，有人为之写《瘗鹤铭》，刻石立碑，并建“梦鹤亭”，亭前修鹤冢。当今鹤城人爱鹤、护鹤的人和事更是层出不穷。

鹤文化的形成，也基于中华民族是自觉爱鹤护鹤的民族。古人早有鹤保护观念，反对捕猎鹤。除了“焚琴煮鹤”的舆论谴责外，还有付诸自觉保护的实际行动。如，《宋史·王济传》载：“时调福建输鹤翎为箭羽。鹤非常有物，有司督责急，一羽至直数百钱，民甚苦之。济谕民取鹅翎代输，仍驿奏其事，因

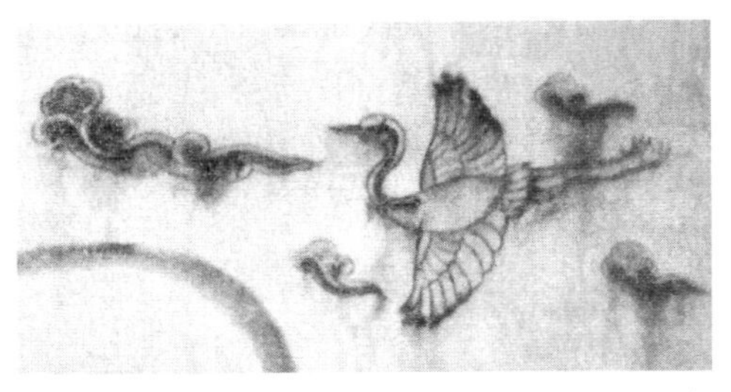

辽代 壁画 内蒙古自治区通辽市奈曼旗青龙山镇陈国公主墓

高句丽 壁画 《骑鹤仙人》摹本

传世 壁画 锡伯族祖先神主上的丹顶鹤 莫容主编《中国的鹤文化》李元萍临摹

诏旁郡悉如济所陈。”当时，朝廷从福建调运鹤翎作为箭羽。鹤鸟罕见，一根鹤翎卖到数百钱，百姓深陷其苦，而官方督促又急。王济想了个办法，用鹅翎代替鹤翎上交，并迅速向上奏明此事。朝廷因而下诏其他州郡效仿王济做法。这样，既解决了群众之难，又保护了鹤。清乾隆帝在300年前便已提出人与自然和谐相处、二者相遇而安的观点。在珍禽异兽中他最喜欢鹤，也十分关心鹤的生存，做皇子时和继位后，一再批评“驯鹤尔胡为，铩羽入槛笼”（《云鹤》）的做法，曾降旨制止园吏剪鹤翅以及用鹤羽做氅衣的做法，主张要顺应鹤的自由自在习性。其《戏题鹤安斋》诗曰：“始作鹤安斋，谓宜适其性。既不翦羽翼，亦省粱稻供。侵寻数十载，翼长去无剩。青松明若失，白鸥鸣鲜应。斋安鹤未安，名实似庭径。既而静思之，胎仙本清静。戛然返青田，得所天何病。鹤安斋亦安，辞多此为咏。”只有鹤安定了，人才能够安心。乾隆帝特别喜欢亲临其境观鹤赏鹤并吟咏之。其《招鹤磴》诗曰：“篆文苔磴满，鹤迹印来斜。……乐看长毛羽，意喜寓烟霞。”为适应鹤自然野生之“禽性”，甚而将鹤放飞。乾隆二十七年（1762年）八月，他下旨将避暑山庄笼养的鹤全部放生，并在放鹤处建起放鹤亭。“放去既云适禽性，招来底更作松朋。”（《戏题招鹤磴》）越明年，见到有放生之鹤回访，他即作《咏鹤》诗：“去年放鹤翠岩间，今岁还看鹤在山。快哉解脱出笼关，饮啄清泉古柏间。嘹亮一声云表落，较于昔特觉心闲。”鹤出樊笼逍遥自在，与鹤同安的帝王与鹤一起优哉快哉！

千百年来，随着气候变化，以及人类开发影响，全球湿地面积逐渐萎缩，中国适合鹤类栖息的地域也有所减少。丹顶鹤的分布与迁徙路线相关联，丹顶鹤在中国的主要迁徙路线从黑龙江扎龙的几处荒原起飞，沿渤海、黄海等滩涂而行，途中停歇落脚点为向海湿地（吉林省）、辽河入渤海口盘锦芦苇荡沼泽地（辽宁省）、唐山市以南的海岸滩涂（河北省）等，经渤海湾，在黄河口日照（山东省）向南，最后落脚于盐城（江苏省）及长江入海口一带海岸滩涂等地越冬，翌年早春再回返北方繁殖地繁殖。

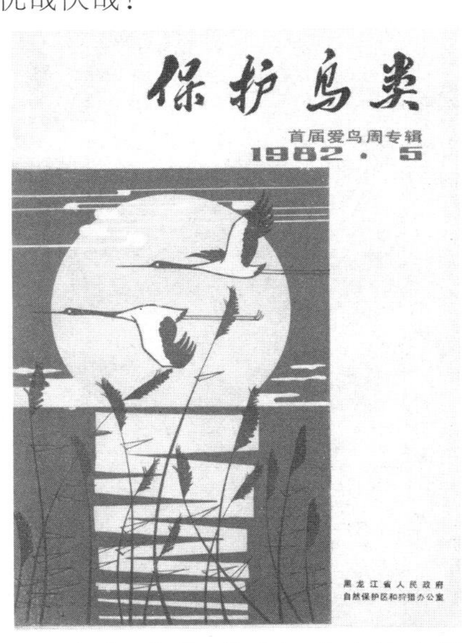

当代 书籍 黑龙江省人民政府《保护鸟类》1982年5月首届爱鸟周专辑

20世纪70年代末中国采取行之有效的措施全面开展了对鹤类的保护。先是确定保护级别。中国境内的9种鹤已全部被确定为国家一、二级保护动物，其中丹顶鹤、白鹤、白枕鹤、黑颈鹤和白头鹤作为世界濒危物种，均被列为国家一级保护动物。接着建立自然保护区。据王治良《中国鹤类地理分布与就地保护》调查数据，我国自1979年建立第一个以保护鹤类为主的扎龙自然保护区以来，截至2005年底，各级自然保护区中，有鹤类分布的230个，有丹顶鹤分布的92个，以保护丹顶鹤为主的33个，为鹤类的繁殖、越冬和迁徙提供了良好环境。位于黑龙江省齐齐哈尔市东南30公里处的扎龙国家级自然保护区21万公顷的景区内湖泽密布，苇草丛生，是中国北方同纬度地区保留最原始、最开阔、最完整的丹顶鹤繁殖栖息地。位于江苏省盐城市东40公里的盐城国家级自然保护区是丹顶鹤最大的越冬地，被誉为“冬都”。该区24万公顷的区域面积内，拥有绵长的海岸线、平坦的芦苇滩涂。扎龙、盐城所保护对象都是丹顶鹤等鹤类珍禽及其赖以生存的湿地生态系统。由于不断加大科学管护力度，两个区野生丹顶鹤数量均有所增加。全世界野生丹顶鹤总数仅1200只，在中国栖息的占其中大半以上，扎龙繁殖地有400多只；近年到盐城越冬地的丹顶鹤几近千只。

在当代中国，各地对鹤类文物古迹的保护也是尽心竭力。以重庆白鹤梁为例，白鹤梁位于重庆城东北120公里涪陵城西的长江中。石梁仅冬春季偶尔露出水面，唐时在中段水际刻有一对线雕鲤鱼，作为水文标记；凡石鱼出水面，则兆年丰。白鹤梁题刻了自唐以来1200多年间长江中上游72个年份的枯水水文资料。在长约1600米、宽10至15米的天然巨型石梁上，现存留题纪题刻160余幅1万多字。题刻者总计500余人，以宋人居多，元明清亦有，直至近现代，其中有黄庭坚、朱熹、庞公孙、朱昂、王士祯等历代文人墨客。题刻中各种书体俱备，美不胜收。自清代孙海题刻“白鹤梁”三字后，石梁有了统一的称谓。白鹤梁之名，概因其人文传说与地理环境而得：唐代白石渔人和尔朱仙人于梁山修炼，后同乘白鹤飞升；古时周围环境葱郁优美，每当秋冬迁徙之际，便有成百上千的白鹤飞临此地栖息，行立翔舞，煞是奇美。近代刘冕阶特作石刻《白鹤时鸣》图，白鹤一足抬起，仰颈

近代 雕刻 刘冕阶《白鹤时鸣》图

长鸣，仙气灵动，栩栩如生，表达了人们期盼白鹤重返的愿望。白鹤梁题刻具有很高的历史、科学、艺术价值，堪称国宝，为全国重点文物保护单位。因白鹤梁位于长江三峡库区上游，水位提升将被淹没，国家花费2亿多元人民币于2003年至2009年在原地建设了一座白鹤梁水下博物馆。游客乘坐电梯下到数十米深江中水下，透过白鹤梁保护壳上的舷窗可见到石刻的原始面目。白鹤梁题刻已成为重庆地区的文化名片，在2006年沈阳世博园重庆园内就安放着一道白鹤梁及其上《白鹤时鸣》图的缩小版雕刻作品。

如此广阔的分布，如此悉心的保护，使丹顶鹤很早与人接触，被人所识，自然而然地进入了文学艺术的殿堂。世代中国人不约而同地选择了鹤，并将美好的鹤文化传承发展数千年。春秋战国便出现了大批以鹤为题材的文艺作品，如青铜器与诗篇；而于汉晋之前产生的数不胜数的传说典故不断渲染着鹤的传奇，如王乔跨鹤、丁令威化鹤、海屋添筹、鹤语天寒等；唐宋元明清各代鹤文化以浩如烟海的诗词曲赋等文学形式和登峰造极的艺术形式愈加广泛而深厚地延续下来，影响至今。

当代新科技兴起，各种丹顶鹤文化艺术表现形式有所创新，内涵有所拓展，吉祥鹤意更增加了新鲜活力。如刺绣增加了十字绣，陶瓷发明了法蓝瓷，铜雕独创了熔铜之庚彩工艺。因姿形秀丽，寓意祥瑞，自具高情，鹤被这些新的艺术形式所表现，经精工细作、精雕细刻，尽显灵动神韵之态。鹤形象还被用来祈愿健康好运，抑或用来寄托哀思。在一些东亚国家，鹤艺术也有新样式，如韩国的卡通图片、日本的千纸鹤折纸等。

鹤祥瑞安康长寿之寓意被广泛承袭，从食品到药品，从保险到银行，从房地产到开发商，从卫生所到幼儿园，人们都愿意以鹤为品牌、为商标，广而告之；房屋装饰、电视晚会、舞美背景、民俗节庆、迎春联语、贺卡微信，也多愿选择鹤形象。2014年6月4日《人民日报》广告版“梦想启动未来”中10多只纸鹤翔于云彩间，并配有文字“展开中国美好未来，梦想高飞，就在今天”。2019年，北京故宫文化创意馆推出了一系

当代 纸鹤《世博园游客折纸鹤为灾区（舟曲）祈福》周华摄影 载于2010年8月15日《文汇报》

列文创产品，如“仙鹤睡衣”服装产品、“浮天沧海·仙鹤系列”彩妆产品，每种仙鹤纹饰均唯美至极。2020年8月，故宫还发行了纪念金币。其背面主图为鹤加宫殿建筑组合，前景的鹤形象十分醒目，其后的宫殿为其衬托，并刊“紫禁城建成600周年”字样。古老而新奇的故宫文化，以独特而权威的视觉，在21世纪20年代进一步确认了鹤在中国传统文化中高贵而超逸的地位。2023年农历兔年，浙江制作的一副春联横批上，绘双白鹤与双白兔簇拥着“天官赐福”字样，画面寓意平安喜乐吉祥。

当代 贺卡 2004年

当代 手机壳面《寻云》北京颐和园款

当代 金币 紫禁城建成600周年纪念

宋代吕祖谦在他的《卫懿公好鹤》文中对鹤文化有过精辟论断：“抑吾又有所深感焉，鹤之为禽，载于《易》，播于《诗》，杂出骚人墨客之咏，其为人之所贵重，非凡禽匹也。”丹顶鹤的确是从中华历史天空翩飞而来的仙灵之鸟，在中国人的心目中早已有了无与伦比至高无上的地位。古往今来，集全部美好寓意于一身的丹顶鹤凝聚了五千年来中华传统文化的精华，负载着中华儿女的向往与追求，而鹤文化已然成为全民族精神的符号，道德伦常的标志，审美情感的寄托。

中华鹤文化如河流般源自久远，一脉相承，流淌不绝，波澜壮阔。从杭州萧山地铁站的一幅壁画上，可以看到鹤文化在当下中国所呈现出来的卓绝风貌：10多米长的浅浮雕与水墨画结合的壁面上，20多只两种纹饰之鹤交织在旷野里，竞相奋飞，充满动感与质感。画面背景是芦苇、陶罐与独木舟，显然与萧山跨湖桥遗址出土的独木舟有关，展现的是七八千年前的大自然与原始社会的场景。这幅成功的艺术精品，是亘古到今萧山大地乃至中华大地“奔竞不息、勇立潮头”人文精神的写照，如展翅翱翔之鹤鼓舞人心，催人奋进。

当代 壁画 翔鹤图（局部）杭州萧山地铁站 王秀杰摄影

翻遍史册，除了丹顶鹤，没有哪一种鸟能得到一个民族如此久远而广泛的喜爱。为了不同鹤类种群的永久延续，让我们保护好中华大地上的鹤物种，让鹤类珍禽在中华大地上拥有更为安全广阔的生存空间，与人类长久共存；承袭演绎鹤文化形式，拓展丰富鹤文化内涵，让向上、向善、向美的中华鹤文化之民族思维与美学意蕴如甘霖雨露般浸润中华儿女的心田，在中华传统文化史册中永放异彩！

当代 公益广告 任志国剪纸《中国圆梦 鹤翔九天》载于2013年8月8日《光明日报》

当代 刊物封面《人民文学》2024年第1期

参考文献

1. 莫容主编，《中国的鹤文化》，1994年，中国林业出版社。

2. 马逸清、李晓民编著，《丹顶鹤的研究》，2002年，上海科技教育出版社。

3. 颜重威著，《丹顶鹤——丹顶鹤的自然史与人文记录》，2002年，晨星出版社。

4.（明）王世贞原著，李克和现代文翻译，张华英文翻译，《中国的神仙》，2003年，岳麓书社。

5. 黄泽德编，《林公则徐家传饲鹤图暨题咏集》，1992年，福建人民出版社。

6. 陈阳阳，《唐宋鹤诗词研究》，2011年，南京师范大学硕士学位论文。

7. 陈益宗编著，《东方图像榜·鹤龟》，2001年，湖南美术出版社。

8. 邱进之主编，《中国历代名道》，1997年，吉林教育出版社。

9. 李兴盛主编，《黑龙江历代流寓人士山水胜迹诗选》，2002年，黑龙江人民出版社。

10. 王治良，《中国鹤类地理分布与就地保护》，2006年，南京师范大学硕士学位论文。

11. 白高来、白永彤编，《白居易洛中诗编年集》，2008年，军事谊文出版社。

12. 王向峰、王充间、文畅主编，《未名诗钞——丙申卷》，2015年，辽宁大学出版社。

13. 唐家路编著，《福禄寿喜图辑》，2004年，山东美术出版社。

14. 郑银河、郑荔冰编著，《吉祥系列纹样·吉祥鸟》，2005年，福建美术出版社。